Neipp/Stracke · Einführung in die CIM-Praxis

Studium und Praxis

EINFÜHRUNG IN DIE CIM-PRAXIS

Rechnerintegrierte Produktion

Herausgegeben von
Dr.-Ing. E.h. Gerhard Neipp
und Prof. Dr.-Ing. Hans-J. Stracke

VDI VERLAG

Die Deutsche Bibliothek — CIP-Einheitsaufnahme

Einführung in die CIM-Praxis: Rechnerintegrierte
Produktion / hrsg. von Gerhard Neipp und Hans-J.
Stracke. — Düsseldorf : VDI-Verl., 1991
  (Studium und Praxis)

NE: Neipp, Gerhard [Hrsg.]

ISBN-13: 978-3-642-95809-0   e-ISBN-13: 978-3-642-95808-3
DOI: 10.1007/978-3-642-95808-3

Geleitwort

Der Begriff CIM, die rechnerintegrierte Produktion, hat sich vom Schlagwort zur Gestaltungsaufgabe für den betrieblichen Praktiker entwickelt. Der betriebliche Nutzen informationstechnischer Innovationen ist nur durch eine ganzheitliche Unternehmensbetrachtung zu erreichen. Der Produktionsfaktor Zeit ist heute das wesentliche Objekt der Fabrikplanung. Das Denken im Gesamtsystem ist für den Produktionsingenieur zur Pflicht geworden!

Eine darauf ausgerichtete Aus- und Weiterbildung muß wesentlich über die Vermittlung von Wissen zu technologischen Einzeloptimierungen hinausgehen. Die Beziehungen zwischen CAx-Technologien und PPS-Systemen einerseits und wirtschaftlichen, qualifikatorischen, organisatorischen und unternehmensstrategischen Fragestellungen andererseits müssen veranschaulicht und greifbar gemacht werden, geeignete Vorgehensweisen einer unternehmensbezogenen Umsetzung sind zu vermitteln.

Das vorliegende Buch will einen Beitrag zur Aus- und Weiterbildung in diesem Sinne leisten, ich wünsche dazu viel Erfolg.

Prof. Dr.-Ing. Drs. h.c. Günter Spur

Vorwort

Die in den vergangenen Jahren lebhaft geführte Diskussion um die "Fabrik der Zukunft" hat gezeigt, daß die durch die Informationstechnik geprägten neuen Fertigungskonzepte nicht nur technisch-wissenschaftliche Aspekte berühren.

Insbesondere die Planung eines Produktionskonzeptes ist nicht nur Teil einer reinen Funktionalstrategie, die auf veränderte Marktsituationen durch Kapazitätserweiterungen oder -anpassungen zu reagieren hat. Sie wird vielmehr selbst zum marktgestaltenden Faktor, indem sie beispielsweise Zulieferer und Kunden in den Datenverbund miteinbezieht oder dem "Zeitwettbewerb" durch eine Reduzierung von Entwicklungs- und Fertigungsdurchlaufzeiten Rechnung trägt.

Als besonders prägnant stellt sich dabei der Begriff der "Integration" heraus, der in der "Rechnerintegrierten Produktion" oder im "Computer Integrated Manufacturing" in erster Linie die technischen Aspekte und Möglichkeiten beinhaltet. In einem weiteren Schritt wird aber Integration auch im gesellschaftlichen Sinne erforderlich: die unterschiedlichen Unternehmensbereiche müssen zu einem neuen Miteinander finden, außerdem wird ein neues Verhältnis zwischen Industrie, Hochschule und Politik zur Erreichung der erforderlichen Akzeptanz notwendig sein.

Die Umsetzung wissenschaftlicher Ergebnisse in die Unternehmenswirklichkeit sowie die Anpassung der Hochschulpolitik an den veränderten Bedarf ist ohne verstärkten Dialog zwischen Universitäten und Industrie nicht denkbar. Auch hier geht es letzten Endes darum, den "Faktor Zeit" zu berücksichtigen und die Distanz zwischen Hochschulausbildung und Industriealltag schnell abzubauen.

Das vorliegende Sammelwerk ist aus diesem Anspruch entstanden. Es basiert auf einer Vorlesung, die unter dem Titel "Rechnerintegrierte Produktion" als industrieller Beitrag zur Ausbildung angehender Maschinenbau-Ingenieure an der Universität Gesamthochschule Essen gehalten wird.

Wir danken allen Autoren für ihre Mitarbeit und ihre Bereitschaft, sich dieser ebenso anspruchsvollen wie reizvollen Aufgabe zu stellen, besonders Herrn Koppitz für die Vorbereitung und Koordination.

Essen, im Mai 1991

Die Herausgeber

Inhalt

1 Bedeutung interdisziplinärer Arbeitsgruppen im Rahmen neuer Herstellungsverfahren

o. Prof. Dr.-Ing. Dr. h.c. Hans Grabowski

1.1 Einführung in die Problemstellung

Die Herstellung von Produkten erfordert das Zusammenwirken mehrerer Bereiche eines Unternehmens. Dies ist einerseits nach der Einführung des Prinzips der Arbeitsteilung durch Taylor historisch so gewachsen. Es liegt jedoch auch in der Komplexität einzelner Aufgaben begründet, zu deren Lösung oft umfangreiches Spezialwissen erforderlich ist. Die übliche Organisation eines Unternehmens führt zu sogenannten Funktionsbereichen wie Vertrieb, Entwicklung, Konstruktion, Arbeitsvorbereitung usw. Als Funktionsbereich werden sie bezeichnet, um die Art der Arbeiten hervorzuheben, die dort zu verrichten sind, nicht die organisatorische Einheit. Sowohl die Aufgaben als auch insbesondere die zu ihrer Bearbeitung angewandten Verfahren und Hilfsmittel, z. B. Maschinen, DV-Systeme usw. unterliegen einer ständigen Veränderung. Dies wird sehr deutlich bei CAD-Systemen, die sich in relativ kurzer Zeit von 2D-Zeichnungserstellungssystemen zu 3D-Modellierungssystemen entwickelt haben und in jüngster Vergangenheit zu wissensbasierten CAD-Systemen ausgebaut werden. Vergleichbare Entwicklungsrichtungen lassen sich in fast allen Funktionsbereichen erkennen.

Der Einsatz neuer Verfahren und Hilfsmittel schafft besondere Anforderungen an das Personal und führt zu neuen Arbeitsgebieten, verbunden mit entsprechenden Qualifikationsprofilen und Stellen. Aber auch die Entscheidung über die Einführung neuer Technologien erfordert vertiefte Kenntnisse über deren Funktionsweise, Konzepte der Lösung und die Möglichkeiten für deren Weiterentwicklung, Vorgehen bei der Umstellung auf die neuen Verfahren und vieles mehr.

Daraus läßt sich erkennen, daß sowohl für die Vorbereitung einer Entscheidung zur Einführung neuer Technologien, die in mehrere Bereiche des Unternehmens eingreifen, für die Einführung selbst und für den Betrieb umfangreiche Kenntnisse benötigt werden, die nur in einem Team von Mitarbeitern zu finden ist.

1.2 Aufgabenstruktur zur Einführung komplexer Systeme und deren Behandlung

Zur Analyse der Anforderungen an Mitarbeiter, welche komplexe Produktionssysteme konzipieren, auswählen, installieren und betreiben sollen, ist eine gedankliche Strukturierung der Systeme erforderlich. Augenscheinlich bestehen diese aus Maschinen bzw. Geräten und Menschen, die zu ihrer Bedienung erforderlich sind. Maschinen und Geräte dienen zur Realisierung bestimmter Methoden und Verfahren. Eine systematische stufenweise Aufteilung des Gesamtproblems führt schließlich auf die in Bild 1-1 gezeigten Teilaufgaben. Ein Unternehmen bietet Leistungen auf dem Markt an. Dies ist üblicherweise ein bestimmtes Produktprogramm.

Teilgebiete eines CIM-Konzeptes	Aufgaben
Produkte	- Festlegung einer langfristigen Produktplanung und langfristiger Marketingkonzepte (unternehmensspezifisch)
Unternehmens-funktionen	- langfristig verfügbares Leistungspotential (unternehmensspezifisch)
Methoden	- Spezifizierung der möglichen rechnerunterstützten Methoden für die Funktionsausführung - Kombinationsmöglichkeiten prüfen (Methodenzusammenstellung)
Hardware	- Hardwarearchitekturen, Lokale Netzwerke, Datenfernübertragung
Ablauforganisation	- Informationsverarbeitung Mensch/Rechner und Informationsfluß
Aufbauorganisation	- neue Stellen/Abteilungen mit Aufgaben, Befugnissen und Verantwortung, Änderung der bestehenden Aufbauorganisation
Qualifikations-anforderungen	- Definition von Anforderungen an die Systemanwender und Betreuer (z. B. CAD: Zeichner, Konstrukteure, Gruppenleiter, Konstruktionsleiter, Systembetreuer, Anwendungsanalytiker)
Schulungsmaßnahmen	- Erarbeitung von Schulungskonzepten (Zielgruppen, Inhalt, Dauer usw.)

Bild 1-1: Teilaufgaben der Planung und Realisierung von integrierten Produktionssystemen (CIM).

Bei der Systemplanung ist zunächst festzulegen, welche Änderungen dieses Programm im Planungszeitraum erfahren wird. Zur Realisierung sind bestimmte Unternehmensfunktionen erforderlich, wie z. B. Entwickeln und Konstruieren, Arbeitsvorbereitung, Fertigung usw. Einzelne Funktionen können sich langfristig in ihrer Bedeutung verändern oder ganz entfallen. Beispielsweise kann ein Unternehmen sein Leistungsangebot von der Produktbereitstellung zum Angebot von Engineeringlösungen verändern. Zur Realisierung jeder dieser Funktionen werden bestimmte Methoden benötigt. Dies sind in der Konstruktion z. B. CAD-Zeichnungserstellung, Lösungsfindung mittels wissensbasierter Systeme usw., in der Fertigung könnten es spanende Bearbeitungsverfahren, unterstützt durch verschiedene Programmiermethoden sein.

Methoden und Maschinen bzw. Geräte zu ihrer Realisierung bilden nicht immer eine Einheit. Das wird besonders bei Methoden deutlich, die softwaretechnisch implementiert werden und auf verschiedenen Rechnern lauffähig sind. Ablauforganisationen lassen sich durch eine Weitergabe digitaler Daten oder die Zusammenfassung von Funktionen an einem Arbeitsplatz verändern; entsprechendes gilt auch für die Aufbauorganisation.

Hieraus ergeben sich Qualifikationsanforderungen an das Personal. Am Beispiel der Konstruktion ist erkennbar, daß auch neue Stellen entstehen (Bild 1-2). Der Konstrukteur als Anwender eines CAD-Systems hat die

Stelle	Funktion	Beispiel
Sytembetreuer	Aufrechterhaltung der prinzipiellen Betriebsbereitschaft des CAD-Systems	- Wartung der Hard- und Software (Betriebssystem und Dienstprogramme) - Systemorganisation
Anwendungsprogrammierer	Entwicklung und Wartung von anwendungsorientierter CAD-Software (Systemaufbereitung)	- Makroerstellung - Variantenprogrammiereung - Normteildateienerstellung (DIN-, und Produktnormen)
Anwender	Ausarbeiten konstruktiver Lösungen auf Basis des aufbereiteten Systems	- Zeichnungserstellung - Stücklistenerstellung - Optimierungsberechnungen

Bild 1-2: Funktionale Stellen für Rechnerunterstütztes Konstruieren.

gleichen Aufgaben zu bearbeiten wie bisher. Er verwendet dabei jedoch andere Hilfsmittel. Durch Schulungsmaßnahmen muß er mit der Benutzung eines CAD-Systems vertraut gemacht werden. Für den effizienten Einsatz eines CAD-Systems ist dieses an die jeweiligen Anwendungsgebiete durch Entwicklung entsprechender Software anzupassen. Diese Aufgabe übernimmt ein Anwendungsprogrammierer. Für die Aufrechterhaltung der Betriebsbereitschaft von CAD-Systemen wird ein Systembetreuer benötigt. Sowohl für Anwendungsprogrammierer als auch für Systemprogrammierer gibt es spezielle Qualifikationsprofile. Hierfür ausgebildetes Personal ist in ausreichender Zahl auf dem Markt schwer zu finden. Daher sind Unternehmen gezwungen, eigene Schulungsmaßnahmen zu entwickeln.

Derart komplexe Aufgabenstellungen lassen sich nicht auf einmal lösen, sondern müssen in Teilaufgaben zerlegt, schrittweise bearbeitet werden [1-1]. Dazu ist ausgehend von der internen Gesamtsituation eines Unternehmens zunächst ein Gesamtkonzept zu erarbeiten. Ziele des Gesamtkonzeptes können sein: Reduzieren von Durchlaufzeiten, Qualitätsverbesserung, Kostenreduktion. Hieraus werden nach Prioritäten geordnet Teilkonzepte abgeleitet. Diese Konzepte orientierten sich an den am Markt erhältlichen technischen Lösungen, aber auch am verfügbaren Personal und den Investitionsmitteln des Unternehmens selbst. Für die Durchführung des Problemlösungsprozesses sind in der Literatur eine Reihe von Vorgehensweisen beschrieben worden [1-1, 1-2, 1-3, 1-4].

1.3 Bilden interdisziplinärer Arbeitsgruppen

Zur Lösung derartiger Aufgaben ist umfangreiches Wissen erforderlich. In keinem Ausbildungsgang wird dieses Wissen in genügender Tiefe vermittelt. Daher bietet sich die Bildung einer interdisziplinären Arbeitsgruppe, eines Teams, an. Die erforderlichen Kenntnisse der Teammitglieder ergeben sich aus den zu lösenden Teilaufgaben, Bild 1-3. Teammitglieder können dabei sowohl Angehörige des Unternehmens als auch externe Fachkräfte sein, je nachdem wo die Kenntnisse besser vertreten sind. Gewisse Aufgaben sollten jedoch wegen des Schutzes von Know-how oder bestimmter Daten nur von internen Mitarbeitern wahrgenommen werden.

Wesentlich sind zunächst Kenntnisse über die neue Technik. Bei DV-Systemen wird, wie bereits beschreiben, zwischen den Softwarekomponenten (CAD, CAM ...) und der Hardware (DV-Technik) unterschieden. Kenntnisse über die Funktionen der Softwarekomponenten haben dabei einen höheren Stellenwert als die über die Hardware. Der Grund liegt darin, daß durch die Funktion der Software ja die Arbeitsprozesse realisiert

4

werden. Sie leisten damit den wesentlichen Beitrag zum Erreichen der
vorgegebenen Ziele. In der Praxis wird oft umgekehrt zunächst mehr Wert
auf das Hardwarekonzept gelegt.

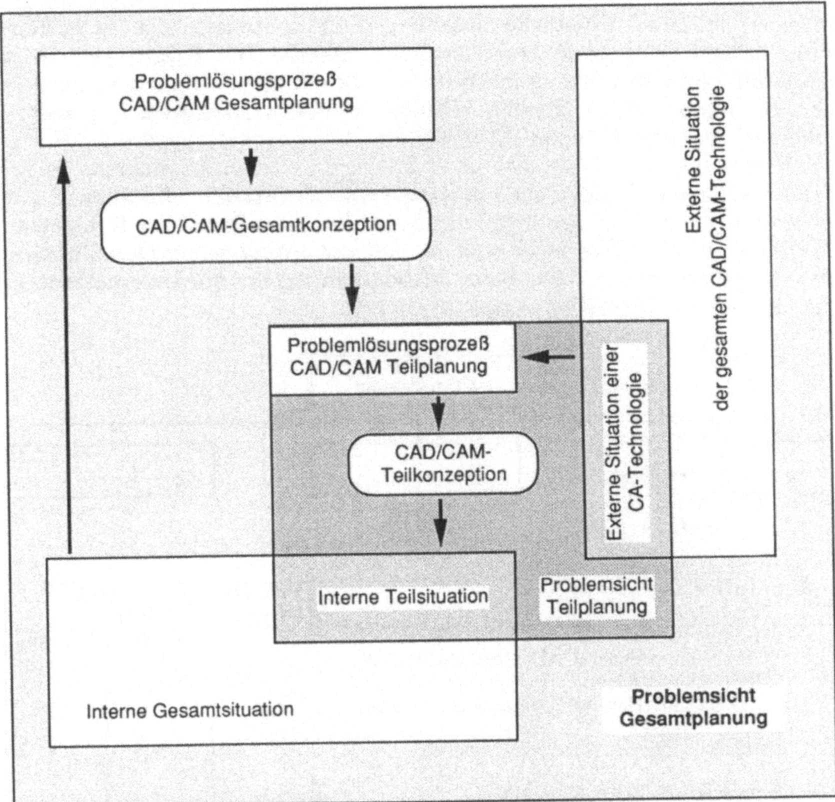

Bild 1-3: Umfeld bei der CAD/CAM-Gesamt- und Teilplanung [1-1].

Teammitglieder für die Planung und Anforderungen an die Software-
komponenten sollten aus den jeweiligen Fachabteilungen kommen und
Kenntnisse über die Konzepte und Methoden der Software haben. Für die
DV-Technik haben Mitarbeiter des Rechenzentrums das erforderliche
Wissen.

Für die Gestaltung von Abläufen und die Aufbauorganisation gibt es in
größeren Unternehmen meist eigene Organisationsabteilungen, die oft dem
Rechenzentrum angegliedert sind. Hieraus sollten die entsprechenden Teammitglieder kommen. Für strategische Planungsaufgaben ist meist die Unternehmensleitung selbst oder eine in ihrer Nähe angesiedelte Stabsstelle

zuständig. Sie besitzt die Kenntnisse über Planungsmethoden und die Art und Weise der Beschreibung der inhaltlichen Ziele. Erforderlich ist auf jeden Fall ein Projektmanagement, das Arbeitspläne entwickelt, Meilensteintermine und Kosten vorgibt und all dies auch kontrolliert. Der Projektmanager sollte der Unternehmensleitung direkt unterstellt sein, da größere Projekte i. a. mehrere Funktionsbereiche tangieren. In <u>Bild 1-4</u> ist durch ausgefüllte und leere Kreise markiert, welche der beschriebenen Kenntnisse eher bei internen oder externen Mitarbeitern vorzufinden sind. Der Vorteil externer Teammitglieder z. B. von Unternehmensberatungen oder Hochschulinstituten liegt darin, daß sie Erfahrungen aus der Abwicklung früherer Projekte haben oder über umfangreiche theoretische Kenntnisse zur Beurteilung einzelner Lösungen verfügen. Bei aller fachlicher Kompetenz sollte jedoch darauf geachtet werden, daß zur erfolgreichen Durchführung der Aufgaben ein Machtpromotor erforderlich ist, der ein Unternehmen in die technologische Spitzengruppe führen will.

Kenntnisse	Projekt-leiter	Projekt-team	
		intern	extern
• CIM-Technik 　* CIM-Komponenten (CAD, CAP, CAM, CAQ, PPS, Schnittstellen)	o	•	•
* DV-Technik (Hardware, Netze, Datenbanken)	o	•	•
• Strategische Planung (Methoden, Inhalte)	•	o	•
• Organisation (CIM-bedingte Ablauf-, Aufbauorganisation, Qualifikationen)	•	o	•
• Abläufe im Unternehmen (Produktspektrum, eingesetzte Fertigungs-/Montageverfahren usw.)	o	o	
• Projektmanagement	•		o

• unbedingt erforderlich
o wünschenswert

Bild 1-4: Anforderungen an die Teambildung für eine strategische Planung integrierter Produktionssysteme.

2 Planung und Einsatz rechnerintegrierter Techniken als Schlüsselfaktoren für den Unternehmenserfolg

Dr.-Ing. E.h. Gerhard Neipp

2.1 Das richtige Produkt zum richtigen Zeitpunkt

In Zeiten gesättigter Märkte können Unternehmen nur dann erfolgreich operieren, wenn es ihnen gelingt, ihren Kunden mehr zu bieten als der Wettbewerb. Dies kann beispielsweise durch bessere technische Produkte, durch günstigere Preise oder kürzere Lieferzeiten geschehen.

Technische Differenzierungen werden dadurch erschwert, daß die Informationen, die jeder Produktinnovation zugrunde liegen, häufig jedem zugänglich sind. Denn wir leben in einem Zeitalter, das von der allgemeinen Verfügbarkeit von Information geprägt ist [2-1]. Neue Medien und Technologien sorgen für deren schnelle Verbreitung. Unternehmerischer Erfolg wird heute dementsprechend mehr denn je vom rechtzeitigen und schnellen Erkennen und Umsetzen relevanter Informationen bestimmt. Immer mehr Wissen muß in immer kürzerer Zeit umgesetzt werden.

Ein einmal erreichter Informationsvorsprung ist nicht durch "Abschotten" zu verteidigen, sondern nur durch permanente Anstrengung. In vielen Unternehmen hat sich die Erkenntnis durchgesetzt, daß es sinnvoll sein kann, im Bereich der Entwicklung neuer Produktionstechnologien unternehmensübergreifend zusammenzuarbeiten. So wird zum einen durch die Zusammenfassung von Ressourcen der Fortschritt beschleunigt, zum anderen würden die neuen Technologien die Möglichkeiten eines einzelnen Unternehmens überfordern. Beispiele für solche Kooperationen sind JESSI im Bereich der europäischen Halbleiterindustrie und die INPRO als Entwicklungseinrichtung für innovative Produktionstechnologien im Maschinenbau.

Der "Faktor Zeit" [2-2] spielt bei der Einführung von neuen Produkttechnologien eine wettbewerbsentscheidende Rolle. Die Innovations- und Produktlebenszyklen werden immer kürzer, während gleichzeitig die Entwicklungsaufwände für neue Produkte steigen. Untersuchungen, <u>Bild 2-1</u>, haben gezeigt, daß bei einer Produktlebensdauer von fünf Jahren eine Verlängerung der Entwicklungsdauer um nur sechs Monate eine Ergebniseinbuße von 30 % zur Folge hat, während die Erhöhung der Entwicklungskosten in einem "Crash"-Entwicklungsprogramm um 50 % das Ergebnis um lediglich 5 % schmälert [2-3].

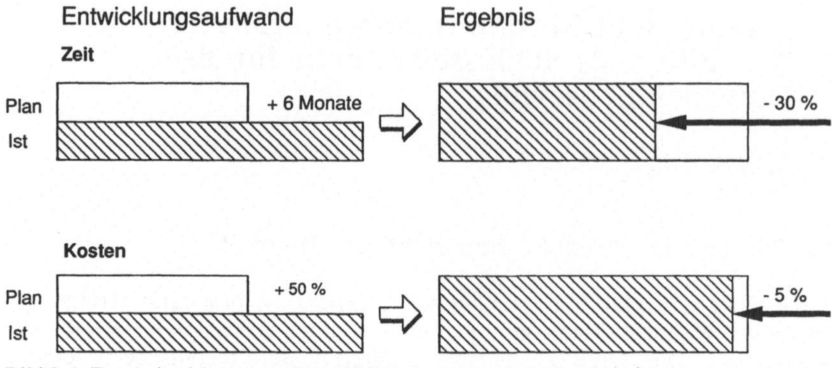

Bild 2-1: Ergebniswirkung von Entwicklungszeiten und -kosten bei einer
Produktlebensdauer von 5 Jahren, nach [2-3].

Der Schlüssel für die Überwindung der "Zeitfalle" [2-4] liegt aber nicht nur
in einer Beschleunigung des Innovationsprozesses selbst, sondern auch in
einer Vernetzung der Teilvorgänge des Innovationsprozesses. Bild 2-2
veranschaulicht die Einflußgrößen im Informationsverbund. Diese stehen in
wechselseitigen Beziehungen zueinander und beeinflussen die zu optimie-
renden Lösungsvarianten unter technischen und wirtschaftlichen Aspekten.
Materialpreise, Konstruktions- und Fertigungskosten, Losgrößen und Wiederholteile sind Parameter für die Wettbewerbsfähigkeit. Für die Paral-
lelisierung der Teilvorgänge der Wertschöpfungskette wurde der Begriff
"Simultaneous Engineering" geprägt [2-5, 2-6]. Dabei sind nicht nur Bereiche des eigenen Unternehmens zu erfassen, sondern es sind auch Kunden
und Zulieferer miteinzubeziehen.

Bild 2-2: Einflußgrößen im Informationsverbund.

Diese Integration nachgeschalteter Bereiche in den eigentlichen Entwicklungsprozeß ist aber auch aus finanziellen Gründen wichtig, schlagen doch
Kosten für etwaige technische Änderungen zum Zeitpunkt der konstruk-

tiven Gestaltung am geringsten zu Buche, <u>Bild 2-3</u>. Hier wird die besondere Bedeutung umfassender und frühzeitiger Informationen über geänderte Bedingungen im technischen und wettbewerblichen Umfeld besonders deutlich. Hohe Änderungskosten lassen sich durch schnelle Umsetzung neuer Informationen vermeiden.

Dabei sind es nicht nur technische Bereiche, die in das "vernetzte Denken" miteinzubeziehen sind. Die Personalentwicklung [2-7] oder das Investitionscontrolling [2-8, 2-9] etwa haben den Erfordernissen der "Integrierten Produktion" genauso Rechnung zu tragen: Der Personalbereich, indem er die Qualifizierung der Mitarbeiter verstärkt fördert, und das Investitionscontrolling, indem es Werkzeuge zur Verfügung stellt, die auch bereichsübergreifende Auswirkungen neuer Technologien beurteilbar machen.

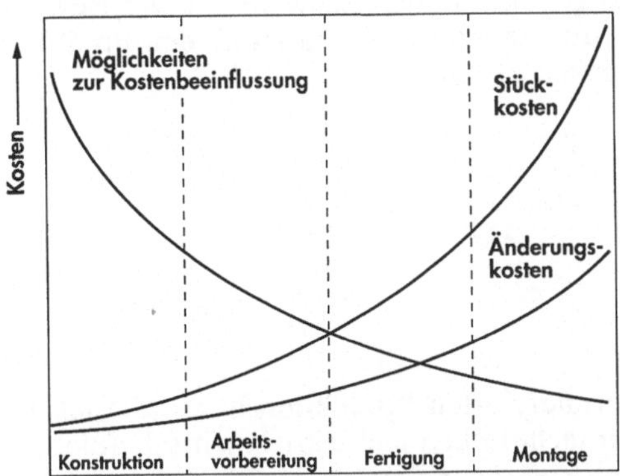

Bild 2-3: Kosten und Kostenverantwortung in Entwicklung und Produktion.

Moderne Techniken der Daten- und Wissensverarbeitung geben uns heute einen Schlüssel zur Bewältigung dieser Herausforderungen in die Hand. <u>Bild 2-4</u> zeigt den Datenaustausch zwischen einzelnen Bereichen des Wertschöpfungsprozesses bzw. zwischen rechnergestützten Systemen im Informationsverbund von der Konstruktion bis zur Fertigung und Montage. Wichtig hierbei ist, den Informationsaustausch mit Kunden und Lieferanten sowie allen externen Datenquellen in dieses Informationsnetz miteinzubeziehen.

Ein effektives Informationsmanagement kann also durch seine Wirkung auf Zeit- und Kostenstrukturen klare strategische Vorteile schaffen. Die neuen Informationstechniken machen deutlich, daß "Information" und "Innovation" eng verknüpfte Begriffe geworden sind. Der Entwicklungsprozeß erhält durch die Nutzung elektronischer Medien eine ganz neue Qualität. Durch den Zugriff auf Datenbanken und mittels Variantenprogrammen läßt

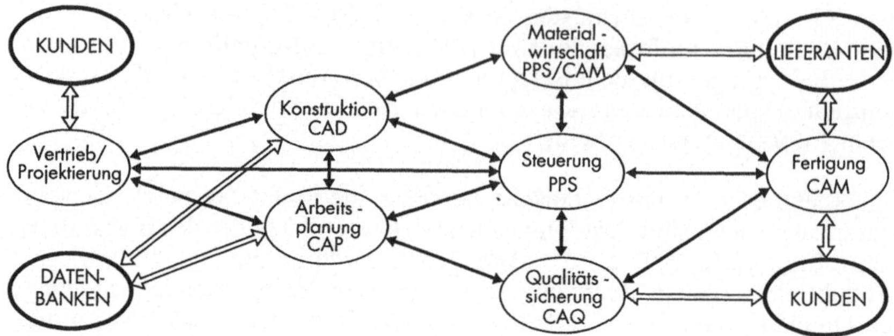

Bild 2-4: Rechnergestützte Systeme im Informationsverbund.

sich in kurzer Zeit eine Vielzahl möglicher Lösungen "durchspielen" und bewerten. Der kreative Prozeß liegt heute in der Auswahl und der Bewertung, wobei die Systeme eine differenzierte Kalkulation der Produktvarianten zum Kostenvergleich gewährleisten müssen [2-10].

2.2 CIM im Maschinenbau

2.2.1 Funktionsbereiche

Moderne Konzepte einer Rechnerintegrierten Produktion haben die informationstechnische Vernetzung der technischen und betriebswirtschaftlichen Funktionsbereiche, Bild 2-5, zum Ziel. Dabei erstreckt sich die Auftragsabwicklung von der Konstruktion über die Fertigungsplanung bis zur Fertigung und Montage. Als begleitender Vorgang gewinnt hierbei das integrierte Qualitätsmanagement [2-11] immer mehr an Bedeutung, hat es doch schon Auswirkungen auf eine qualitätsgerechte Konstruktion, bezieht von hier beispielsweise die Daten für rechnergesteuerte Meßmaschinen und ist schließlich durch eine sichere Verpackung und Versendung dafür verantwortlich, daß die produzierte Qualität auch unversehrt den Kunden erreicht. Parallel hierzu umfassen die betriebswirtschaftlichen Funktionen der Produktionsplanung und -steuerung vor der Produktion die Auftragssteuerung bis Auftragsfreigabe und produktionsbegleitend die Fertigungs- bis Versandsteuerung [2-12].

In der Konstruktion (CAD-Bereich) wird das Produkt entsprechend dem Pflichtenheft konzipiert und in einzelne Bauteile aufgelöst [2-13]. Dort werden die technischen Funktionen, physikalischen Daten, geometrischen Abmessungen und Technologiedaten festgelegt und um auftragsspezifische Daten wie Stücklisten und Auftragsnummern ergänzt.

10

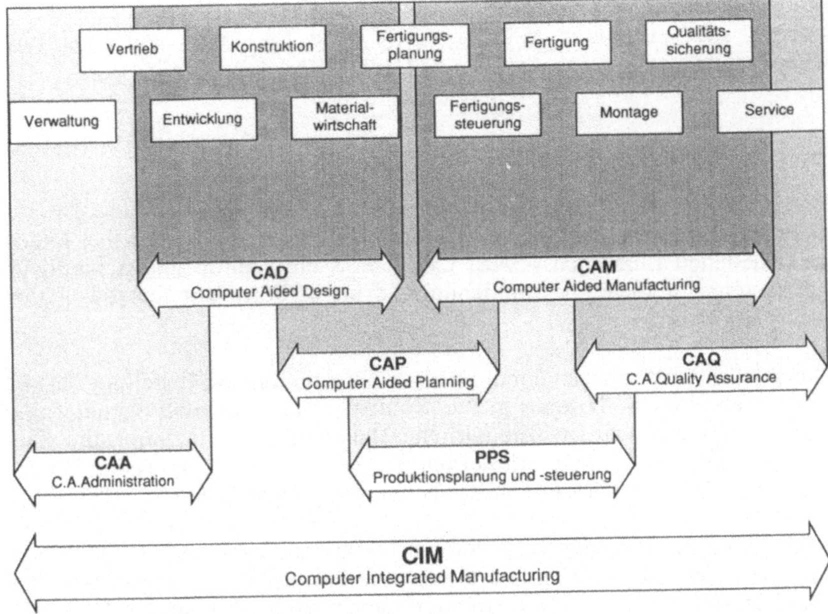

Bild 2-5: Funktionsbereiche der rechnerintegrierten Produktion.

In der Arbeitsplanung (CAP-Bereich) geht es darum, Fertigungs-, Montage- und Prüfverfahren festzulegen und Programme für numerisch gesteuerte (NC-)Maschinen und andere Fertigungseinrichtungen wie beispielsweise Roboter zu erstellen. Hier bilden die Geometriedaten der Konstruktion eine wichtige Voraussetzung [2-14]. Der Bereich der Produktionsplanung und -steuerung (PPS) umfaßt alle Aufgaben, die mit der Veranlassung, Überwachung und Sicherung der Produktionsaufgaben zusammenhängen [2-13]. Die organisatorischen Aspekte des Produktionsprozesses sind hier zusammengeführt, während die technische Planung Aufgabe des CAP-Bereichs ist.

In der Fertigung und Montage werden Geometrie- und Technologiedaten sowie Auftrags- und Betriebsdaten umgesetzt und verarbeitet. Nach ihrer Fertigung werden die unterschiedlichen Einzelteile in der Montage zum kompletten Produkt zusammengeführt. Die Montage ist die letzte Station im Auftragsdurchlauf. Im ungünstigsten Fall sammeln sich dort alle technischen und organisatorischen Fehler. Die Kosten für deren Beseitigung sind hier am höchsten, Bild 2-3. Lediglich verdeckte Mängel, die erst beim Kunden auftreten und unter Umständen "Rückrufaktionen" und entsprechende Nachbesserungen am Produkt bzw. Modifikationen des Produktionsprozesses erfordern, kommen den Hersteller noch wesentlich teurer.

Ein Ziel der Rechnerintegration im Unternehmen ist die Vermeidung solcher spät erkannter Mängel durch gute Planung, Steuerung und Überwachung.

2.2.2 Informationstechnische Integration

Durch CIM können bisher getrennt operierende Aufgabenbereiche zusammengeführt werden. Dabei ist allerdings zu beachten, daß sich bisher in den verschiedenen Bereichen (CAD, CAM, PPS etc.) völlig unterschiedliche Teilsysteme unabhängig voneinander, d. h. in Form von Insellösungen, entwickelt haben.

Die Integration führt zur durchgängigen Informationsbereitstellung. Daten werden an einer Stelle erzeugt und können an anderer Stelle genutzt und weiterverarbeitet werden. Einheitliche Datenmodelle reduzieren die Zahl von Schnittstellen. Wiederholeingaben werden so überflüssig. Häufig gemachte Fehler bei der Dateneingabe werden so vermieden.

Bild 2-6 verdeutlicht die Varianten der Rechnerunterstützung zwischen den Extremen "geringe" und "hohe Produktvielfalt" einerseits sowie zwischen "Komponenten-" und "Systemanbieter" andererseits. So werden Hersteller hochwertiger Bauteile, deren Wettbewerbsfähigkeit vorrangig von den Produktionsstückkosten, aber auch von der Qualität, der Reaktionsfähigkeit auf Kundenwünsche und von der Lieferzeit abhängt, besonders auf die

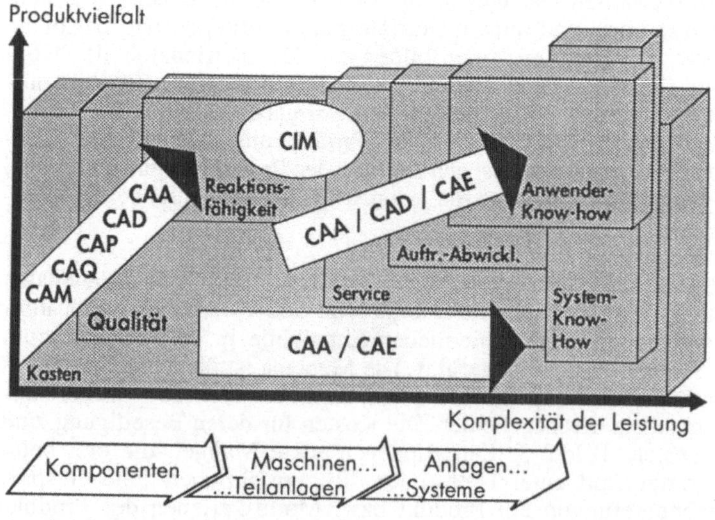

Bild 2-6: Integration von CA-Systemen nach den kritischen Erfolgsfaktoren.

12

Integration aller technischen Unterstützungssysteme setzen. Das Bild zeigt aber auch, daß weitreichende Integration nur dann wirtschaftlich ist, wenn eine große Produktvielfalt hochwertiger Komponenten und Maschinen zu entwickeln und zu fertigen ist.

2.2.3 CIM und Künstliche Intelligenz

Heute übliche CA-Systeme und ihre Integration zu CIM-Lösungen bewegen sich technologisch innerhalb der konventionellen Datenverarbeitung. Entsprechend der verwendeten Informationstechnik haben diese System ihre Stärken dort, wo sich darzustellende Vorgänge und Zusammenhänge in Form von Algorithmen beschreiben lassen, so zum Beispiel Berechnungen in der Konstruktion, Simulationen von Materialverhalten, Meßdatenerfassung oder die numerische Steuerung von Maschinen. Die Grenzen solcher Systeme liegen dort, wo sich Erfahrungen und Wissen nicht in Algorithmen abbilden lassen, sondern in Regeln formuliert werden müssen. Diese Art von häufig nicht einmal dokumentiertem Wissen spielt in allen Produktionsbereichen eine große Rolle.

Moderne Methoden der Informationstechnik, die sogenannte "Künstliche Intelligenz" und insbesondere Expertensysteme, ermöglichen zunehmend auch die Abbildung dieser Information. Dadurch werden methodenorientierte interaktive Systeme realisierbar, die den Anwender durch wissensbasierte Methoden im Dialog unterstützen und so von Routineinhalten entlasten [2-16, 2-17]. Neue Entwicklungen bei CAD-Systemen [2-18] gehen einen entsprechenden Weg, indem sie über ausreichende "Intelligenz" für die Anpassung von Musterlösungen an ein konkretes Problem verfügen.

Ein weiteres Anwendungsbeispiel liefert die NC-Programmierung, bei der Defizite bezüglich technologischen und fertigungstechnischen Wissens mit einem Expertensystem geschlossen werden können [2-19]. Besonders in der Angebotserstellung läßt sich diese Technologie mit Gewinn einsetzen, lassen sich doch begrenzte personelle Ressourcen wesentlich effektiver nutzen. Bild 2-7 zeigt, wie sich durch den Einsatz eines Expertensystems die kundenspezifische Konfigurierung einer Maschine wesentlich beschleunigen läßt [2-20].

Bei der bisher üblichen Vorgehensweise erfordert die Erstellung eines Angebots zur kundenspezifischen Fertigung komplizierter Blasteile auf einer Blasformmaschine mindestens 40 Stunden, wobei ein Großteil dieser Zeit mit der Konsultation der jeweiligen Fachleute vergeht. Mit Hilfe herkömmlicher DV-Techniken kann dieser Vorgang nur sehr bedingt unterstützt werden, denn hierbei geht es weniger um die Abfrage tabellierter Informationen, sondern um deren komplexe, regelbedingte Verknüpfung im Sinne einer nur dem Experten geläufigen Problemlösungsstrategie.

Der Einsatz eines Expertensystems bei der Angebotserstellung kann ir
vielen Fällen den erforderlichen Zeitaufwand um fast 90 % reduzieren
Hierdurch kann die Zahl der abgegebenen Angebote wesentlich gesteiger
werden. Gleichzeitig wird die Bearbeitungszeit einer Kundenanfrage gesenkt, zwei wichtige, auch imagesteigernde Aspekte.

Herkömmliche Problemabwicklung

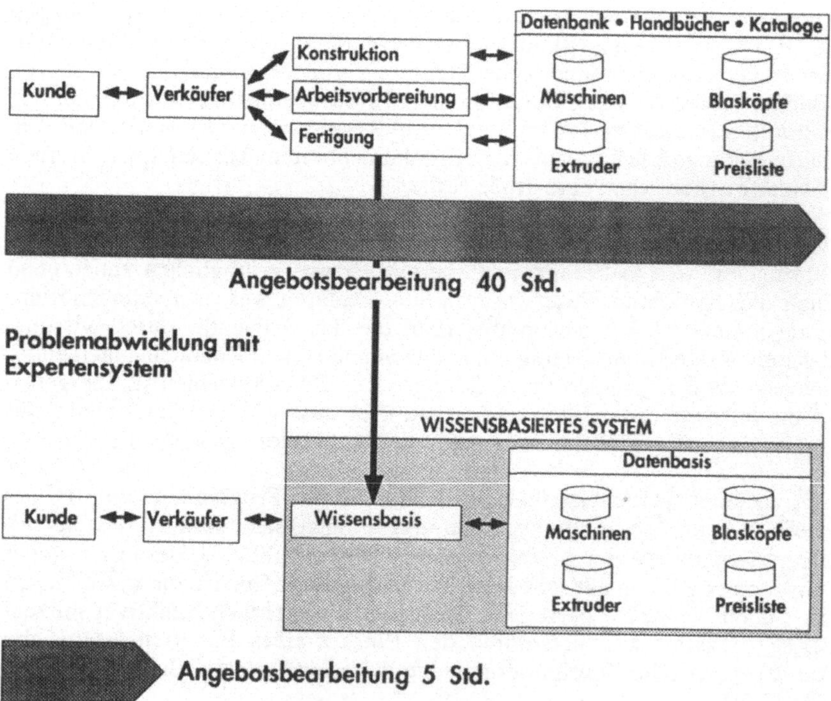

Bild 2-7: Schnellere Angebotserstellung mit Expertensystemen.

2.3 Produktoptimierung durch moderne Berechnungsmethoden

2.3.1 Die Produktqualität als Erfolgsfaktor

Die Qualität eines Produkts, ein entscheidender Wettbewerbsfaktor, läßt
sich durch den Einsatz moderner rechnergestützter Systeme positiv beeinflussen. Bei Maschinen für verfahrenstechnische Aufgaben - beispielsweise
für die Kunststoffaufbereitung - spielen rheologische Vorgänge eine
wichtige Rolle bei der Geometrieoptimierung. Hier bietet sich die
durchgängige Entwicklung über CAD/CAM-Systeme in besonderem Maße
an. Am Beispiel eines Granulierkopf-Gehäuses demonstriert <u>Bild 2-8</u> den
Einsatz eines solchen Systems.

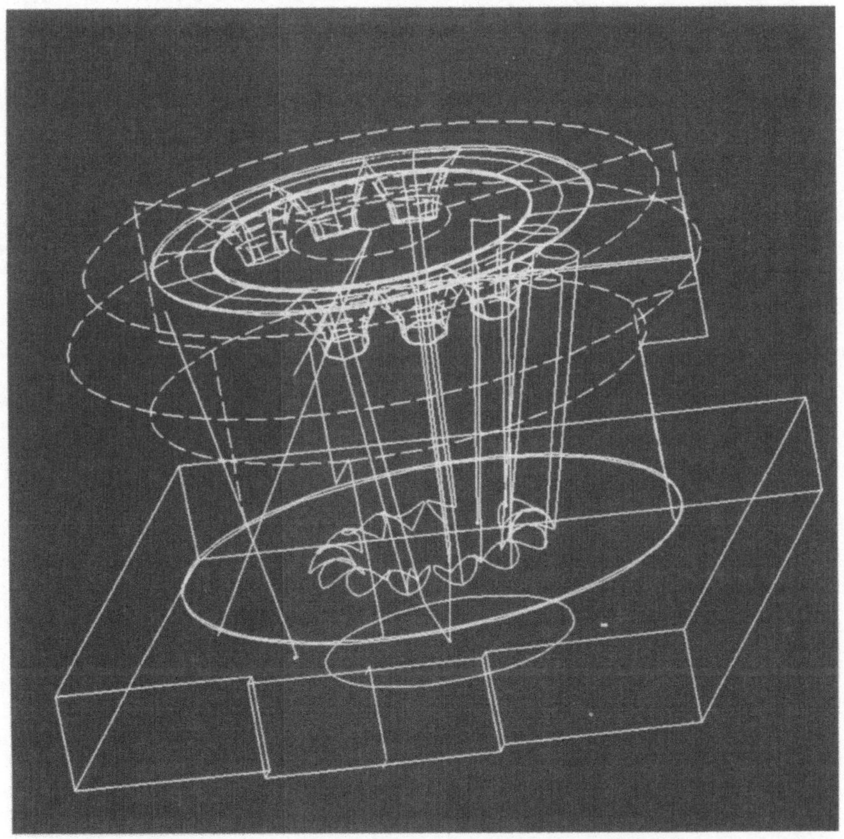

Bild 2-8: CAD-Entwicklung des Granulierkopfes einer Kunststoffmaschine.

Das Problem bestand darin, daß Kunststoffschmelzen im Bereich sogenannter Totraumzonen in Folge nicht optimierter Strömungsgeometrien bei zu
langer Verweilzeit zum Verbrennen neigen. Dadurch wird die Qualität des
Kunststoffgranulats erheblich gemindert. Aufgabe der Konstruktion war es
hierbei, die Geometrie der Austrittstaschenkonturen unter Berücksichtigung
der Strömungsverhältnisse so zu verbessern, daß fertigungsbedingte Totraumzonen vor der Lochplatte des Granulierkopfes vermieden werden. Die
Lösung erfolgte über CAD-Generierung in einer 3D-Flächenkonstruktion
einschließlich der Erstellung des NC-Programms für die Fräsoperation der
14 Austrittstaschen. Das Ergebnis konnte ohne weitere Versuche in Serie
gehen.

Im Vergleich zum bisherigen NC-Programm reduziert sich hierbei die Anzahl der notwendigen manuellen Eingriffe am Bearbeitungszentrum auf die
Hälfte. Die Bearbeitungszeit sank ebenfalls auf 50 %. Die manuelle Nachbearbeitung der gefrästen Konturen zur Erzielung der geforderten Ober-
flächenqualität reduzierte sich sogar um 60 bis 70 %. Die Anforderungen
der Konstruktion konnten fertigungstechnisch voll und ganz in die Teile-
geometrie umgesetzt werden. Dies war bislang auf dem Weg konventioneller Konstruktions- und NC-Programmierverfahren nicht möglich.

2.3.2 Objektmodellierung

Die anschauliche Darstellung komplexer Bauteile des Maschinenbaus sowie
die Aufbereitung der Geometriedaten für die weitere Analyse wird durch
die sogenannte "Objektmodellierung" im 3D-Aufbau erreicht. Entsprechende Systeme besitzen mehrere Schnittstellen: Sie übernehmen die Geometriedaten von CAD-Systemen und übergeben diese weiter an FEM-
Analyse-Systeme. Insbesondere aber ist der "Universalfile" anzusprechen,
der alle Daten eines Modells in komprimierter, gut dokumentierter und
leicht zugänglicher Form enthält, beispielsweise für die Ausgabe bildlicher
Darstellungen.

Für den Konstrukteur ergeben sich mit dem Objektmodellierer hervor-
ragende Möglichkeiten durch eine Vielzahl von Geometriebeschreibungen.
Bild 2-9 zeigt eine 3D-Darstellung eines Zweiwellen-Schneckenkneters,
erstellt mit Hilfe des Objektmodellierers, und Bild 2-10 zeigt die
Ausführung des gleichen Teils. Die perspektivische Ergänzung per CAD-
System erstellter, konventioneller 2D-Zeichnungen zur Unterstützung bei
Kundengesprächen und für die Erstellung von Werbematerial, Explosions-
zeichnungen in Ersatzteilkatalogen oder die transparente Darstellung zur
Kollisionsprüfung sind weitere Einsatzgebiete der Objektmodellierung.

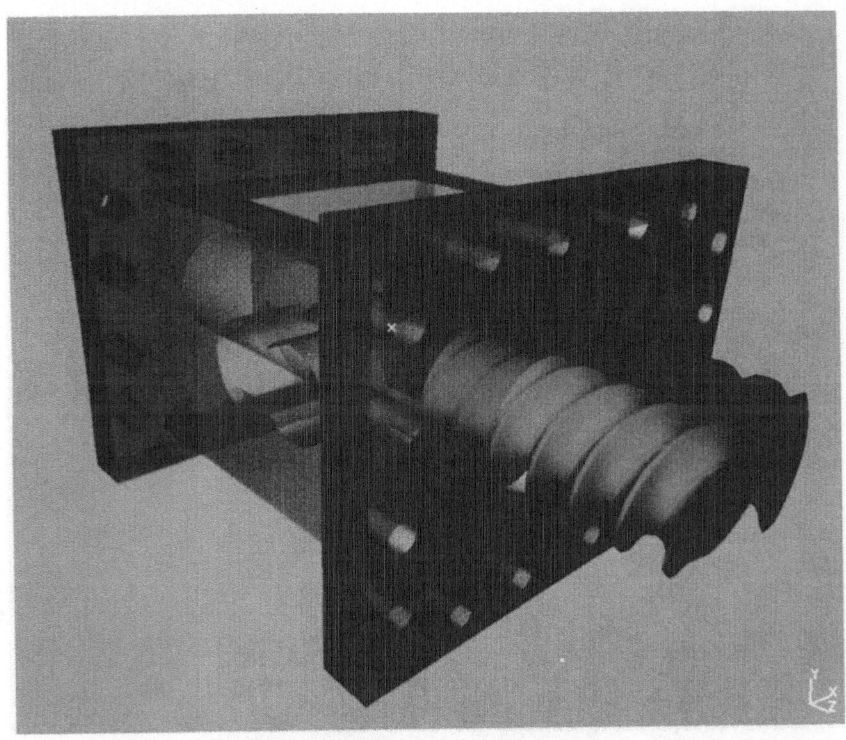

Bild 2-9: Transparente Darstellung des Zweiwellen-Schneckenkneters ZSK mit Hilfe des Objektmodellierers.

Bild 2-10: Montage des Zweiwellen-Schneckenkneters.

18

Die Berechnung von Spannungen und Verformungen von Schneckengehäusen zeigt die Bildfolge 2-11 bis 2-13. Für verschleißende Kunststoffmischungen werden Gehäuse mit einer Büchse aus einem Spezialwerkstoff eingesetzt. <u>Bild 2-11</u> zeigt einen Viertelausschnitt aus dem symmetrischen Gehäuse, hergestellt mit dem Objektmodellierer. Die <u>Bilder-2-12</u> und <u>2-13</u> zeigen die berechneten Spannungen und Verformungen der Bauteile unter Betriebslast, d. h. nach dem Erwärmen und Vorspannen der Schrauben, die Büchse und Gehäuse verbinden.

Bild 2-11: Viertelausschnitt eines ZSK-Gehäuses mit Büchse.

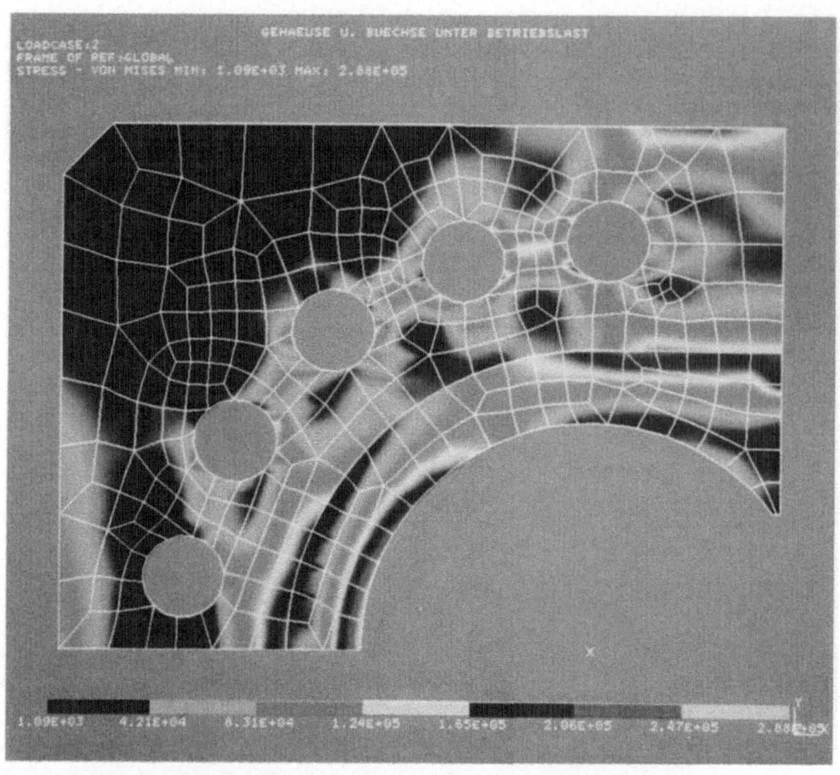

Bild 2-12: Spannungen unter Betriebsbedingungen (Druck und Temperatur).

Bild 2-13: Verformungen unter Betriebsbedingungen.

Bei der spanenden Bearbeitung tragen im wesentlichen die Werkzeugmaschinen, die Aufspannung des Werkstücks, das Werkzeug sowie der Schneidkörper und entsprechende Schnittwerte zum Ergebnis des Fertigungsprozesses bei. Bei jedem dieser Aspekte ist die Auswahl der richtigen Parameter für die jeweilige Bearbeitungsaufgabe erforderlich. Die Entwicklung optimaler Schneidstoffe ist also von besonderer Bedeutung [2-21]. Die Optimierung der Werkzeuge erfolgt durch die Gestaltung schneidstoff- und beanspruchungsgerechter Schneidteilgeometrien. Bild 2-14 zeigt die CAD-Darstellung der Oberflächen einer Wendeschneidplatte. Mittels direkter CAD/CAM-Kopplung erfolgt die Erzeugung des NC-Programms für die Fräsbearbeitung des Erodierstempels.

21

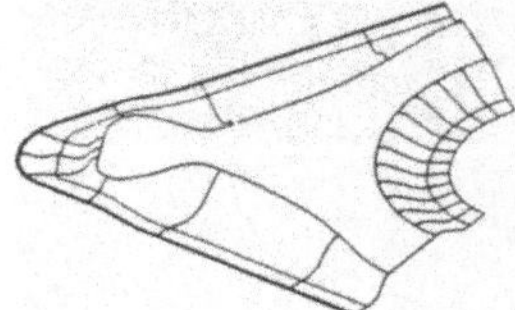

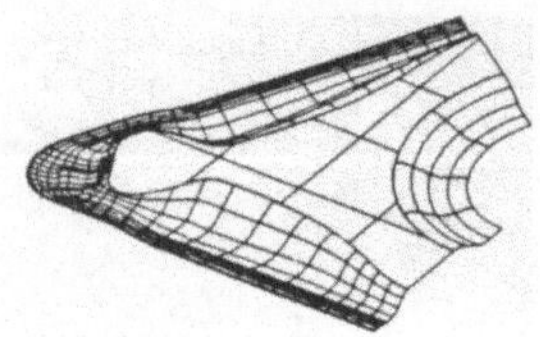

3D-Modell zur Volumenberechnung

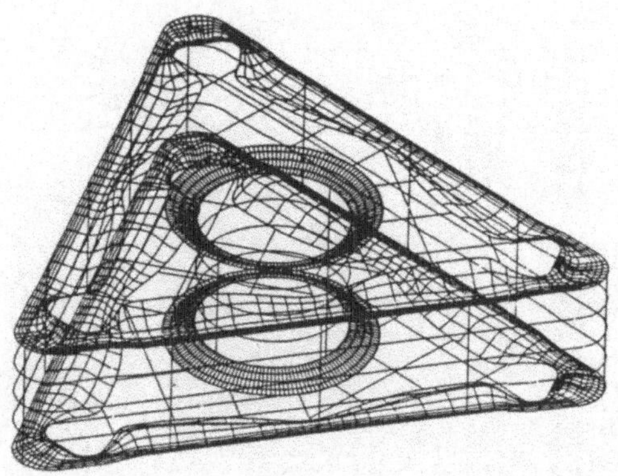

Bild 2-14: CAD-Einsatz bei der Entwicklung von Wendeschneidplatten.

2.3.3 Funktionales Produkt-Design

Auch das Design von Maschinen wird heute mehr und mehr zu einem qualitätsbestimmenden Faktor. Das Design einer Maschine macht die Produktqualität sichtbar und erfahrbar. Das Bestreben, rationelle Baukastensysteme zu schaffen sowie Modulbauweisen anzuwenden, ein Grundbestreben in der rechnerintegrierten Produktion, bietet zusätzliche Chancen für ein funktionales Design [2-22].

Das Beispiel der Gummispritzpresse GSP zeigt die Einbindung der Rechnerunterstützung in den Design-Prozeß. Die GSP-Baureihe dient zur Herstellung von technischen Gummiteilen wie Silentblöcken, O-Ringen u. ä.

Zu Beginn der Entwicklung wird am CAD-Arbeitsplatz eine Strukturanalyse, <u>Bild 2-15</u>, durchgeführt. Die Anordnung der Maschinenkomponenten wird hinsichtlich eines optimalen Montageablaufes in vielen Varian-

22

ten untersucht. Dabei kommen dem Designer die dreidimensionalen Darstellungsmöglichkeiten zur Beurteilung der Struktur entgegen. Die Trennung der Baugruppen (Schließeinheit, Hydraulikaggregat und Elektroversorgung) führt zu einer Bausteinlösung, die später auch Varianten im Aufbau der Maschine zuläßt. Bei diesen Varianten bleibt dann auch das gemeinsame Erscheinungsbild erhalten.

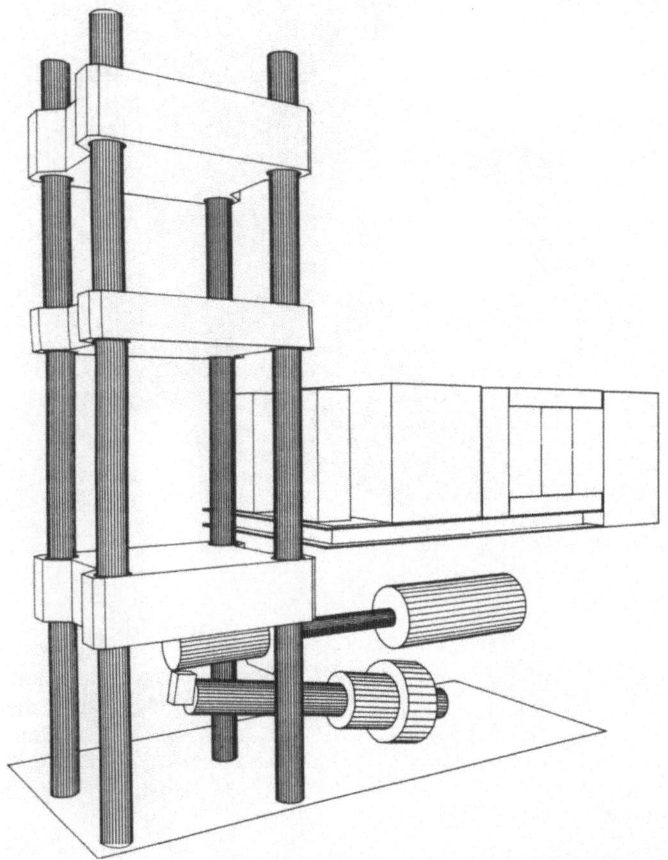

Bild 2-15: Funktionales Design: Strukturuntersuchung einer Gummispritzpresse.

Erst auf dieser strukturellen Basis werden dann formale Entwürfe entwickelt. Durch die Rechnerunterstützung können Varianten zur Flächen- und Farbgestaltung, <u>Bild 2-16</u>, in kurzer Zeit generiert und verglichen werden. Nach der Festlegung auf eines der möglichen Design-Konzepte wird dieses konstruktiv bis ins Detail umgesetzt. Auch hierbei hilft die perspektivische Betrachtung bei der Entscheidungsfindung. <u>Bild 2-17</u> zeigt die realisierte Maschine.

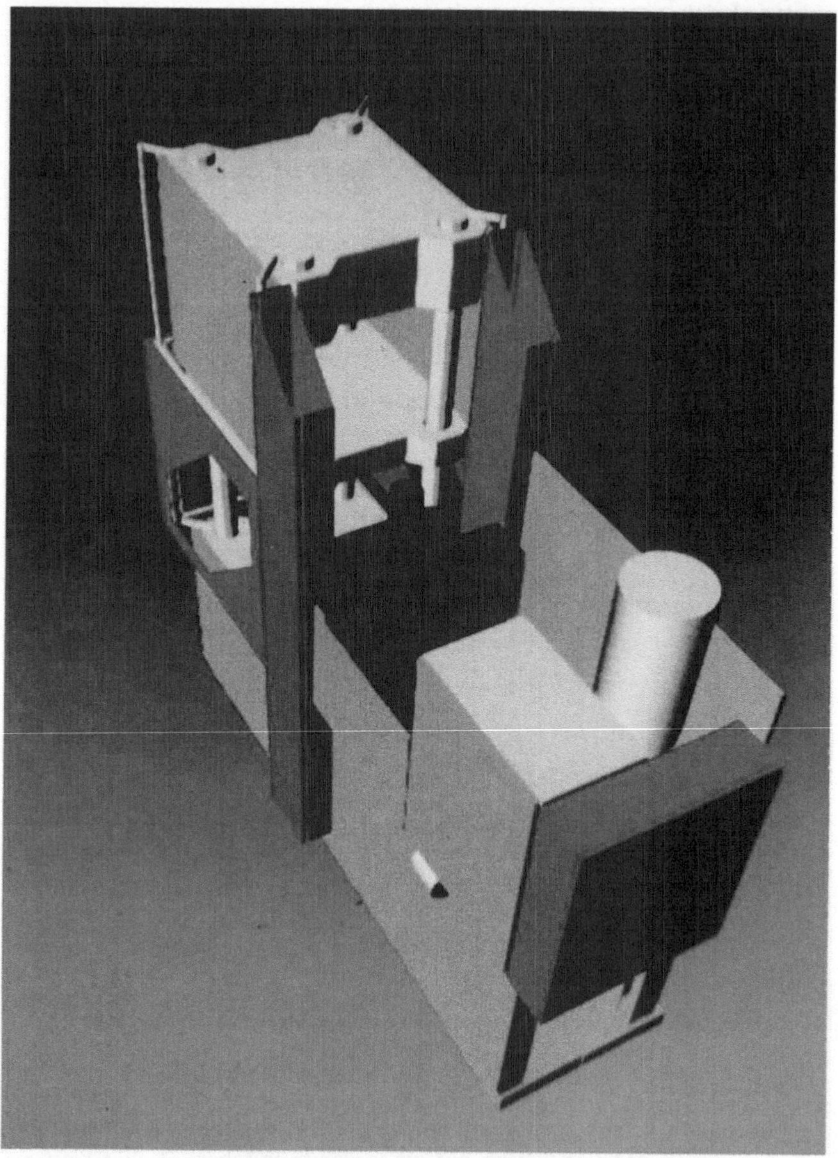

Bild 2-16: Flächen- und Farbgestaltung.

24

Bild 2-17: Realisierte Gummispritzpresse.

2.4 Optimierung der Produktion

2.4.1 Rechnerunterstützung im Betrieb

Die Phantasie des technisch interessierten Laien wird im Umfeld von "CIM" vom Bild einer Geisterfabrik angeregt, die mit lediglich einigen Ingenieuren, die die rechnergesteuerten Anlagen und Maschinen beaufsichtigen, auskommt. Bis auf wenige Pilotinstallationen, vorwiegend in Japan, hat sich diese Vision der völligen Automation der Abläufe bis heute als nicht wirtschaftlich erwiesen. Im Gegenteil: auf den qualifizierten Facharbeiter und den informationstechnisch gebildeten Ingenieur kann heute weniger denn je verzichtet werden.

Tatsächlich hat der Rechnereinsatz in der Produktion seine Wurzeln im Betrieb: Die NC-Steuerung von Werkzeugmaschinen bedeutete schon in den fünfziger Jahren einen Durchbruch bei der Senkung von Bearbeitungs- und Durchlaufzeiten. Heute sind moderne DNC-Steuerungen die Voraussetzungen für eine mannarme dritte Schicht oder die Bedienung mehrerer Maschinen durch einen Mitarbeiter. Angesichts hoher Personal- und Anlageninvestitionskosten ermöglicht erst der Rechnereinsatz die Flexibilität, die für einen wirtschaftlichen Betrieb erforderlich ist.

Heute stehen für den Rechnereinsatz in der Fertigung neben den NC-Steuerungen automatische Beladeeinrichtungen sowie frei programmierbare Handhabungsgeräte (Roboter) für Bearbeitungs- und Montageaufgaben. Für Transportaufgaben werden in zunehmendem Maße fahrerlose Transportsysteme (FTS) eingesetzt. Ein weiteres häufig anzutreffendes Merkmal rechnergestützter Produktionssyteme ist die organisatorische Zusammenfassung von unterschiedlichen Maschinen zu Einheiten unterschiedlicher Größe wie flexiblen Fertigungszellen, <u>Bild 2-18</u>, oder -systemen.

Flexible Fertigungssysteme integrieren außerdem Lager für Roh- und Fertigteile sowie oftmals Werkzeugmagazine. Die Anlagennutzungsdauer läßt sich durch eine bedienarme dritte Schicht um 50 bis 60 % erhöhen.

Bild 2-18: Flexible Fertigungszelle.

2.4.2 Kostenoptimierung durch Rechnerintegration

<u>Bild 2-19</u> veranschaulicht das klassische Dilemma in der Produktion, das in der Vergangenheit Produktivität und Flexibilität als unvereinbare Unternehmensziele gegenüberstellt. Das Ziel der rechnerintegrierten Produktion

Große Losgrößen	Kleine Losgrößen
Standardisierung	Differenzierung
Bestandsintensiv	Geringe Bestände
Hohe Rüstkosten/-zeiten	Niedrige Rüstkosten/-zeiten
Lange Aktions-Reaktionszeiten bei - Produktinnovation - Prozeßinnovation - Bedarfsverschiebungen	Kurze Aktions-Reaktionszeiten bei - Produktinnovation - Prozeßinnovation - Bedarfsverschiebungen
Großes Anlagenrisiko bei Innovationsschüben	Reduziertes Anlagenrisiko bei Innovationsschüben
Geringe Maschinennutzung	Hohe Maschinennutzung

Produktivität  **Flexibilität**

Bild 2-19: Das Rationalisierungsdilemma.

lautet, diesen Konflikt durch die wirtschaftliche Realisierung einer produktiven Flexibilität aufzulösen [2-23] oder anders ausgedrückt, auch die "Losgröße 1" wirtschaftlich zu fertigen.

Besonders wichtig bei einer Fertigung kleiner Losgrößen ist die Reduzierung der Durchlaufzeiten, von denen bis zu 90 % reine Liegezeiten sind. Untersuchungen [2-24] haben ergeben, daß die Realisierung von CIM im Fertigungsbereich eine besonders hohe Kostenwirkung bei der Kapitalbindung im Umlaufvermögen hat. Eine Reduzierung der Durchlaufzeit bei gleichzeitiger Minimierung der Losgröße hat sofort positive Auswirkungen auf die Lagerbestände und damit den Mitteleinsatz.

<u>Bild 2-20</u> zeigt die Auswirkungen eines neuen Fertigungskonzeptes mit Segmentierung in mehrere Fertigungsinseln bei der Herstellung von Zweiwellenschneckenkneter-Gehäusen. Neben Kosten und Qualität wird heute der "Zeitwettbewerb" [2-25] immer entscheidender im Kampf um Marktanteile. Kurze Lieferzeiten reduzieren das Risiko des Kunden, so daß er oft bereit ist, auch einen höheren Preis zu bezahlen.

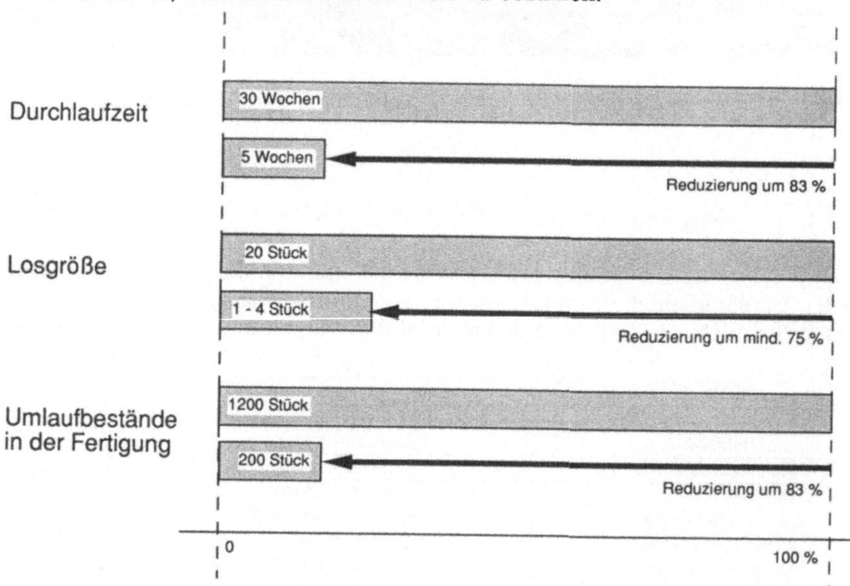

Bild 2-20: Durchlaufzeit, Losgröße und Bestände bei der Fertigung von ZSK-Gehäusen vor und nach Einführung eines neues Fertigungskonzeptes mit mehreren Fertigungsinseln.

Im beschriebenen Beispiel wurde die Lücke zwischen Grobplanung durch die Arbeitsvorbereitung und konventioneller Werkstattsteuerung durch ein Leitstandssystem geschlossen. So konnten Durchlaufzeit und durchschnitt-

28

liche Losgröße gleichzeitig drastisch reduziert werden, ohne daß der Produktpreis erhöht wurde. Im Gegenteil: das freiwerdende Kapital durch Verringerung der Bestände kann zur Finanzierung neuer Investitionen verwendet werden.

2.5 Auswirkungen auf die Arbeitsplätze

2.5.1 Wissen als Erfolgsfaktor

Die aufgeführten Beispiele sowie die Extrapolation gegenwärtiger Entwicklungstendenzen in der rechnerintegrierten Produktion zeigen, daß die Informationstechnik in zunehmendem Maße zum strategischen Instrument wird, das dem Unternehmen sowohl in der Fertigung als auch in der Entwicklung und Einführung neuer Produkte entscheidende Wettbewerbsvorteile verschaffen kann. Der bisherige Qualitätszuwachs in der Informationstechnik gegenüber der Buchdruckerkunst des Mittelalters war im Grunde nur durch die Zunahme der Informationsgeschwindigkeit und der erhöhten Informationsspeicherdichte verursacht. Allenfalls kann noch die Zunahme der Informationsquellen erwähnt werden.

Doch die während der letzten Jahre generierten Informationen erzeugten eine Kettenreaktion: Die Menge des Wissens steigt exponentiell, <u>Bild 2-21</u>.

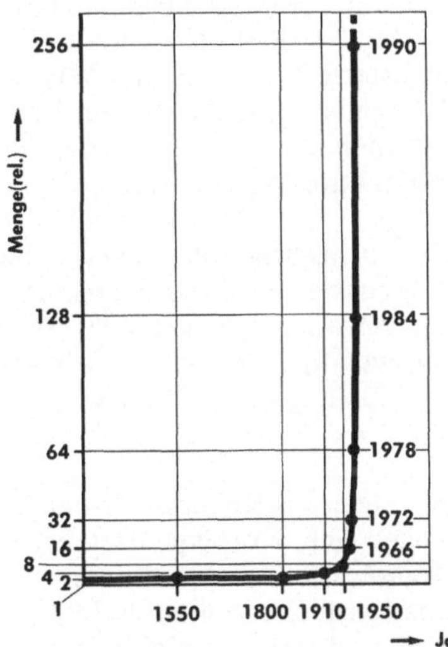

Bild 2-21: Wachstum des menschlichen Wissens, gemessen an der Zahl wissenschaftlicher Veröffentlichungen.

Tatsächlich hat sich die Menge des menschlichen Wissens seit der Erfindung der Buchdruckerkunst durch Gutenberg (1450) um den Faktor 260 vergrößert und verdoppelt sich gegenwärtig etwa alle sechs Jahre. Für Schlüsseltechnologien wie beispielsweise die Mikroelektronik gelten noch kürzere Zeitkonstanten.

Parallel hierzu werden auch die Innovationszeiten für neue Produkte immer kürzer. Das heißt, die zur Verfügung stehende Zeit, um das technische Wissen aufzubereiten und zum Produkt zu "verdichten", wird immer kürzer. Das "Handling" von Information oder das "Informationsmanagement" [2-26] wird also zur existenziellen Aufgabe für jedes Unternehmen, das sich dem Wettbewerb stellt. Neben Kapital und Arbeitskräften gehört das Wissen heute zu den entscheidenden Produktionsfaktoren [2-27].

2.5.2 Personelle Erneuerung

Dies ist insbesondere eine Herausforderung an die Fähigkeit des Unternehmens, hochqualifiziertes und -motiviertes Personal anzusprechen. Denn trotz aller denkbaren technologischen Hilfen kommt es entscheidend darauf an, die qualifizierten Mitarbeiter im Unternehmen zu haben, die bereit sind, sich voll mit der gestellten Aufgabe zu identifizieren. Anders ausgedrückt: Es kommt darauf an, besser qualifiziertes und motiviertes Personal als der Wettbewerb zu beschäftigen.

Im Mittelpunkt eines Unternehmens stehen also die Mitarbeiter und das in ihren Köpfen vorhandene Wissen. Produkte und Produktionstechnologien sind hiervon abgeleitete Größen. Sie sind eingesetzte Erfahrung und Wissen von Mitarbeitern. Häufig werden sie durch Impulse des Marktes initiiert, doch müssen die Mitarbeiter in den Unternehmen sensibel sein für schwache Signale und befähigt, angemessene Reaktionen zu formulieren.

Diese Aufgabe können Mitarbeiter jedoch nur wahrnehmen, wenn die Unternehmensführung die Einzelaktivitäten fokussiert und Führungskräfte entsprechend überzeugt und motiviert. Personalentwicklung muß sich daher in Zukunft mehr noch als heute mit den notwendigen personellen Konsequenzen aus der Einführung und effektiven Nutzung neuer Technologien auseinandersetzen.

Die CIM-Strategie zieht veränderte Anforderungen an Kenntnisse, Fähigkeiten und auch Einstellung der Mitarbeiter nach sich. Konsequenzen ergeben sich auch für eine Evolution von Organisation und Führungsstil. Insbesondere die Nutzung moderner Informationstechnologien zwingt zu geistiger Beweglichkeit, abstraktem Denken und zur Entwicklung von Handlungsfähigkeit in komplexeren Zusammenhängen [2-28].

2.6 Auswirkungen auf betriebliche Strukturen und Anforderungen an das Personal

2.6.1 Führung als Erfolgsfaktor

Welche konkreten Veränderungen sich im Zeitablauf ergeben, wird in der Gegenüberstellung idealtypischer Schritte deutlich, Bild 2-22. Der durch technische Möglichkeiten und Organisationsentscheidungen hervorgerufene Wandel im Unternehmen dokumentiert sich zunächst in der Struktur der betriebsnotwendigen Kommunikation.

	1950	1970	1990
Kommunikation			
Führungsleitbild	autoritär	partizipativ	teamorientiert
Qualifikations-anforderung	fachlich	berufsübergreifend fachlich	Schlüssel-qualifikation / berufsübergreifend / fachlich
Arbeitszeit	starr	weitgehend starr ausgeprägter Schichtbetrieb	Flexibilisierung
Anreiz- und Entgeltsystem	Akkordentlohnung	Akkordentlohnung/ Grundlohn-differenzierung	Entgelt nach Einsatzflexibilität und Prämien

Bild 2-22: Sozialer Wandel im Unternehmen.

Bisher erlaubte die zentrale Verfügung über das entscheidungsnotwendige Wissen einen einseitigen Informationsfluß in Form von Anweisungen. Um rechtzeitig Steuerungsmaßnahmen einleiten zu können, wurde er durch einen entgegenlaufenden Berichtsweg ergänzt. In den 70er Jahren setzte sich eine berichtsweg-unabhängige Kommunikation und Kooperation zwischen gleichgestellten bzw. parallelen Funktionsbereichen durch. Die Beseitigung des "Dienstwegprinzips" ist Voraussetzung für eine Reduzierung von Entscheidungs- und Reaktionszeiten.

Zukünftig werden wir wohl ein Kommunikationsniveau mit sowohl vertikal wie horizontal und ringförmig verlaufenden Strukturen vorfinden. In der Folge ergeben sich deutliche Veränderungen im Führungsleitbild, im Führungsverhalten und in der Auswahl von Führungskräften. Die Veränderung des Führungsverhaltens von einer autoritären über eine eher partizipative bis hin zu einer teamorientierten Ausrichtung ist vorprogrammiert. An die Stelle von Anweisungen, Disziplinierung und Kontrolle sind Zielvorgaben getreten. Dieses Ziel wird sich weiter in Richtung Zielvereinbarungen, z. B. mit Arbeitsgruppen in der flexiblen Fertigungsorganisation weiterentwickeln.

2.6.2 Tendenzen in der Organisation

Dem Wandel der betrieblichen Funktionen muß die Organisation folgen, Bild 2-23. So dominierten 1950 hierarchische, noch nicht sehr tiefe Organisationsstrukturen. In ihnen liefen die Prozesse stark arbeitsteilig ab. Manuelle Tätigkeiten führten zu einer starken physischen Beanspruchung.

	1950	1970	1990
Organisationstiefe			
Tätigkeitsstruktur	manuell	repetitiv	interaktiv
Arbeitsteilung	mittel	hoch	mittel z.T. ganzheitlicher Arbeitsvollzug
Beanspruchung	physisch hoch	physisch/ Monotonie/ Einseitigkeit	psychisch hoch Komplexität und Dynamik
Informations- übermittlung	mündlich/ schriftlich	mündlich/ schriftlich/ Zentrale DV	mündlich/schriftlich/ vernetzte Informationssysteme

Bild 2-23: Wandel betrieblicher Strukturen und Funktionen.

Ab 1970 finden wir eine größere Zahl tiefgestaffelter hierarchischer Organisationen. Infolge der Automatisierung hat sich der Grad der Arbeitsteilung - das Tayloristische Prinzip - noch erhöht. Repetitive Tätigkeiten haben zugenommen. An die Stelle der hohen physischen Belastung sind monotone, einseitig belastende Tätigkeiten getreten [2-29].

Dieses Bild wandelt sich in einer Fabrikorganisation moderner Prägung grundsätzlich. Organisationsstrukturen werden flacher mit Tendenz zu Teamstrukturen mit wieder ganzheitlichen Arbeitsvollzügen. Grundsätzlich neu ist die verstärkte Interaktion von Mensch und Maschine in einem System, in dem der Mensch nicht von der Maschine abhängig ist, sondern sich ihrer Möglichkeiten qualifiziert bedienen kann.

Durch die Verbreiterung der Aufgaben und die Ausdehnung der Verantwortlichkeit ergibt sich eine generelle Veränderung der Beanspruchungen. Deutlich erkennbar ist eine höhere psychische Beanspruchung, verursacht durch die höhere Komplexität der Aufgaben und Zusammenhänge. Größere Informationsmengen müssen in kürzerer Zeit verarbeitet werden. Gleichzeitig veraltet arbeitsrelevantes Wissen in immer kürzerer Zeit.

Damit sind Entwicklungen eingeleitet, die zu einer abnehmenden körperlichen Belastung und zu sinkenden Anforderungen an manuelle Fähigkeiten führen. Diese Tendenzen sind nicht zwingend. Sie ergeben sich vielmehr aus bewußt ausgeschöpften Optionen [2-30], die beispielsweise zu qualifizierten Aufgaben mit entsprechend erhöhten Anforderungen an die Kooperations- und Kommunikationsfähigkeit führen können [2-31].

Die Geschwindigkeit der Veränderung in den Bereichen Technik, Personal sowie Organisation erlaubt es nicht mehr, mit den erforderlichen Maßnahmen erst dann zu beginnen, wenn Trends bereits deutlich werden. Besonders die Organisation hat in ihrer Flexibilität den gewachsenen Anforderungen an die Reaktionsfähigkeit eines Unternehmens Rechnung zu tragen. Nur so können neue Tendenzen auf den Märkten antizipiert und schnell umgesetzt werden. Diese Sensibilität ist die Voraussetzung für den zukünftigen Erfolg im internationalen Wettbewerb.

3 CIM - Konzepte, Begriffe und Abläufe

Dipl.-Phys. Michael Koppitz

3.1 Einleitung

Die Forderung, zunehmend individuellen Kundenwünschen durch spezifische Produkte Rechnung tragen zu müssen, hat Auswirkungen auf alle Unternehmensbereiche sowie auf die Gesamtorganisation. Anstelle starrer Konzern-"Monolithe" müssen flexible "Flottillen"-Verbände [3-1] treten, die durch eine Reihe eng miteinander verzahnter Fertigungsschritte verbunden werden. Für die Produktion kann die Konsequenz lauten, starre Fertigungseinrichtungen wie Transferstraßen zu segmentieren [3-2] und auf Inseln mit flexiblen Fertigungssystemen umzustellen.

Die Organisation einer Vielzahl weitgehend unabhängig agierender Unternehmensteile ist durch moderne Datentechnik sicherzustellen. Dabei können im geschichtlichen Verlauf zwei Stufen des DV-Einsatzes im Produktionsbetrieb unterschieden werden: Zunächst wurden in einzelnen organisatorisch und datentechnisch getrennten Bereichen rechnerunterstützte Verfahren eingesetzt. Man spricht hier von Insellösungen.

Beispiele hierfür sind im technischen Bereich NC- und CNC-gesteuerte Maschinen und entsprechende Programmierplätze mit Datenaustausch per Lochstreifen, Kalkulationsprogramme in der Arbeitsvorbereitung, CAD-Systeme sowie Großrechenanlagen für technische Berechnungen, z. B. FEM-Analysen. Auch der kaufmännische Bereich (Rechnungswesen) und die Verwaltung (Lohnbuchhaltung) setzen schon relativ lange rechnergestützte Verfahren ein.

Die zweite Phase des Rechnereinsatzes ist von der Vernetzung der einzelnen Verfahren geprägt. Die hiermit verbundene Begriffsflut und -verwirrung setzte Mitte der 80er Jahre ein. Damals wurde eine große Zahl neuer "CIM"-Komponenten und -Systeme vorgestellt, die in der häufig unscharfen Begriffsdefinition und den damit verbundenen Erwartungen auch ein Grund für die zwischenzeitlich einsetzende Ernüchterung sind. In dieser zweiten Phase des Rechnereinsatzes in der Produktion steht nicht mehr die Generierung und Verarbeitung des Datenmaterials im Vordergrund als vielmehr dessen dezentrale Bereitstellung.

Die Planung und Umsetzung eines CIM-Konzepts setzt dementsprechend eine ganzheitliche Sicht des Unternehmen voraus, sowie entsprechende Planungshilfsmittel und Modelle, die die Kommunikationsrealität im jeweiligen Unternehmen abbilden.

CIM-Modelle tragen diesem Anspruch in unterschiedlicher Weise Rechnung. Sie haben die Kriterien Ganzheitlichkeit, Interdisziplinarität sowie Allgemeingültigkeit zu erfüllen [3-3]. Einige Beispiele werden im folgenden vorgestellt.

Ein CIM-Modell muß vor allem Schnittstellen abbilden und aufzeigen, welche Arten von Informationen und Daten zwischen den verschiedenen Bereichen ausgetauscht werden bzw. welche Rückwirkungen bestehen können. Die heutigen technischen Realisierungsmöglichkeiten der Integration beschreiben die Abschnitte 3.4 und 3.5.

Die Beiträge dieses Buches basieren auf dem CIM-Modell des Ausschusses für Wirtschaftliche Fertigung (AWF), Bild 3-1 [3-4].

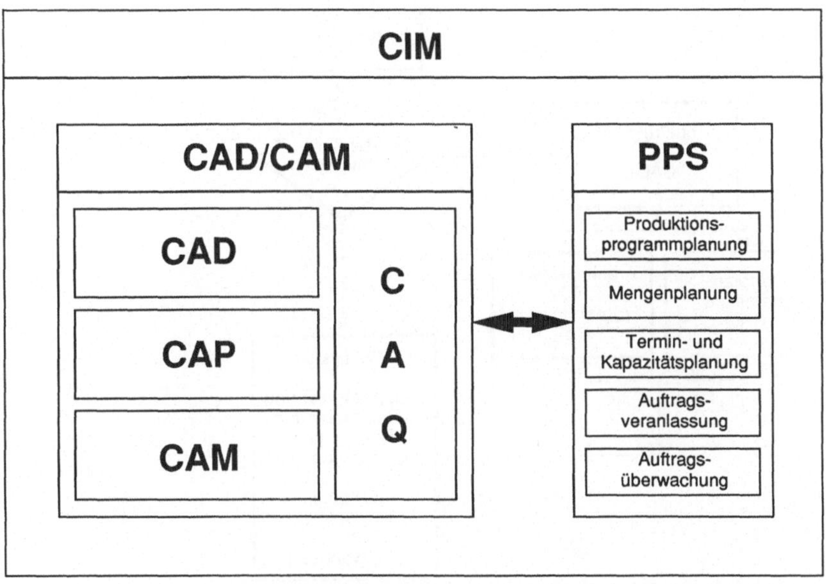

Bild 3-1: Computer Integrated Manufacturing nach AWF (Auschuß für wirtschaftliche Fertigung) [3-4].

3.2 Auftragsabwicklung, CIM nach AWF

Bild 3-2 zeigt als Flußdiagramm eine vereinfachte Darstellung des Ablaufs bei der Kundenauftragsbearbeitung [3-5]. Nach Gesprächen zwischen Kunden, Vertrieb und Anwendungstechnik erteilt der Kunde einen Auftrag, der entgegengenommen und in einem rechnergestützten Kundenauftragsverwaltungssystem bearbeitet wird. Handelt es sich um ein Standardpro-

dukt, kann der Kundenauftrag direkt als Primärbedarf in das Produktions-
planungs- und -steuerungssystem eingehen. Andernfalls wird der geome-
trisch-technische Ast der Auftragsabwicklung beschritten.

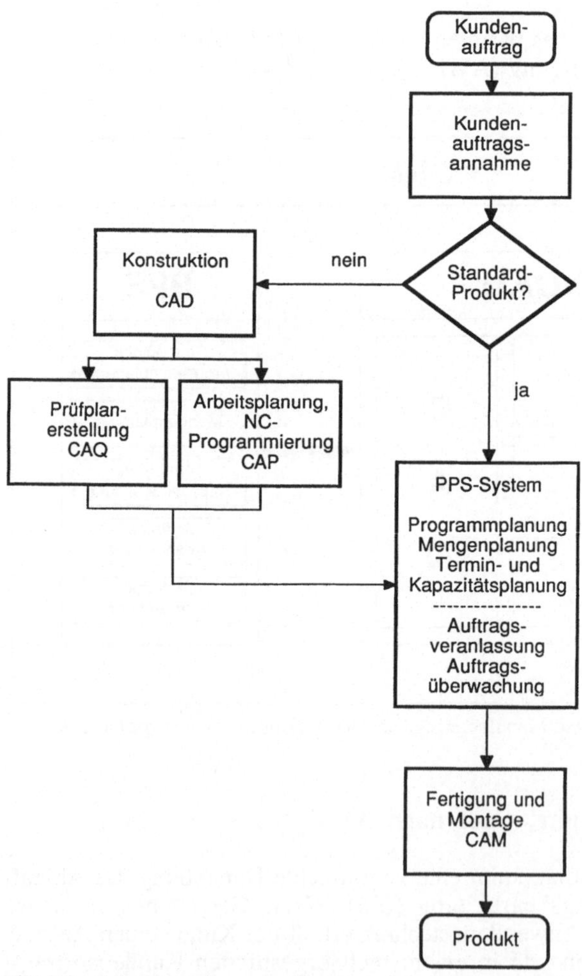

Bild 3-2: Ablaufdarstellung der Kundenauftragsbearbeitung [3-5].

36

3.2.1 Rechnergestütztes Konstruieren (CAD)

Dabei wird der Auftrag zunächst in der Konstruktion mit Hilfe eines CAD-Systems (Computer Aided Design) bearbeitet. Dieses zeigt bei Änderungs- oder Variantenkonstruktionen das größte Einsparungspotential. Hier wird mit Hilfe einer Konstruktionsdatenbank auf gleiche bzw. ähnliche Lösungen zurückgegriffen [3-6].

Diese Datenbank wird wiederum von diversen Berechnungsprogrammen wie z. B. FEM-Modulen genutzt, mit denen die konstruierten Bauteile auf mechanische und thermische Beanspruchungen hin untersucht werden können. Der Konstrukteur optimiert in einem Iterationsprozeß die Geometrie des Bauteils.

Das AWF-Modell, Bild 3-3, beschreibt CAD als einen Sammelbegriff für alle Aktivitäten, bei denen Rechnersysteme direkt oder indirekt im Rahmen von Entwicklungs- und Konstruktionstätigkeiten eingesetzt werden. Folgende Funktionen werden hiermit unterstützt: Entwicklungstätigkeiten, technische Berechnungen (z. B. FEM), Konstruktionstätigkeiten sowie die Zeichnungserstellung.

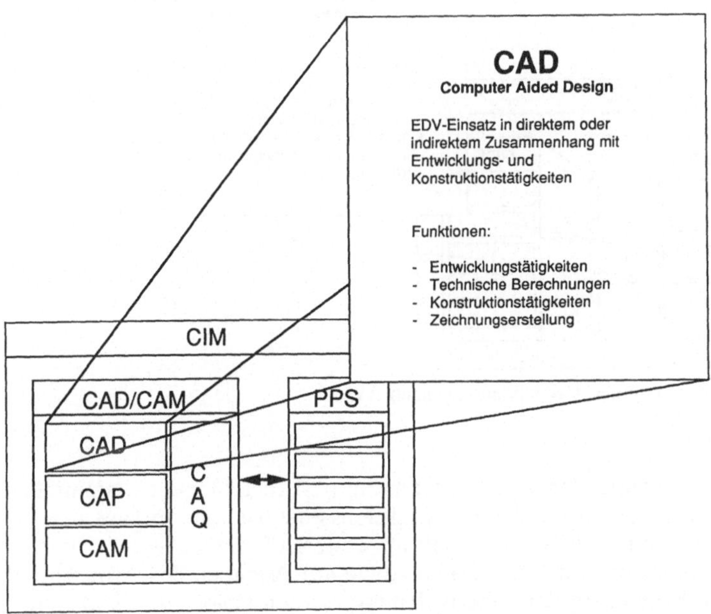

Bild 3-3: CAD (Computer Aided Design) nach AWF.

3.2.2 Rechnergestützte Arbeitsplanung (CAP)

Aufgabe der rechnergestützten Arbeitsplanung (CAP - Computer Aided Planning), <u>Bild 3-4</u>, ist die Erstellung des Arbeitsplans für den Produktionsprozeß. Er beinhaltet Angaben über die für die Produktion notwendigen Arbeitsvorgangsfolgen mit den dazugehörigen Betriebsmitteln und Werkzeugen, den technologischen Bearbeitungsdaten und den entsprechenden Rüst- und Vorgabezeiten. Grundlage dieser Daten sind die von der Konstruktion vorgegebenen Geometriedaten. Die vollautomatische Arbeitsplanerstellung ist wegen des zumeist erforderlichen sehr komplexen technologischen Wissens bis heute erst für wenige einfache Aufgaben realisiert. Hier setzen viele Expertensystementwicklungen an [3-7].

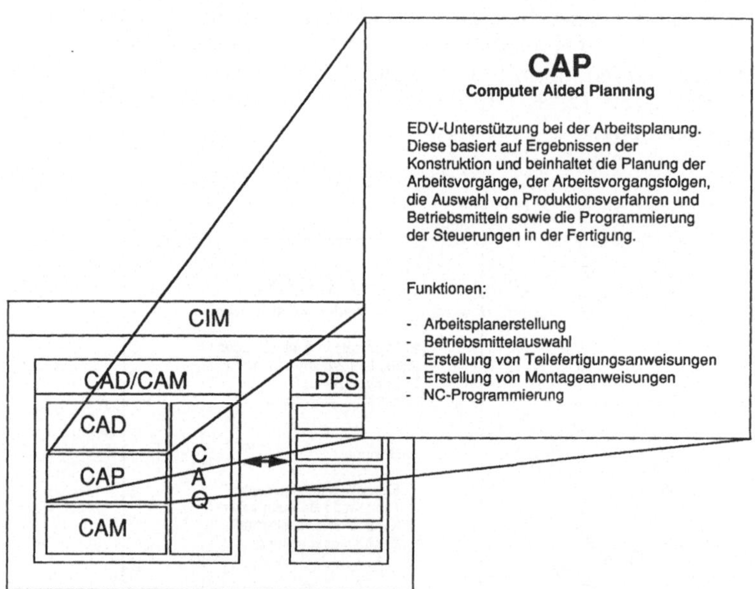

Bild 3-4: CAP (Computer Aided Planning) nach AWF.

Auch die Ergänzung der von der Konstruktion festgelegten Stammdaten sowie eine Komplettierung der Konstruktionsstückliste ist Aufgabe der Arbeitsplanung. Zum CAP-Bereich zählt im weiteren Sinne außerdem die NC-Programmierung, die auf CAD-Daten sowie auf Angaben des Arbeitsplans basiert. Alle Ergebnisse der Arbeitsplanung werden gespeichert und stehen damit der Produktion zur Verfügung.

3.2.3 Rechnergestützte Qualitätssicherung (CAQ)

Teilweise ebenfalls basierend auf den Geometriedaten der Konstruktion erzeugt die rechnergestützte Qualitätssicherung (CAQ - Computer Aided Quality Assurance), <u>Bild 3-5</u>, Meß- und Prüfpläne, die Teil der Arbeitspläne sind. Sie enthalten die Prüfprogramme für rechnerunterstützte Prüfeinrichtungen sowie Angaben über Meßverfahren, Prüfparameter und Häufigkeit der Messungen. Dieser Teil der Qualitätssicherung ist Bestandteil der technischen Produktplanung.

AWF stellt CAQ als eine Klammer mit Schnittstellen zu den drei Bereichen CAD, CAP und CAM dar. Seine Funktion ist neben der Qualitätsplanung die Überwachung der Prüfmerkmale vor Ort, sowie die Einleitung von Maßnahmen zur Vermeidung von Qualitätsabweichungen.

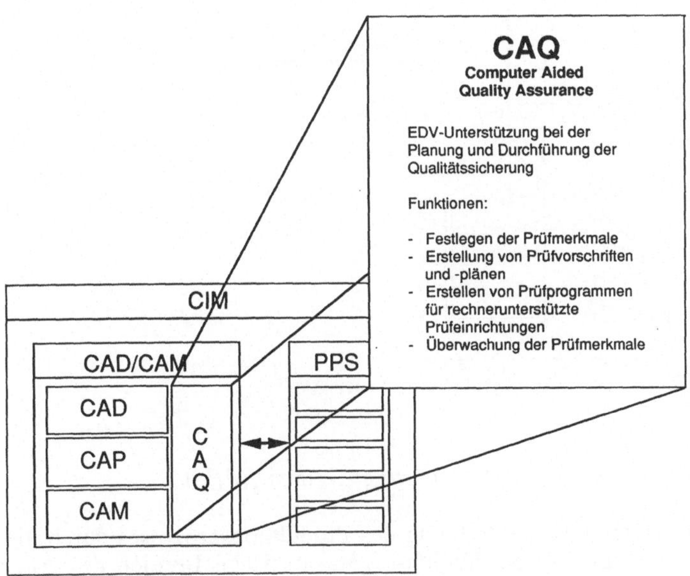

Bild 3-5: CAQ (Computer Aided Quality Assurance) nach AWF.

3.2.4 Rechnereinsatz im Fertigungsprozeß (CAM)

CAM (Computer Aided Manufacturing), <u>Bild 3-6</u>, bezeichnet den Rechnereinsatz zur technischen Steuerung und Überwachung der Betriebsmittel bei der eigentlichen Herstellung der Objekte im Fertigungsprozeß. Dies bezieht sich auf die direkte Steuerung von Arbeitsmaschinen, verfahrenstechnischen Anlagen, Handhabungsgeräten sowie Transport- und Lagersystemen. CAM umfaßt die Funktionen Fertigen, Handhaben, Transportieren sowie Lagern.

Die Integration der technischen Aufgaben der Produkterstellung wird als CAD/CAM-Kopplung bezeichnet. Sie umfaßt also mehr als die Bereiche CAD und NC-Programmierung. Basierend auf den per CAD erstellten Geometriedaten werden mittels CAP Steuerinformationen für die rechnergestützte Fertigung (CAM) erstellt. Auch der CAQ-Bereich bezieht sich bei der Meß- und Prüfplanerstellung auf diese Informationen.

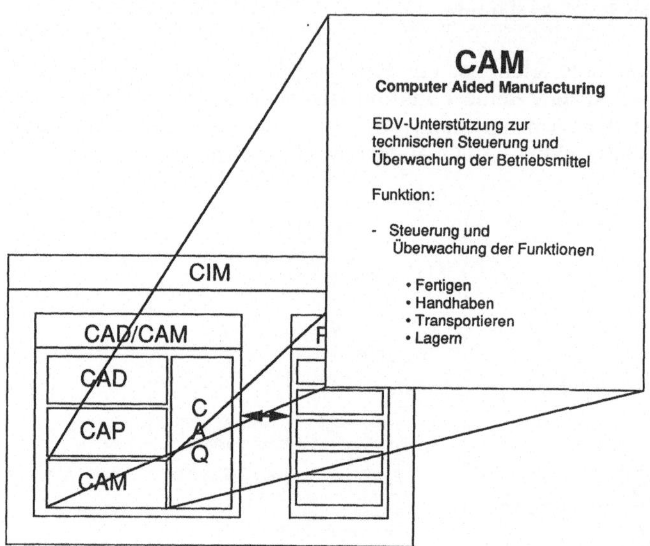

Bild 3-6: CAM (Computer Aided Manufacturing) nach AWF.

3.2.5 Produktionsplanungs- und -steuerungs-Systeme (PPS)

Im Gegensatz zur technischen Planung des Produktionsprozesses durch die CAP-Funktionen wird der betrieblich-organisatorische Bereich des Auftragsdurchlaufs mit Hilfe des PPS-Systems (Produktionsplanung und -steuerung), <u>Bild 3-7</u>, organisiert. Die Produktionsprogrammplanung als erste Stufe eines PPS-Sytems betrifft dabei die Frage:

- "Welches Produkt soll in welcher Menge zu welchem Termin produziert werden?"

Dabei ist ein Abgleich mit den vorhandenen Produktionskapazitäten durchzuführen. Basierend auf den Fertigungsstücklisten werden mit Hilfe der Mengenplanung Mengen und Termine für die benötigten Baugruppen und Bauteile festgelegt.

Für die Termin- und Kapazitätsplanung steht der Zeitaspekt im Vordergrund. Der genaue zeitliche Ablauf auf Basis der Arbeitspläne ist zu generieren. Die Ergebnisse sind terminierte und kapazitätsmäßig realisierbare Produktionsaufträge, die kurzfristig durch die Auftragsveranlassung für die Produktion freigegeben werden, nachdem die Verfügbarkeit von Material und Betriebsmitteln gesichert ist.

Für einen ständigen Soll-Ist-Vergleich und damit die Produktionssteuerung sorgt die Auftragsüberwachung, die von der Betriebsdatenerfassung (BDE) unterstützt wird. Diese nimmt die Ist-Daten auf und gibt sie an die Auftragsüberwachung weiter. Auch die rechnergestützte Qualitätssicherung kann mit BDE-Daten online versorgt werden.

Nur bei Standard-Erzeugnissen mit zur Verfügung stehenden Arbeitsplänen und Stücklisten gilt das einfache iterative Flußdiagramm für die Auftragsabwicklung gemäß Bild 3-2. Ansonsten greifen Produktionsplanung einerseits und Konstruktion und Arbeitsplanung andererseits ineinander. Konstruktion und Entwicklung werden dabei als Teil der Produktion angesehen und in die Durchlaufzeitplanung miteinbezogen.

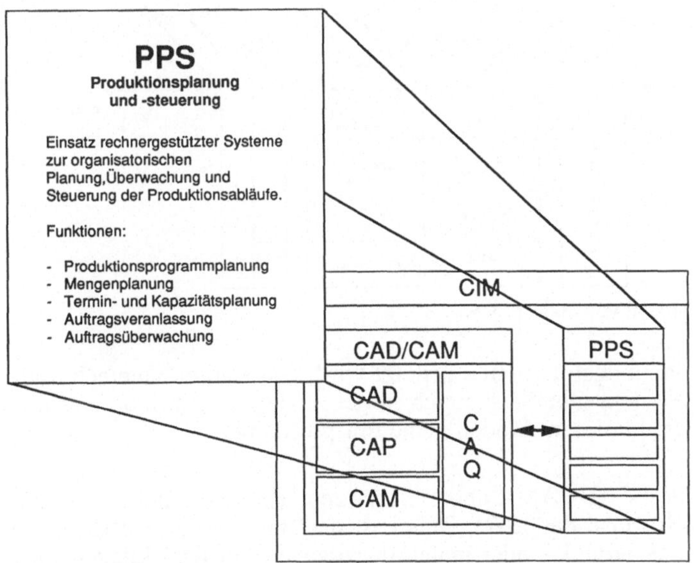

Bild 3-7: PPS (Produktionsplanung und -steuerung) nach AWF.

CIM bezeichnet nach AWF den integrierten Rechnereinsatz in den technischen und organisatorischen Funktionen der Produkterstellung, das heißt die datentechnische Verknüpfung des CAD/CAM-Bereichs mit dem Produktionsplanungs- und -steuerungssystem.

3.3 Alternative CIM-Modelle

Eine ähnlich funktionsorientierte Betrachtungsweise wie das CIM-Modell von AWF stellt das bekannte "Y"-Modell von Scheer, <u>Bild 3-8</u>, dar [3-8]. Auch hier findet sich das umfassende Verständnis des CAD/CAM-Bereichs, der die primär technischen Funktionen im rechten Schenkel umfaßt, während die betriebswirtschaftlich planerischen Funktionen des PPS-Systems im linken Schenkel dargestellt sind. Das Y-Modell enthält als Integrationskomponente eine zentrale Datenbank, die die Grunddaten verwaltet

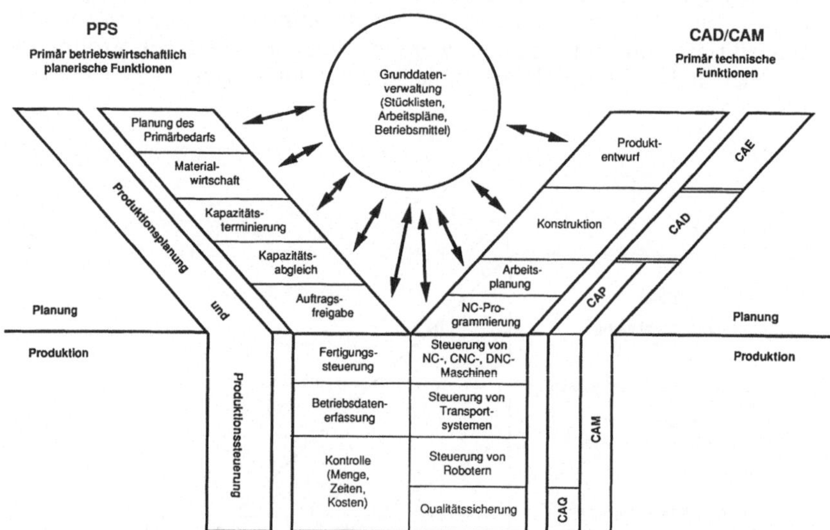

Bild 3-8: CIM-Modell von Scheer [3-8].

und von den Planungsfunktionen genutzt wird. Die starke datentechnische Vernetzung, die dem Qualitätsbereich in der modernen Fabrikorganisation zukommt, findet in diesem Modell keine Entsprechung.

Das Modell des CADCAM-Labors Karlsruhe, <u>Bild 3-9</u>, stellt eine flußorientierte Sichtweise dar [3-7]. Dabei ist der Bereich der Fertigung der Schnittpunkt des produkt- oder materialbezogenen mit dem kunden- oder organisationsbezogenen Datenfluß. Auch dieses Konzept sieht die seriellen

42

Funktionen durch eine unternehmensweite einheitliche Datenbank integriert, die von der Unternehmensleitung einerseits als Informations-
instrument (Management Information System - MIS) , andererseits aber
auch als Steuerungsinstrument für die Umsetzung von Marktinformationen
genutzt wird.

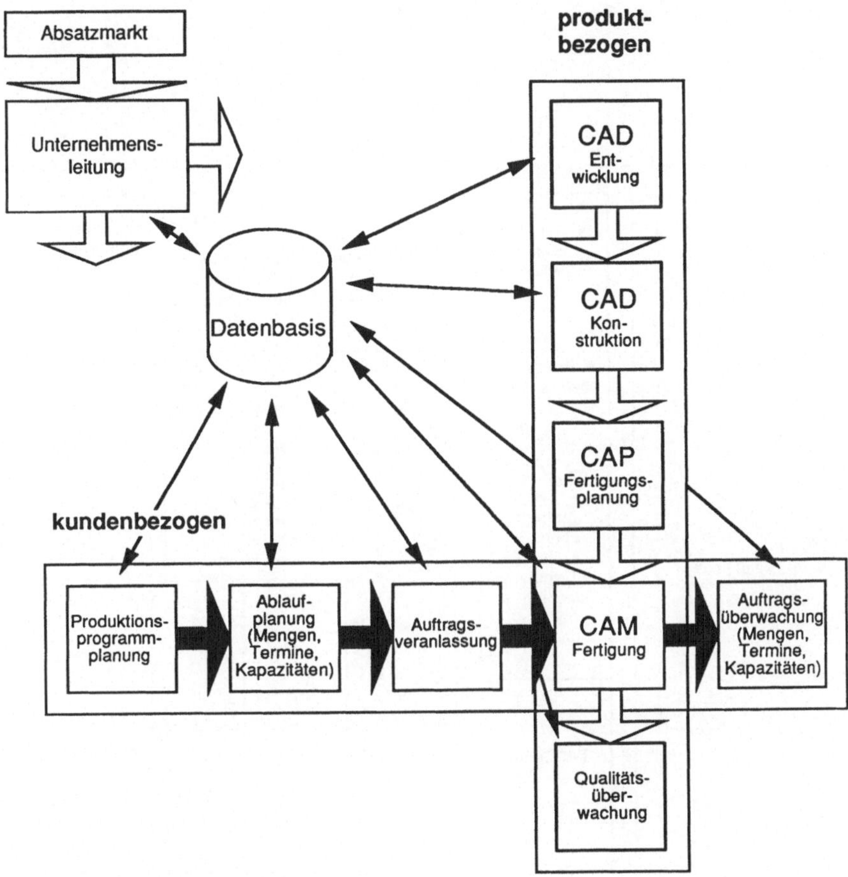

Bild 3-9: CIM-Modell des CADCAM-Labors Karlsruhe [3-9].

Eine Flußdarstellung mit Abbildung der traditionell vorhandenen Funktionsbereiche im Unternehmen nimmt auch das Modell der Kommission
CIM im DIN (KCIM) vor, <u>Bild 3-10</u> [3-9], wobei der Informationsaustausch vielfältig und zielgerichtet ist. Der externe Datenaustausch ebenso
wie der Materialfluß sind Teile dieses Modells. Die Qualitätssicherung

entspricht den heutigen übergreifenden Ansätzen. Die Unternehmensplanung wird ebenfalls als Funktion dargestellt. Hinweise auf die technische Realisierbarkeit, z. B. in Form einer Datenbank, werden nicht gemacht.

Eine solche Darstellung eignet sich besonders gut zur Erstellung eines CIM-Pflichtenhefts bei festgelegten Unternehmensfunktionen, weshalb ähnliche Darstellungen von vielen Hardware-Herstellern bevorzugt werden (DEC, Siemens-Energietechnik, Siemens-Nixdorf).

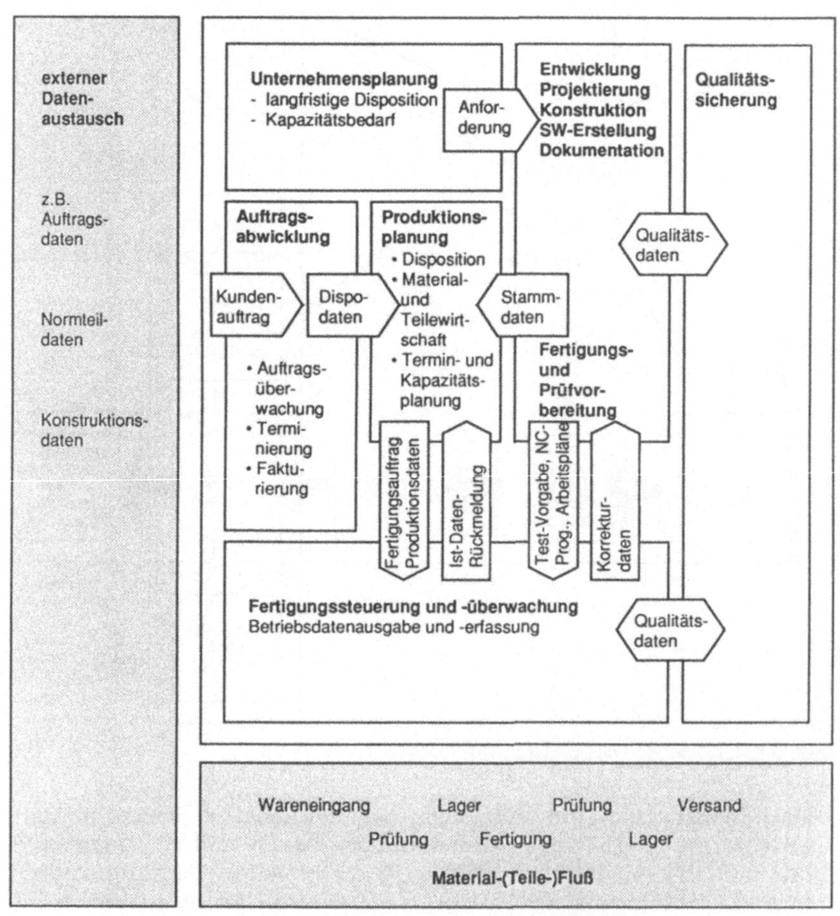

Bild 3-10: CIM-Modell der Kommission CIM im DIN (KCIM) [3-10].

3.4 Technische Realisierung der Integration

Neben organisatorischen und ausbildungstechnischen Hindernissen liegen die Schwierigkeiten bei der Einführung eines umfassend integrierten CIM-Systems auch auf der datentechnischen Ebene. Dabei gibt es eine Anzahl von möglichen Integrationsstufen zwischen unterschiedlichen DV-Anwendungen bis hin zur Programmintegration. Diese werden im folgenden erläutert.

- Die erste Stufe stellt die Verknüpfung von datentechnisch unverbundenen und inkompatiblen Systemen dar, <u>Bild 3-11</u> [3-5]. Der jeweilige Arbeitsplatz wird mit zwei Bildschirmen ausgestattet. Auskunfts-

Bild 3-11: Der Mensch als Kopplungsbaustein.

aufgaben können hiermit bewältigt werden, der Transfer von Daten über Tastatur ist aber zeitraubend und fehlerbehaftet. Hierbei fungiert also der Mensch als Schnittstelle.

- Die einfachste Form der DV-technischen Verknüpfung ist die Kopplung über eine formatierte Datei, <u>Bild 3-12</u>. Dabei muß das Datenformat des Systems A von System B verstanden werden. Der Austausch findet lediglich in einer Richtung - online oder offline im batch-Betrieb - statt, was die Korrektur von Fehlern sehr erschwert. Als Beispiel sei der Datenaustausch von NC-Programmierplatz und NC-Maschine mittels Lochstreifen genannt. Übertragungsfehler werden aber auf diese Art weitgehend vermieden.

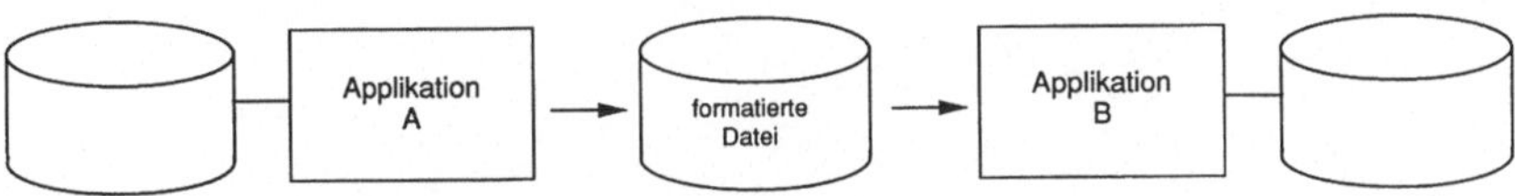

Bild 3-12: Kopplung über eine formatierte Datei.

- Der Nachteil der Unidirektionalität wird bei der Kopplung über ein Konvertierungsprogramm, <u>Bild 3-13</u>, vermieden. Dieses hat die Aufgabe, die Datenstruktur des einen Systems in die eines zweiten Systems und umgekehrt zu verwandeln. Diese Art der Systemkopplung wird häufig von Hardwarelieferanten angeboten und ist damit ein Grund für viele CIM-Anwender, Lösungen aus einer Hand zu suchen. Ein Beispiel ist die CAD/PPS-Kopplung von CATIA nach COPICS von IBM.

Ein Nachteil dieser Art der Kopplung ist die normalerweise sehr spezifische Auslegung eines Konverters auf zwei Systeme, was die Zahl der nötigen Konverter mit der Zahl der zu verbindenden Systeme exponentiell in die Höhe treibt. Aus diesem Grund gelten die Bemühungen internationaler Normungsbehörden der Festlegung von allgemein anerkannten Schnittstellen-Standards. Siehe hierzu auch die folgenden Beiträge.

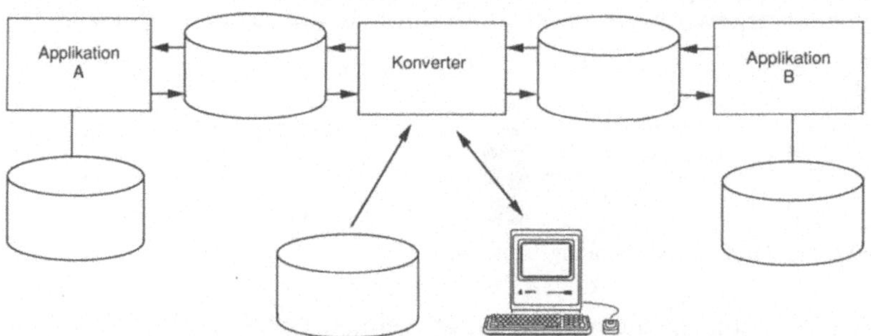

Bild 3-13: Kopplung über einen Konverter.

-   Die Verknüpfung über gemeinsame Datenbanken, <u>Bild 3-14</u>, löst da Problem einer eventuell nötigen großen Anzahl von Konvertern. Si entspricht also dem Modell eines unternehmensspezifischen Schnitt stellen-Standards. Grundsätzlich kann diese gemeinsame Datenbasis um

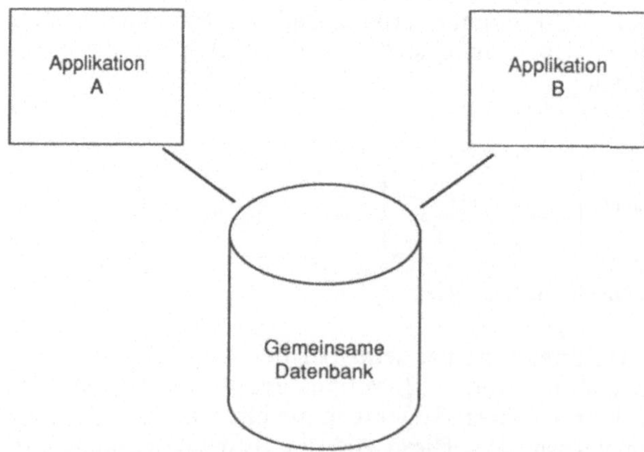

Bild 3-14: Kopplung über eine gemeinsame Datenbank.

fassend als zentrale Datenbank ausgelegt werden oder bei Benutzung neben systemspezifischen Datenbanken auch nur Daten speichern, auf die ein gemeinsamer Zugriff sinnvoll erscheint. Diese Art birgt allerdings alle Gefahren der redundanten Datenhaltung in sich. Die Art des Datenaustauschs über eine Unternehmensdatenbank sehen auch einige CIM-Modelle, Bilder 3-9 und 3-10, vor.

Als höchste Stufe der Integration kann die "Anwendung-zu-Anwendung-Beziehung", Bild 3-15 [3-8], gelten, bei der eine Verschränkung der Programmfunktionen vorliegt. Dieses würde eine Kommunikation der Betriebs- und Datenbanksysteme verschiedener Anwendungsbereiche implizieren. Realisiert ist diese Art der Kopplung bei integrierten CAD/CAM-Systemen, das heißt CAD-Systemen mit integriertem NC-Programmiermodul. Für andere Bereiche, insbesondere CAD/PPS-Kopplung, ist diese Stufe der Integration noch nicht zu erwarten.

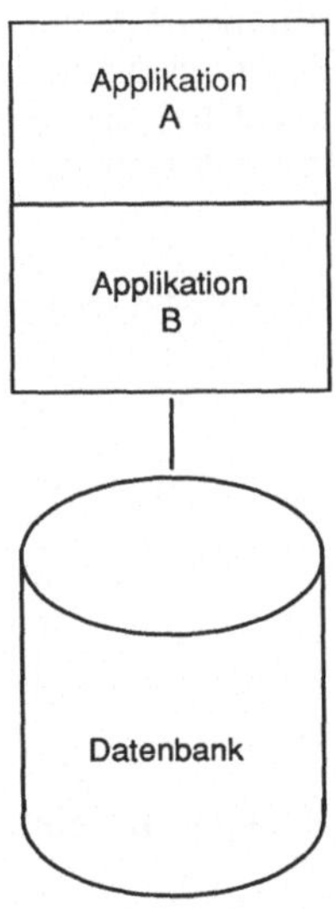

Bild 3-15: Anwendung-zu-Anwendung-Beziehung durch Programmintegration [3-8].

3.5 Lokale Netze - MAP

Die Integration der unterschiedlichen DV-Applikationen im Unternehmen setzt das Vorhandensein von leistungsfähigen Datennetzen voraus. Dabei kann es je nach Anforderungsprofil - Reichweite, Übertragungssicherheit,

Zeitverhalten, Datenübertragungsrate, Kosten - auch in einem Unternehmen zu unterschiedlichen Ausprägungen kommen. Unterschiedliche Netze wiederum müssen untereinander verbunden sein.

Die Teilnahme an der Kommunikation über lokale Netze unterliegt vorher festzulegenden "Spielregeln", für die es wiederum vielfältige nationale und internationale Normungsaktivitäten gibt. Als Beispiel wird im weiteren näher auf MAP (Manufacturing Automation Protocols) [3-5] eingegangen.

MAP wurde 1980 durch General Motors initiiert und hat zum Ziel, verschiedene Rechner, Terminals, Roboter und NC-Maschinen ohne individuelle Anpassung direkt an das Rechnernetz anschließen zu können. Hintergrund dieser Standardisierungsbemühungen ist der exponentiell ansteigende Aufwand, der erforderlich wäre, um je zwei Systeme individuell aufeinander abzustimmen. Für 1990 rechnete man bereits mit 50 % der Investitionskosten für diese Anpassung.

Bei der Festlegung stützte man sich auf das 7-Schichten-Referenzmodell der ISO (International Standards Organization) für die Kommunikation von offenen Systemen [3-11], genannt ISO/OSI-Referenzmodell. Dieses Modell zerlegt den Kommunikationsvorgang in verschiedene Teilschritte, die jeweils in beiden Richtungen durchlaufen werden. Die Schichten lassen sich generell in zwei Bereiche gliedern:

- Die Schichten 1 bis 4 betreffen das Transportsystem, also die technische Übertragung der Daten ohne syntaktische oder semantische Betrachtung oder Beeinflussung.

- Die Zuordnung und Verarbeitung der Daten erfolgt in den Schichten 5 bis 7 durch das Anwendungssystem.

Hierbei müssen in der speziellen Ausprägung eines Protokolls jeweils nicht alle Schichten besetzt sein. Dies kann allerdings Inkompatibilitäten zur Folge haben.

<u>Bild 3-16</u> zeigt die MAP-Spezifikation 3.0 der ISO/OSI-Schichten. Im einzelnen bedeuten die Schichten:

- Als Übertragungsmedium dient wegen der weiten Verbreitung ein Koaxialkabel mit einer Übertragungsrate von 10 Mbit/s. Hiermit lassen sich Entfernungen bis etwa 10 km überbrücken.

- Als Zugangsverfahren wurde das Token-Bus-Verfahren gewählt, das bestimmte Übertragungszeiten garantiert.

- Das Netzwerkprotokoll ist noch nicht endgültig spezifiziert.

48

Schicht	MAP 3.0 - Spezifikation

7
Anwendung
	MMFS/EIA 1393 A/RS-511
	ISO-CASE-SUBSET
	ISO-FTAM 8571
	    MAP-Messageing
	    MAP-Directory-Dienste
	    MAP-Netzwerk-Management

6 Darstellung	NULL
5 Sitzung	ISO-Session 8327 Session-Kern, voll-duplex
4 Transport	ISO-Transport 8073 Klasse 4
3 Netzwerk	ISO-Internet 8473, verbindungslos
2 Sicherung	ISO Logical Link Control 8002/2 (IEEE 802.2) Typ 1, Klasse 1, verbindungslos IEEE 802.4 Token Bus
1 Bitüber- tragung	ISO Token Passing Bus 8802/4 (IEEE 802.4 Token Bus Breitband), Token Passing Bus Medien- zugangsverfahren

Bild 3-16: MAP 3.0 im ISO/OSI-7-Schichtenmodell.

- Die Transportschicht hat Fehlerentdeckungs- und -behebungsaufgaben zu erfüllen und die Verbindungsorientierung herzustellen.

- Für die Sitzungsschicht werden voll-duplex-Verbindungen mit der Nutzung des Session-Kerns spezifiziert.

- Die Darstellung ist noch nicht spezifiziert, da durch die Protokolle in der 7. Schicht bereits ein Minimalkonsens existiert.

- In der Anwendungsschicht spezifiziert MAP 3.0 Protokolle, mit denen unterschiedliche Anwendungen bedient werden können.

MAP wird durch die Entwicklung von leistungsfähigen und billigen Subnetzen für spezielle Anwendungen, zum Beispiel für den DNC-Betrieb, ergänzt werden. Bei diesen müssen nicht alle Schichten des ISO/OSI-Modells durchlaufen werden. Dies ist dann die Voraussetzung für den weiteren

Fortschritt in der datentechnischen Vernetzung der Fabriken. Mit der freien Wahl unter verschiedenen DV-Anbietern und der Möglichkeit, Produkte dieser Hersteller mit überschaubarem Aufwand zu vernetzen, wird in Zukunft der strategische Anspruch von CIM-Konzepten mit der Unternehmenswirklichkeit zusammengeführt werden.

4 Architektur und Einsatz von CAD-Systemen

Dipl.-Math. Dieter Schulte

4.1 CAD - ein Baustein für CIM

Die Verbesserung des Unternehmenserfolges ist eine ständige Herausforderung an das Produktionsmanagement. Der Unternehmenserfolg wird gemessen an der termingerechten und kostengünstigen Herstellung von Produkten, die den gestellten Qualitätsansprüchen genügen. Während die diesem Ziel dienenden Rationalisierungsbemühungen über längere Zeiträume kontinuierlich verlaufen, gibt es seit dem Beginn der 70er Jahre Entwicklungen auf dem Gebiet der Software und Hardware, die größere Fortschritte hinsichtlich der erreichbaren Steigerung des Unternehmenserfolges zulassen.

Hier standen am Anfang Einzelsysteme, die unter den Abkürzungen CAD, CAM, CAP, CAQ im jeweiligen Bereich des Unternehmens als Insellösungen Verbesserungen im Arbeitsablauf bewirken sollten. Dies wurde zunächst insoweit erreicht, als in jedem Teilbereich bessere und aktuellere Vorgaben für den nachfolgenden Bereich erzeugt wurden. Dabei waren die Einzelsysteme nicht untereinander verknüpft; in einem System erzeugte Daten mußten manuell weitergereicht werden.

In den 80er Jahren war es das vornehmliche Ziel, die mit dieser manuellen Verknüpfung verbundenen Redundanzen im Produktionsprozeß zu reduzieren und EDV-technische Brücken zwischen den Einzelsystemen zu bauen. Diese Aktivitäten verbergen sich hinter der Forderung nach "Computer Integrated Manufacturing" (CIM) [4-1].

Die Kopplung von Teilsystemen ist in Einzelfällen wie zwischen rechnergestützten Konstruktions- und Berechnungs- sowie integrierten CAD/CAM-Systemen gut gelungen, in jüngster Zeit ist jedoch der anfängliche Optimismus einer Ernüchterung gewichen. Anstatt die "Partialmodelle" wie bisher durch individuelle Lösungen je nach HW-/SW-Hersteller zu verknüpfen, werden gegenwärtig Standard-Interfaces entwickelt, die dann, wenn sie in den 90er Jahren verfügbar sind, zu einer weiteren sprunghaften Veränderung des Fortschritts im Hinblick auf die rechnerintegrierte Produktion führen werden.

Im folgenden werden die hardware- und softwaretechnischen Grundlagen von CAD behandelt. In Kapitel 5 werden Einzelsysteme und die Schnittstellenproblematik beleuchtet.

4.2 Hardware-Komponenten eines DV-Systems

In der Datenverarbeitung unterscheidet man numerische, alphanumerische und grafische Daten. Alle Daten müssen in binärer Form codiert werden, damit sie von einem Rechner verarbeitet werden können. Die rechnerinterne Darstellung erfolgt in bits, Bytes und Vielfachen davon:

Ein bit ist die kleinste Informationseinheit im Binärsystem, ein Byte entspricht einer Gruppe von 8 bits, ein Maschinenwort ist ein Vielfaches von 8 bits. Da nicht nur die Daten, sondern auch die Adressen der Speicherplätze, unter denen diese Daten zu finden sind, binär verschlüsselt werden, wächst mit der Größe des Maschinenwortes auch der adressierbare Speicherumfang. Die mit 8 bits mögliche Anzahl von Zeichenkombinationen beträgt $2^8 = 256$ Zeichen. Die byteweise Darstellung von alphanumerischen Zeichen ist in zwei weitverbreiteten Standards festgelegt:

- ASCII (American Standard Code for Information Interchange), auch DIN-66003, und

- EBCDIC (Extended Binary Coded Decimals Interchange Code), der überwiegend auf IBM-Rechnern verwendet wird.

Die Größe des Adreßraums, die je bit um eine Zweierpotenz wächst, wird in Byte angegeben, wenn es sich um eine Byte-orientierte Maschine handelt:

Wortlänge	Adreßraum	
16 bit	$2^{16} = 65.536$	= 64 Kilobyte
24 bit	$2^{24} = 16.777.216$	= 16 Megabyte
32 bit	$2^{32} = 4.295 * 10^9$	= 4 Gigabyte

Die Zweierpotenzen bei den Kilobyte-Angaben stimmen zwar nicht genau. Dieser Sprachgebrauch hat sich jedoch eingebürgert.

Es gibt auch andere wortorientierte Zugriffsmethoden mit im allgemeinen größerer Wortlänge; die hier zugrunde gelegt Byte-orientierte ist jedoch die vorherrschende.

Die Wortlängen geben Anlaß zu einer Klassifizierung von Rechnern gemäß
Bild 4-1. Bei einem 2^n-bit-Rechner werden in einem Takt der Grundfre-
quenz des zentralen Prozessors 2^n bits parallel in den Hauptspeicher gelesen.
Diese "einfache" Wortlänge wird durch die Speicherhardware bestimmt. Je
kleiner die Wortlänge, umso geringer ist z. B. die numerische Genauigkeit,
die in einem Maschinentakt zur Verfügung steht. Größere Genauigkeit
erreicht man durch das Verketten von mehreren Maschinenworten, über die
sich die längeren Mantissen von Gleitkommazahlen bzw. größere ganze
Zahlen (Integer) erstrecken (doppelte oder höhere Genauigkeit, je nach
Anzahl der Maschinenworte). Dies kostet jedoch Rechenzeit bei den numerischen Operationen.

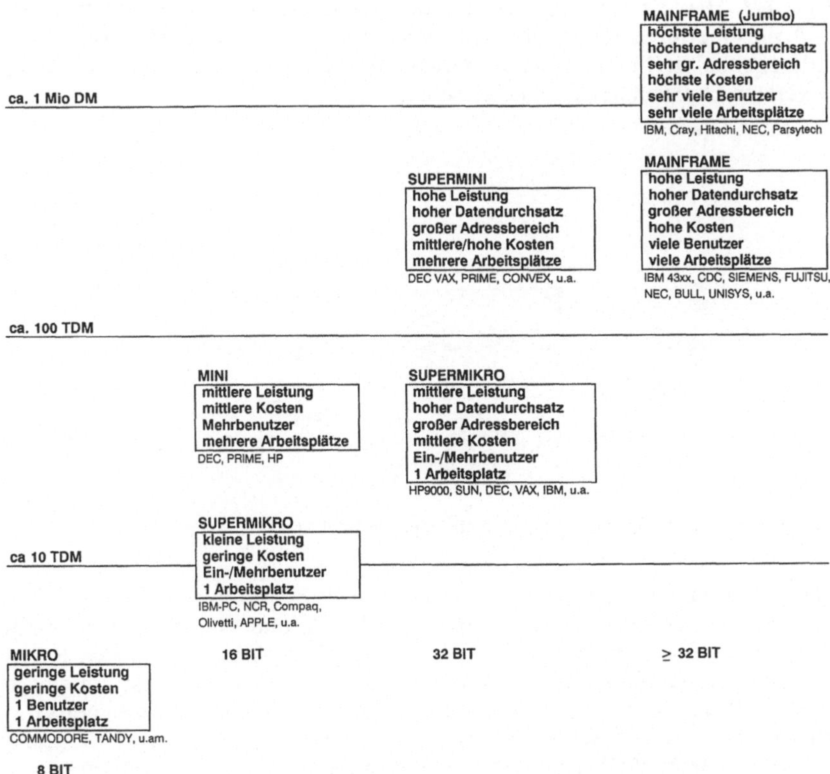

Bild 4-1: Klassifizierung und Entwicklungstendenzen von Prozessoren [4-2].

Eine weitere Größe zur Beeinflussung der Rechenzeit ist die Taktrate selbst. An der Entwicklung moderner PC's oder Workstations ist zu erkennen, wie mit der Taktrate der Zentralprozessoren die Rechnerleistung wächst. Dies muß natürlich Hand in Hand gehen mit einer Synchronisation aller Baugruppen des Rechners.

Mit der immer preiswerteren Hardware insbesondere von Zentralspeichern werden die Grenzen zwischen den 16-bit-Rechnern und den 32-bit-Rechnern ebenso fließend wie zwischen letzteren und den Rechnern mit größeren variablen Wortlängen. Mit den größeren Kosten für die höhere Prozessorleistung ist nicht notwendig ein höherer Kostenaufwand für den Benutzer verbunden: Hohe Durchsatzleistung in Verbindung mit Mehrbenutzersystemen können sogar zu spezifisch niedrigeren Kosten je Benutzer führen. Im 32-bit-Bereich werden die Supermikros als Workstations für die CIM-Anwendungen eine herausragende Rolle einnehmen.

Die klassische von-Neumann-Architektur eines Rechners beschreibt Bild 4-2. Hier ist ein einzelner zentraler Prozessor für alle hauptspeicher- und peripheriebezogenen Befehlsverarbeitungsschritte zuständig. Diese "Flaschenhalsarchitektur" ist der Grund für die in der Vergangenheit häufig beklagten Grenzen der Rechnerleistung.

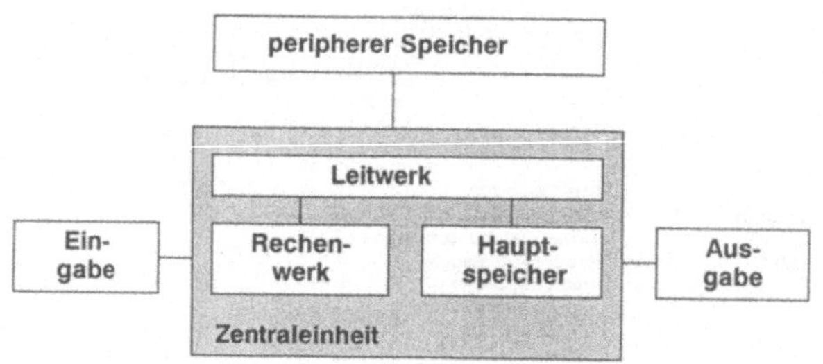

Bild 4-2: Hardware-Struktur der von-Neumann-Architektur [4-2].

Heutige Rechner verfügen über zusätzliche Prozessoren mit Spezialaufgaben, die parallel zum Zentralprozessor arbeiten und von diesem in ihrem Zusammenwirken angesteuert und synchronisiert werden, Bild 4-3. Rechner im CAD-Umfeld sind darüberhinaus modular aufgebaut und können je nach Belegung der Einschübe als Workstations mit unterschiedlicher Grafikleistung oder als Server mit wahlweise stärkerer Peripherieausstattung und/oder stärkerer Übertragungsleistung im Netz ausgerüstet werden.

54

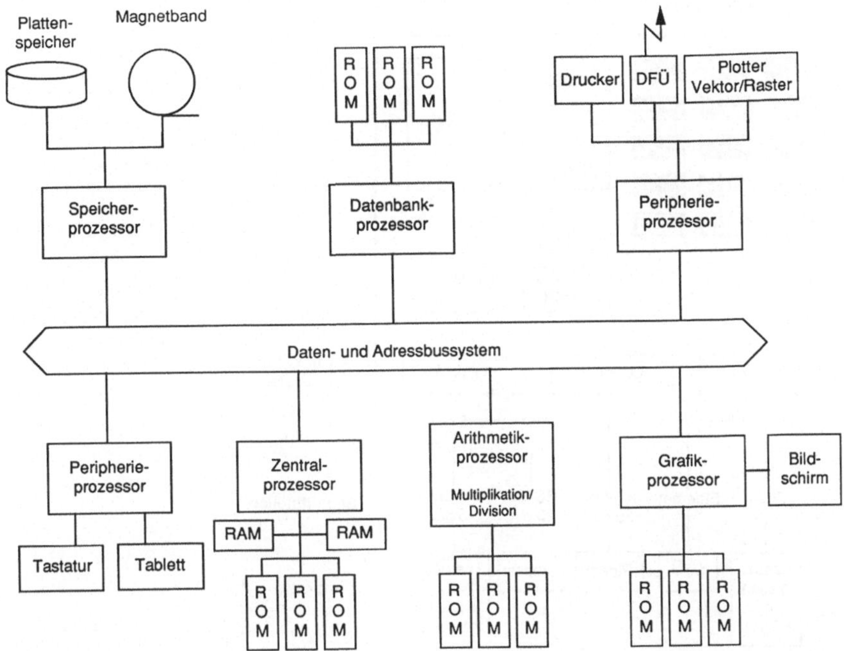

Bild 4-3: Rechneraufbau aus Funktionseinheiten mit zugehörigen Prozessoren (nach DEC, s. a. [4-2]).

Bild 4-4 zeigt den Aufbau der Basis-Platine der DECstation 5000 von Digital Equipment. Der Zentralprozessor R3000 steuert hier den Prozessor R3010 für die Gleitkomma-Operationen, den Schreibpuffer R3220 für die Peripherieversorgung, zwei Cache-Speicher für den schnellen Zugriff auf Instruktionen (I-Cache) und Daten (D-Cache) sowie bis zu 3 Grafikprozessoren, die parallel je nach gewünschter Grafikleistung die Turbochannel Slots belegen können. Verwendet man eine solche Maschine als Datenserver, können die genannten optionalen Slots auch mit SCSI-Controllern für zusätzliche Plattenperipherie oder auch mit FDDI-Karten (Fibre Distributed Data Interfaces) belegt werden.

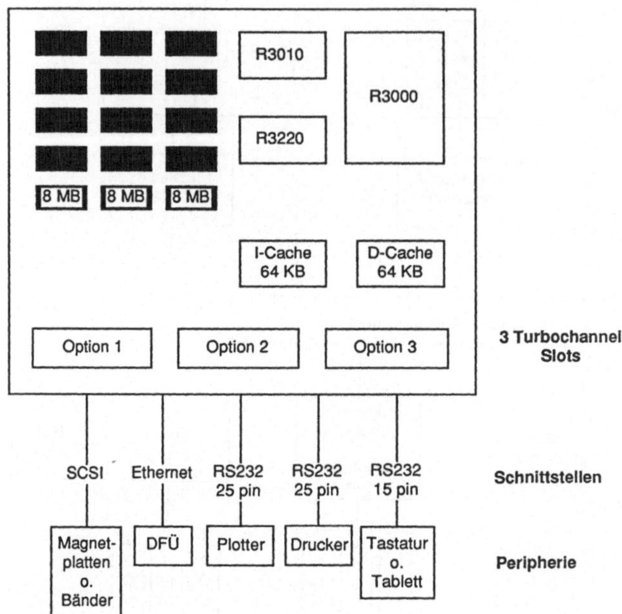

Bild 4-4: Basis-System-Modul [4-3].

Die nach Zugriffszeiten gestaffelte Speicherhierarchie zeigt <u>Bild 4-5</u>. Da bei den heute am stärksten verbreiteten 32-bit-Maschinen der Adreßraum stets größer ist als der physikalisch vorhandene Hauptspeicher der CPU, wird durch eine virtuelle Speicherverwaltung die Segmentierung von Daten und Programmen zur Anpassung an den real vorhandenen und dem jeweiligen Benutzer zugewiesenen Hauptspeicher vorgenommen.

Die elektronischen Halbleiterspeicherbausteine, aus denen sich die heutigen Hauptspeicher zusammensetzen, werden in der Rechnerperipherie durch magnetische Datenträger wie Magnetplatten und -bänder ergänzt. Die Oberfläche von Magnetplatten ist in Spuren und Sektoren eingeteilt. Aus Sektor- und Spureneinteilung entsteht der Block als kleinste adressierbare Dateneinheit. Wechselplatten haben austauschbare Plattenstapel. Bei Festkopf- und Winchester-Magnetplatten ist der Plattenstapel fest installiert. Außer bei Festkopfplatten führen die Schreib- und Leseköpfe mechanische Zustellbewegungen zur spurenweisen Positionierung aus.

56

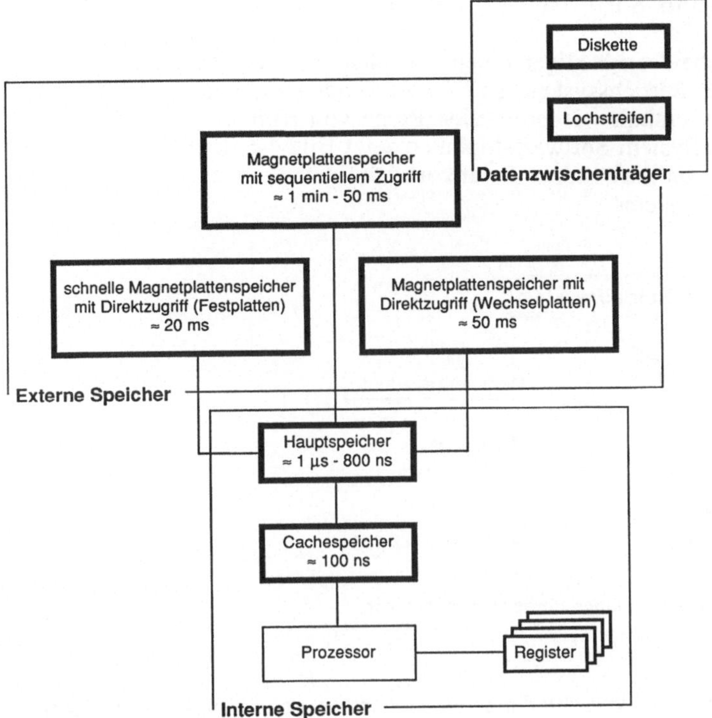

Bild 4-5: Speicherhierarchie [4-2].

Bei den Magnetplatten erfolgt der Zugriff auf den Block nach voraufgegangener Positionierung des Lesekopfes auf die Spur und nach Identifizierung des richtigen Sektors. Letzteres kann im ungünstigsten Fall das Abwarten einer ganzen Plattenumdrehung bedeuten, bis der Lesevorgang beginnen kann. Man spricht von mittleren Plattenzugriffszeiten als dem arithmetischen Mittel der Zeit zwischen dem Absetzen des Lese-/Schreibbefehls durch den Plattencontroller bis zum Beginn des Lese-/Schreibvorgangs. Bei den Magnetbändern ist nur eine serielle Arbeitsweise möglich und eine mittlere Zugriffszeit nicht sinnvoll angebbar.

4.3 Allgemeine Software für DV-Anlagen

Man unterscheidet im allgemeinen zwischen der von Rechnerherstellern mitgelieferten Betriebssystem- und der Anwendungssoftware. Das Betriebssystem selbst enthält wiederum eine Reihe von Komponenten. Aus einer Vielzahl von System-Software-Modulen zeigt <u>Bild 4-6</u> die bei Entwicklung und Einsatz von Anwendersoftware am häufigsten eingesetzten Bausteine eines Betriebssystems.

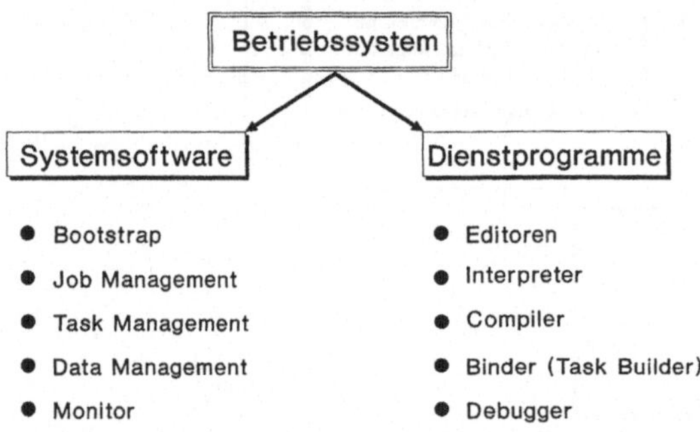

Bild 4-6: Komponenten eines Betriebssystems [4-2].

Rechner werden in verschiedenen Betriebsarten gefahren. Man unterscheidet die Betriebsarten Stapel-, Dialog-, Mehrbenutzer- und Echtzeitbetrieb. Beim Stapelbetrieb werden die Programme aus einer Warteschlange ohne Eingriffsmöglichkeiten durch den Benutzer abgearbeitet. Beim Dialogbetrieb kommuniziert der Benutzer mit den Anwendungsprogrammen und kann den Ablauf steuern. Im Mehrbenutzerbetrieb wird über das Zeitscheibenverfahren die CPU den Benutzern zeitweise zugeordnet. Beim Echtzeitbetrieb werden Programme mit geringerer Priorität bei Aufruf von Programmen höherer Priorität sofort abgebrochen (Interrupt-Steuerung).

Das Betriebssystem steuert die Abläufe im DV-System. Moderne Betriebssysteme unterstützen den stapel- und den dialog-/echtzeitorientierten Mehrprogrammbetrieb.

Anwendungsprogramme sind in einer Rechnersprache formulierte Algorithmen. Ein Algorithmus ist die Beschreibung eines Lösungsverfahrens aus endlich vielen, eindeutig festlegbaren Schritten. Ein Programm ist die Formulierung eines Algorithmus in einer höheren Programmiersprache. Die systematische Programmentwicklung umfaßt die Schritte Problemdefinition, Problemanalyse, Programmentwurf, Programmierung, Test und Anwendung.

Die Programmierung kann in Maschinensprache, in maschinennaher Sprache (Assembler) oder in problemorientierten Programmiersprachen erfolgen. Es gibt technisch-wissenschaftliche, kaufmännisch orientierte und grafische Programmiersprachen. Je nach Programmiersprache erfolgt die Übersetzung eines Programms in die Maschinensprache durch Interpretation oder Compilierung. Für den technisch-wissenschaftlichen Bereich werden überwiegend die folgenden höheren Programmiersprachen verwendet:

BASIC	sehr weit verbreitete "elementare" Sprache,
FORTRAN	unverändert führende Sprache im technisch- wissenschaftlichen Umfeld,
PASCAL	Verbreitungsgrad sehr stark zunehmend und
C	in Verbindung mit dem Betriebssystem UNIX auf Mikroprozessorsystemen stark zunehmend.

Moderne, auf UNIX-Workstations lauffähige CAD-Systeme sind ebenso wie das UNIX-Betriebssystem in C geschrieben.

4.4 Spezial-Hardware für CAD-Anwendungen

Die Besonderheiten für die grafik-orientierte Eingabe werden näher beleuchtet. Die grafisch-interaktive Eingabe kennt die vier Funktionen Befehlseingabe, Dateneingabe, Positionierung und Identifizierung. Grafische Eingabegeräte wirken indirekt über Digitalisierung, analoge Wertgeber und Tastatur, <u>Bild 4-7</u>. Das meist gebräuchliche Eingabegerät ist das

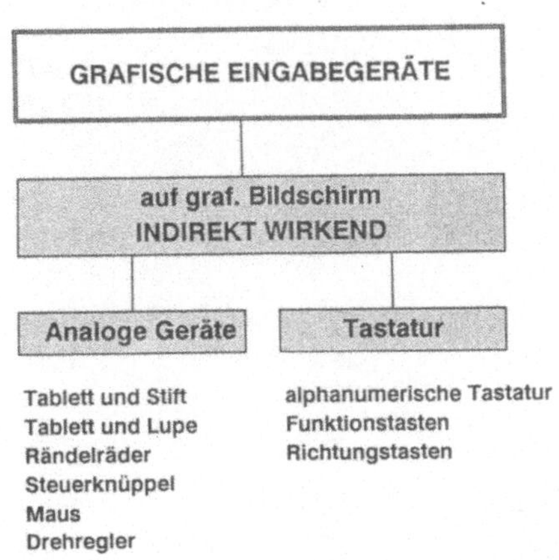

Bild 4-7: Kategorien grafischer Eingabegeräte [4-2].

Menütablett mit Stift oder Fadenkreuzlupe, <u>Bild 4-8</u>. Mit Funktionstasten (Hardwareschaltern) und mit Menüfeldern auf dem Tablett (Softwareschaltern) können Befehle und grafische Symbole aufgerufen werden.

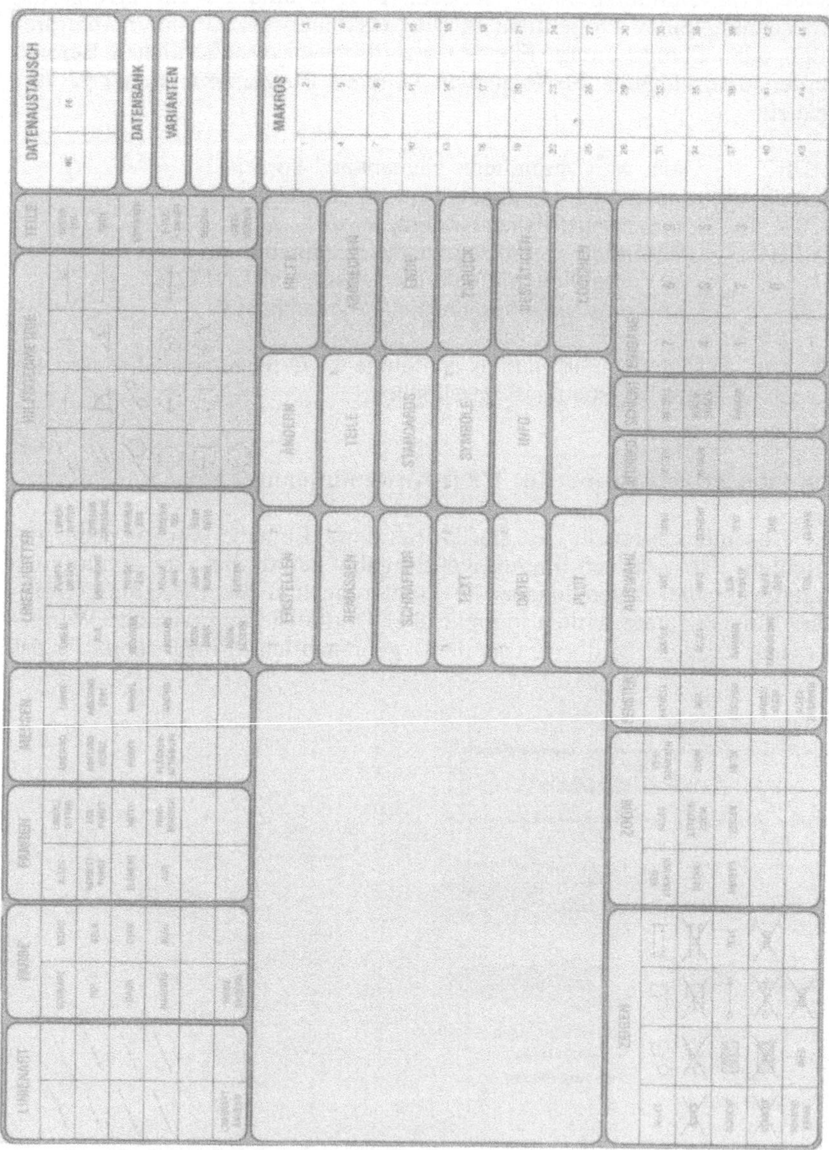

Bild 4-8: Tablettmenü. Quelle: Hewlett-Packard

Gebräuchliche Steuergeräte für die Positionierung des Bildschirmfaden-
kreuzes sind Rändelschrauben, Steuerknüppel oder Maus. Einen modernen
CAD-Arbeitsplatz zeigt Bild 4-9.

Bild 4-9: CAD-Workstation. Quelle: Hewlett-Packard

Die Ausgabe erfolgt entweder über Plotter oder Bildschirm. Ein Plotter ist
eine vom Rechner gesteuerte Zeichenmaschine für grafische Ausgabe. Man
unterscheidet mechanische, elektrostatische und fotografische Plotter.
Mechanische Plotter arbeiten nach dem Vektorprinzip. Elektrostatische
Plotter arbeiten nach dem Rasterprinzip. Die Ausgabe über einen elektro-
statischen Plotter erfordert eine Konvertierung des Vektorformats in eine
Rasterdarstellung, d. h. alle Informationen in einer technischen Zeichnung
(Linien, Buchstaben, Symbole) werden in Rasterpunkte (pixels) aufgelöst.

Die Auflösung ist hardwareabhängig, elektrostatische Plotter haben heute
im allgemeinen eine Auflösung von 400 dpi (dots per inch), das sind etwa
16 Punkte pro mm. Hardcopy-Geräte am CAD-Arbeitsplatz erstellen einen
Abzug des grafischen Bildschirminhalts ohne Software- und CPU-Unter-
stützung.

Bei den Bildschirmen gibt es unterschiedliche Verfahren zur Bilderzeugung, <u>Bild 4-10</u>. Der Bildspeicherschirm hat keinen Bildwiederholzyklus; die Vektoren werden in eine nachleuchtende Phosphorschicht geschrieben. Ein Löschen einzelner Zeichnungselemente ist nicht möglich. Die zu löschenden Zeichnungselemente werden zunächst markiert und verschwinden erst bei einem vom Benutzer ausgelösten neuen Bildaufbau. Die Bilder sind einfarbig und zeichnen sich durch eine hohe Auflösung aus (ca. 4000 x 3000 Punkte), welche vom Rasterverfahren nicht erreicht werden kann. Diese Technik ist heute nur noch wenig im Einsatz.

UNTERSCHEIDUNGSMERKMALE GRAFISCHER BILDSCHIRME

VEKTORPRINZIP		RASTERPRINZIP
Speicher-Bildschirm	Wiederhol-Bildschirm	Raster-Scan-Bildschirm
Vorteile:	**Vorteile:**	**Vorteile:**

- sehr hohe Auflösung
- kein Bildflackern
- hohe Darstellungs-
  kapazität
  (4096 x 3120 Punkte)
	- gute Interaktions-
	  möglichkeiten
	- guter Kontrast, Farbe
	- dynam. Bildaufbau
		- Graustufung und Farbe
		- guter Kontrast
		- Flächenfüllung, Schattierung
		- dynam. Bildaufbau

Nachteile:	**Nachteile:**	**Nachteile:**

- keine Farben oder
  Grautöne
- geringer Kontrast
- kein dynam. Bildaufbau
	- begrenzte Darstellungs-
	  kapazität
	  (2000 x 2000 Punkte)
	- Wiederholungszyklus
	  abhängig v. Vektorenzahl
		- Rastereffekt bei
		  Liniendarstellung
		- Maximale Auflösung
		  ca. 1200 x 1000 Punkte

Bild 4-10: Darstellungstechniken bei grafischen Bildschirmen [4-2].

Beim Vektor-Wiederholbildschirm ist die Bildfrequenz von der Anzahl der Vektoren abhängig mit der Folge, daß Bilder mit hoher Elementanzahl flackern. Diese Röhren sind vom Markt verschwunden.

Rasterbildschirme arbeiten nach dem Fernsehprinzip. Sie setzen ebenso wie bei den Elektrostatplottern eine vorherige Umsetzung von Vektoren in Bildpunkte voraus. Trotz der begrenzten Auflösung von üblichen 1280 x 1024 Punkten auf einer 19"-Farbbildröhre ist dies die heutige Standardtechnik, nicht zuletzt wegen der Möglichkeit, die Farbe als zusätzliche Information bei der Strukturierung der Bildinformation einzusetzen. Der begrenzten Auflösung der Rasterbildschirme setzt man die Fenstertechnik entgegen, wie aus <u>Bild 4-11</u> zu entnehmen ist.

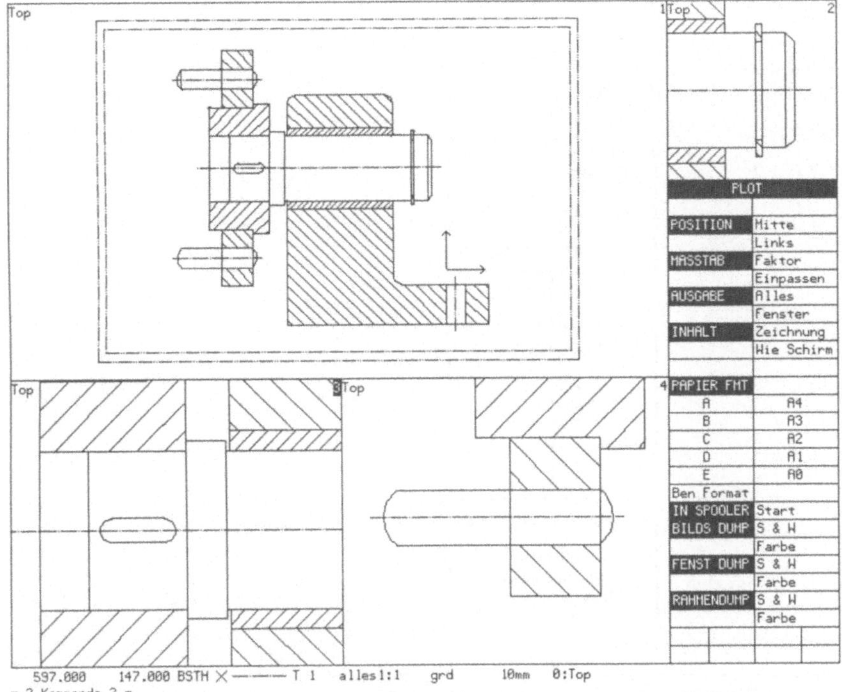

Bild 4-11: Fenstertechnik eines CAD-Systems.

4.5 Software für CAD-Anwendungen

4.5.1 Eingabe und Manipulation

Den Schichtaufbau der CAD-Anwendungs-Software zeigt <u>Bild 4-12</u>. Die Eingabe von Grafikinformationen kann bei imperativer Systembedienung über Eingabesprachen oder bei selektiver Systembedienung mittels geführtem Dialog erfolgen. Eingabesprachen zur Erzeugung von Grafik sind formale Sprachen mit einem begrenzten, künstlich geschaffenen Sprachumfang, der sich stark an unsere natürliche Sprache anlehnt. <u>Tabelle 4-1</u> zeigt typische Befehle in natürlicher und formaler Sprache, <u>Tabelle 4-2</u> gibt die artverwandte Notation solcher Befehle in verschiedenen marktgängigen CAD-Systemen wieder.

Der Einsatz von Eingabesprachen ist dort sinnvoll, wo ein hoher Grad der Wiederverwendung einer gegebenen Topologie in Verbindung mit Parametervariation vorkommt (z. B. bei in FORTRAN geschriebenen CAD-

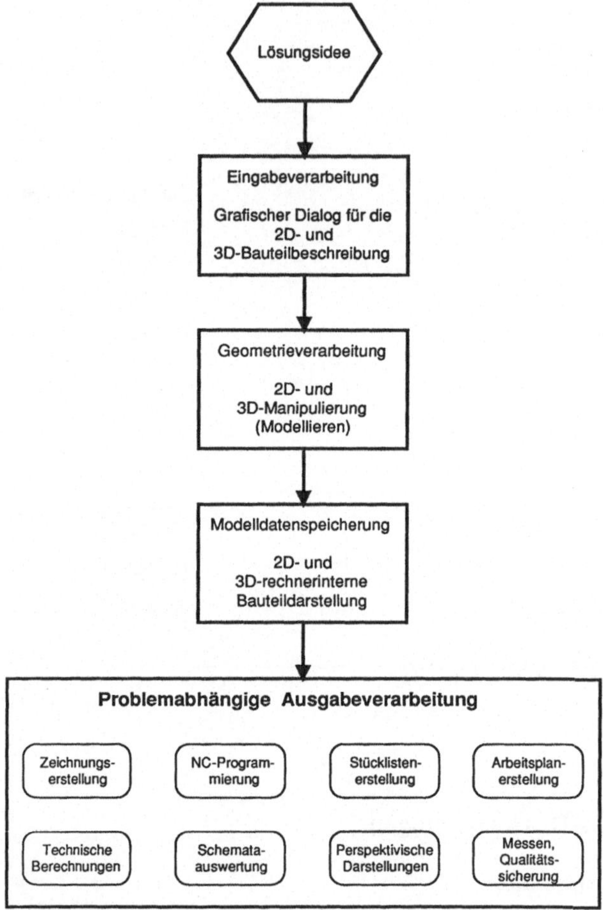

Bild 4-12: Schichtmodell bei CAD-Anwendungssoftware [4-2].

Normteil-Geometrien mit ihren zugehörigen Ausprägungen je nach Wahl eines Parametersatzes aus einer Sachmerkmaldatei). Für den Aufbau und die Manipulation von Geometrie-Modellen (z. B. technische Zeichnungen) bedient man sich viel häufiger entweder der interaktiven Eingabe von einfachen geometrischen Grundelementen (Generierungsprinzip) oder der Makrotechnik durch Verwendung zusammengesetzter geometrischer Form- und Funktionselemente.

64

FUNKTION BEFEHLE	Operator- Operand- und Spezifikations- Eingabe	Dateneingabe	Positionierung	Identifizieren
Erzeugung einer Linie durch Koordinateneingabe	Erzeugte Linie	X1, Y1, X2, Y2		
Erzeugung eines Kreises mit vorhandenem Mittelpunkt (P1) und Radiuseingabe	Erzeugter Kreis	Radius		P1
Erzeugung einer parallelen Linie zu einer vorh. Linie (L1) mit Abstandseingabe	Erzeugte Linie Parallel	Abstand	Lage	L1
Erzeugung eines Lotfußpunktes von Punkt (P1) zu Linie (L2)	Erzeugter Punkt Lotpunkt	P1, L1		
Erzeugung einer Linie tangential an Kreis (K1) mit Winkeleingabe	Erzeugte Linie tangential	Winkel	K1	
Erzeugung eines Punktes mit freier Positionierung (Fadenkreuz)	Erzeugter Punkt	Lage		
Natürliche Sprache	Formale (=computerverständliche) Sprache			

Tabelle 4-1: Befehle in natürlicher und formaler Sprache [4-2].

Beim Generierungsprinzip kommen entweder hierarchisch aufgebaute Auswahlmenüs zum Einsatz, <u>Bild 4-13</u>. Solche Menüs werden üblicherweise als Pop-up-Menüs in den grafischen Bildschirm eingeblendet. Oder man verwendet Tablettmenüs, Bild 4-8. Bei Verwendung von Tablettmenüs geht keine kostbare Grafikfläche des Bildschirms verloren.

Auch parametrisches interaktives Konstruieren ist möglich, <u>Bild 4-14</u>. Beim Komplexteilprinzip kommen Programm- oder Geometrie-Makros zum Einsatz, die der Anwender entweder selbst erstellt oder auch von Kataloganbietern (z. B. "Wälzlager" oder "Verschraubungen") bezieht. Typische Blätter aus einem Menühandbuch mit Geometrie-Makros zeigen <u>Bilder 4-15</u> und <u>4-16</u>.

4.5.2 Datenspeicherung, Datenmodelle, rechnerinterne Darstellung

Die bisher geschilderten Funktionen in CAD-Systemen zur Erzeugung oder Manipulation von Geometrie-Daten führen zu einer rechnerinternen Darstellung (RID) von realen Objekten. Der Umsetzungsvorgang vollzieht sich

CAD-Befehl: Erzeugen einer Linie mit Koordinateneingabe		
Systemhersteller	Befehl	Bemerkung
APT IBM	L1 = LINE/10,10, 20,20	APT ist die Grundlage vieler grafischer und NC-Sprachen. Syntax: Name = Operand/Spez., Daten
CADDS 4 Computervision	INS LIN: X1=10, Y1=10,..	Standardsyntax: Ins(ert)　　　= Operator Lin(e)　　　　= Operand
CADIS Siemens	LI 10, 10, 20, 20	Li(nie)　　　= Operand Operator wird beim Erzeugen weggelassen.
DDM Calma	LBP　　x10 y10 　　　　x20 y20	L(ine) b(etween) p(oints) = Operand und Spezifikation Operator wird beim Erzeugen weggelassen
BRAVO Applicon	ADDL 10,10,20,20	Standardsyntax: Add(iere)　　= Operator L(inie)　　　= Operand

Tabelle 4-2: Systemspezifische CAD-Befehle [4-2].

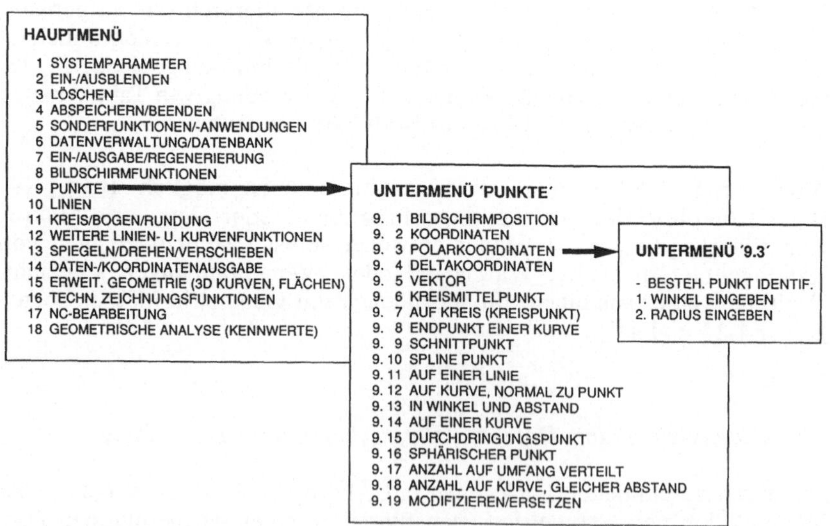

Bild 4-13: Beispiel eines hierarchischen Auswahlmenüs. Quelle: Hewlett-Packard

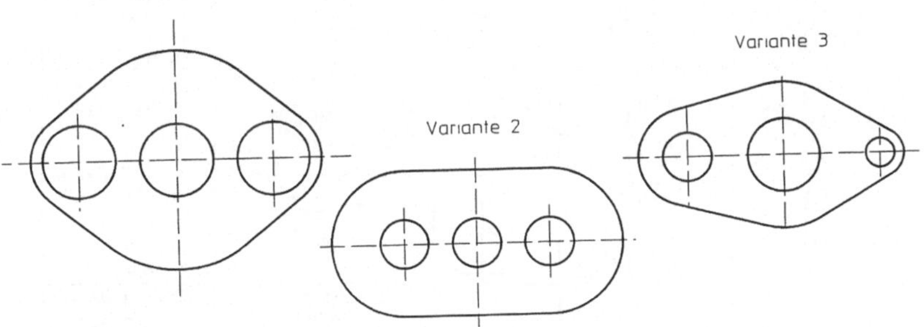

Bild 4-14: Mit dem Konstruktionsvariantenmodell erstellte Teilefamilie.

in mehreren Stufen, <u>Bild 4-17</u>. Es können verschiedene Arten von Informationsmodellen in Betracht gezogen werden, <u>Bild 4-18</u>. Dabei kann ein "Linienmodell" in zweidimensionaler Darstellung gewählt werden, wie es üblicherweise in den technischen Zeichnungen zum Ausdruck kommt. Es kommen aber auch dreidimensionale Darstellungsformen in Betracht, die als "Drahtmodelle" bzw. "Flächenmodelle" bezeichnet werden. Hierbei sind die im CAD-System genutzten Informations-Hilfsmittel auf Punkt, Linie und Fläche beschränkt.

Stellt das CAD-System die Funktionalität zur Verfügung, einen Körper aus den das Volumen begrenzenden Flächen aufzubauen, dann spricht man von einem flächenorientierten Volumen-Modell, im Sprachgebrauch der CAD-Anbieter "Boundary Representation" (abgekürzt B-Rep-Darstellung). Viele Oberflächen können vollständig oder durch eine Untergliederung in Teilflächen und Glättung zwischen diesen mit Hilfe von mathematischen Näherungsverfahren beschrieben werden, wie z. B. im Karosseriebau. Komplexere Formen werden, wenn sich dieser Weg als ungeeignet erweist, durch geradlinig begrenzte ebene Flächenstücke approximiert. Diese Modelle tragen die Bezeichnung "Facetten-Modelle" und kommen z. B. bei Gußteilen im Maschinenbau häufig vor.

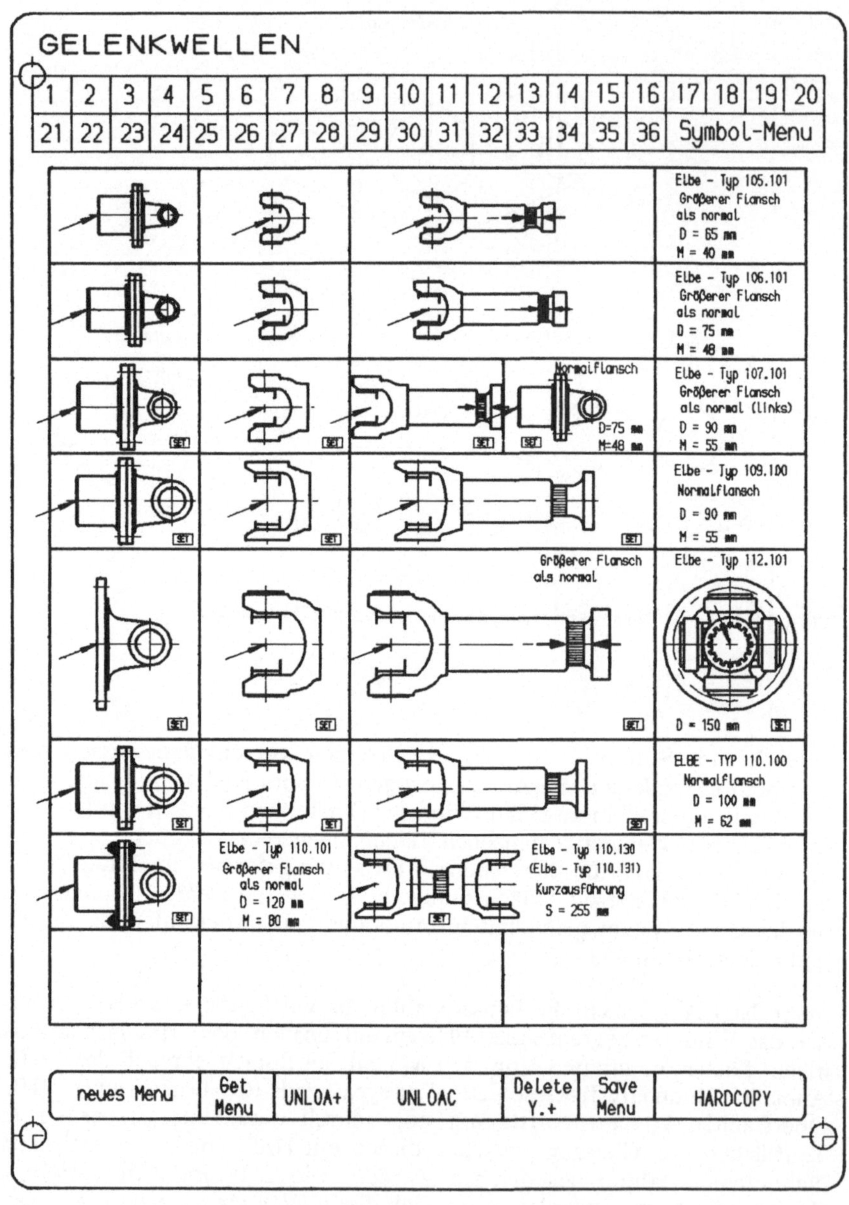

Bild 4-15: Geometrie-Makros mit Gelenkwellensymbolen. Quelle: Krupp Industrietechnik

68

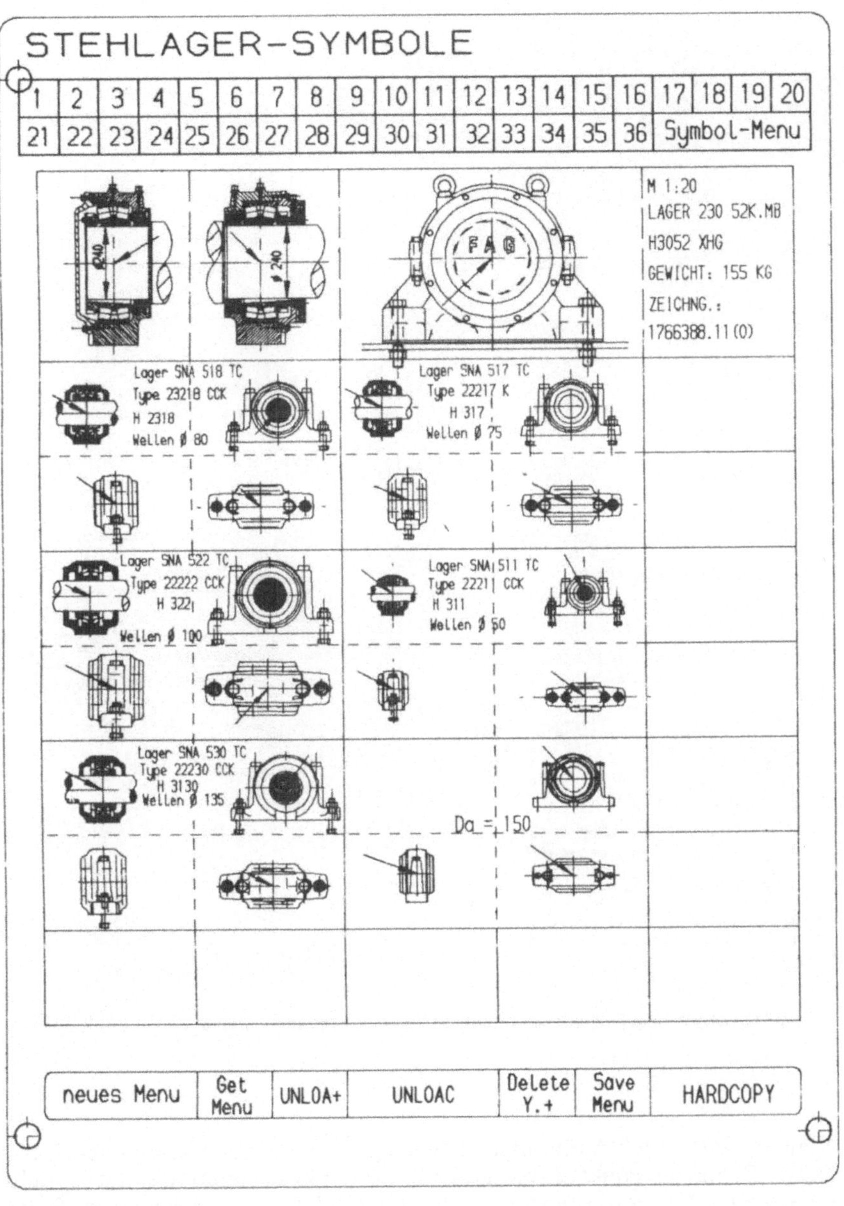

Bild 4-16: Geometrie-Makros mit Stehlager-Symbolen. Quelle: Krupp Industrietechnik (s. a. [4-4])

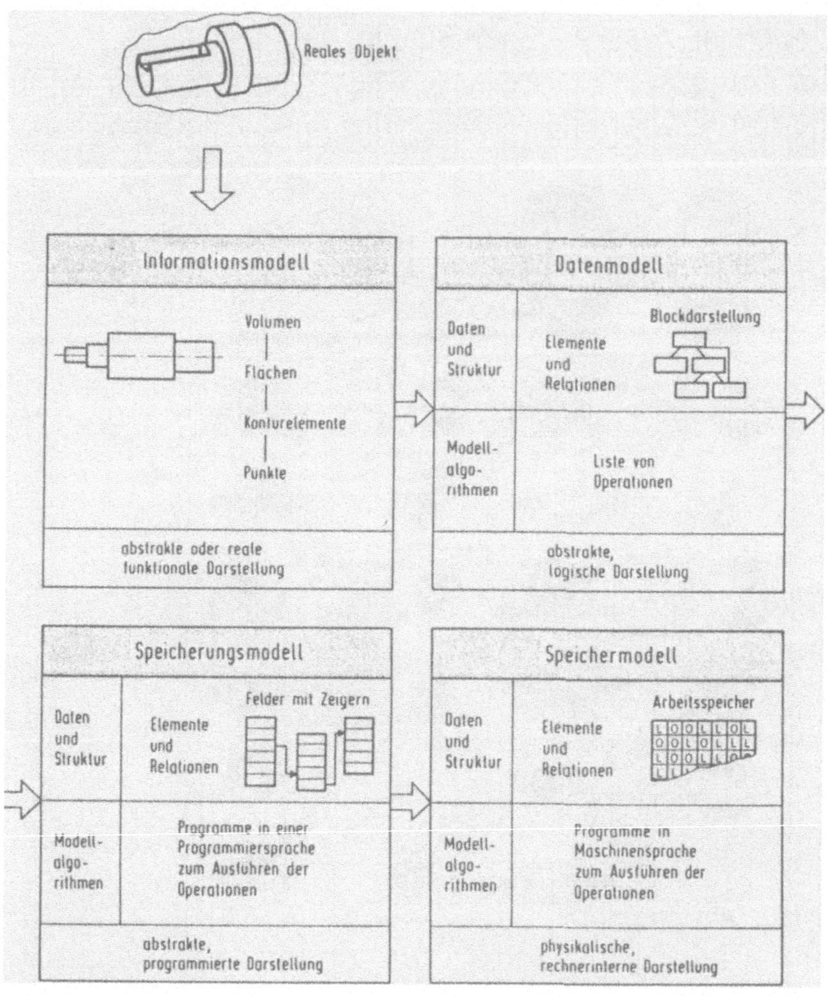

Bild 4-17: Umsetzungsvorgang vom realen Objekt zur rechnerinternen Darstellung [4-5].

Können schließlich Volumina ohne Zugriff auf die definierenden Geometrie-Elemente Punkt, Linie und Fläche direkt definiert werden, spricht man von körperorientierten Volumen-Modellen (Constructive Solid Geometry, abgekürzt CSG-Modell) [4-7]. Die CSG-Modelle sind auf analytisch beschreibbare Grundkörper beschränkt und schließen solche Körper mit ein, die durch Boole'sche Operationen aus diesen Grundkörpern

70

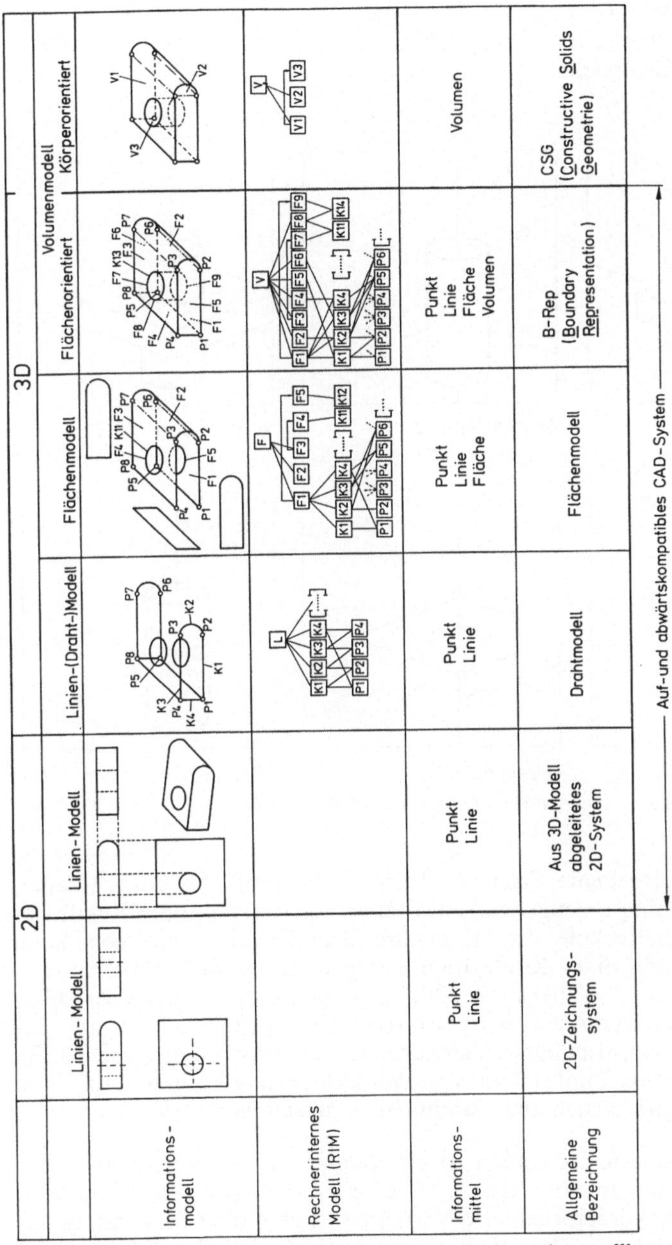

	2D		3D		Volumenmodell	
	Linien-Modell	Linien-Modell	Linien-(Draht-)Modell	Flächenmodell	Flächenorientiert	Körperorientiert
Informations-modell						
Rechnerinternes Modell (RIM)						
Informations-mittel	Punkt Linie	Punkt Linie	Punkt Linie	Punkt Linie Fläche	Punkt Linie Fläche Volumen	Volumen
Allgemeine Bezeichnung	2D-Zeichnungs-system	Aus 3D-Modell abgeleitetes 2D-System	Drahtmodell	Flächenmodell	B-Rep (Boundary Representation)	CSG (Constructive Solids Geometrie)

Auf- und abwärtskompatibles CAD-System

Bild 4-18: Arten von Informationsmodellen und Umfang eines vollkompatiblen CAD-Systems [4-6].

hervorgehen, <u>Bild 4-19</u>. Boole´sche Operationen sind auch auf B-Rep-Modelle anwendbar, sie verlangen jedoch einen ungleich höheren Rechenaufwand als CSG-Modelle.

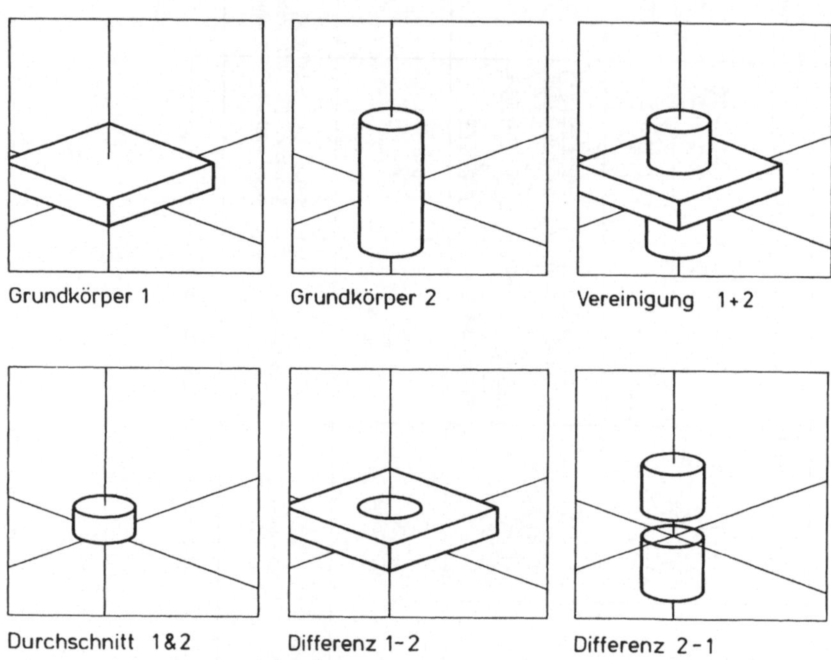

Bild 4-19: Möglichkeiten mengentheoretischer Verknüpfung [4-6].

Aus Konturen aufgebaute Flächen bilden oft das Profil für einen Körper, der durch Sweeping erzeugt wird, d. i. eine Translations- oder Rotationsoperation. Die Erstreckung des Flächenprofils in die dritte Dimension kann dabei auch entlang einer Konturlinie erfolgen. Diese Möglichkeiten des flächenorientierten Vorgehens unter Nutzung von Polygonzügen oder Hilfslinien zur Generierung von Körpern zeigt <u>Bild 4-20</u>. Dies ist eine der Denkweise des Konstrukteurs entsprechende Entwurfstechnik, weil häufig die zu erfüllenden Funktionen von Wirkkörpern getragen und diese wiederum aus Wirkflächen und Wirklinien aufgebaut werden [4-6].

Das flächenorientierte Verfahren ist ein induktives Voranschreiten durch Synthese von geometrischen Grundelementen vom Typ Punkt, Linie bzw. Fläche. Das grundkörperorientierte Verfahren ist eher eine Umkehrung des Modellierungvorgangs. Hier wird vorausgesetzt, daß das fertige 3-D-Modell bereits in der Vorstellung des Konstrukteurs existiert und durch

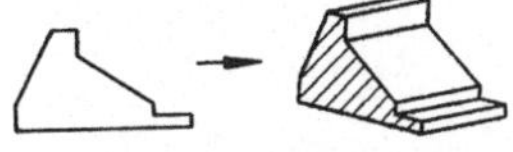

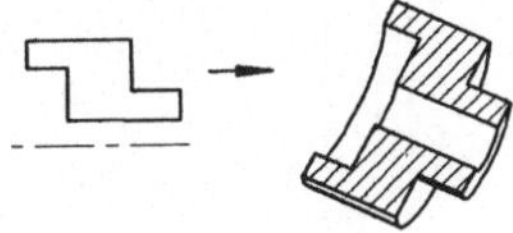

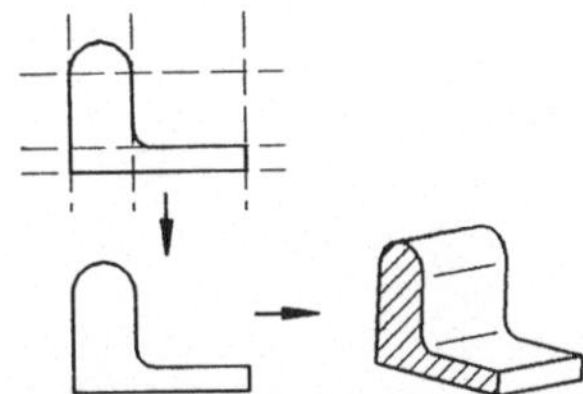

Bild 4-20: Möglichkeiten des flächenorientierten Vorgehens unter Nutzung von Polygonzügen oder Hilfslinien beim Generieren von Körpern (nach [4-6]).

Boole'sche Operationen aus Grundkörpern abgeleitet werden kann. Diese Vorgehensweise beschränkt sich daher überwiegend auf einfach aufgebaute Modelle. Bild 4-21 zeigt die beiden Vorgehensweisen beim Entwurf einer Riemenscheibe.

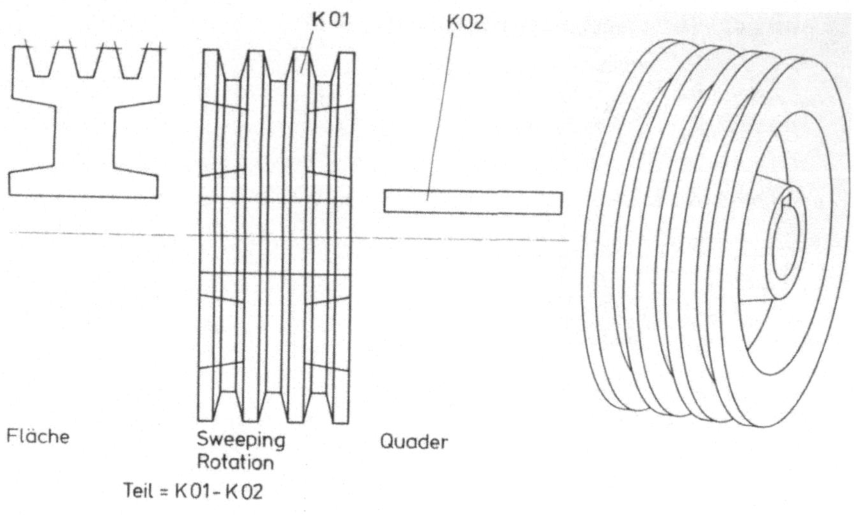

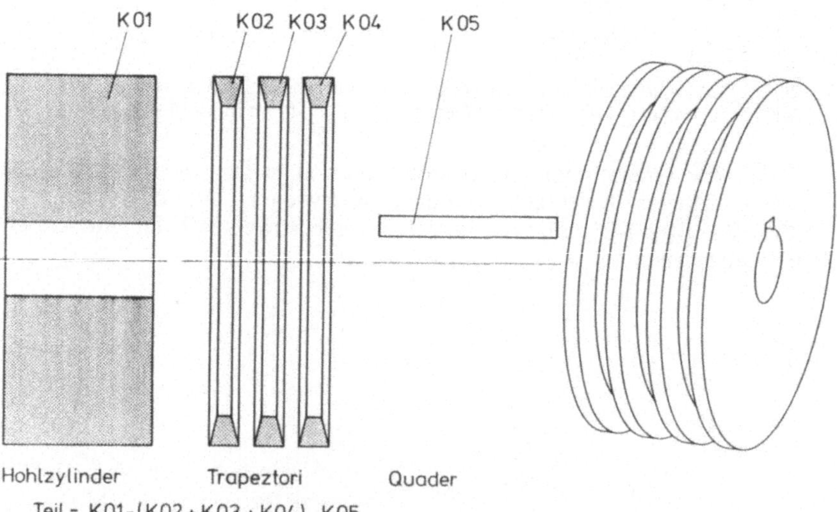

Bild 4-21: Generierung einer Riemenscheibe mit Hilfslinientechnik und flächenorientiertem bzw. grundkörperorientiertem Vorgehen mit mengentheoretischer Verknüpfung [4-6].

5 CAD als Integrationsbaustein

Dipl.-Math. Dieter Schulte

5.1 CAD und Konstruktionssystematik

5.1.1 Vom CAD-System zum Produktmodell

Der Konstrukteur hat für gegebene technische Problemstellungen Lösungen zu erarbeiten. Dabei wird unter "Lösung" ein technisches Produkt verstanden, welches funktioniert, hergestellt werden kann und weiteren Bedingungen genügt (z. B. recyclinggerecht oder wartungsfreundlich). Eine Fülle von Einflußgrößen bestimmt das Ergebnis, wie z. B. Randbedingungen bezüglich Werkstoff, Halbzeug, Fertigungsverfahren usw. Der Konstrukteur muß dabei zum Teil divergierende Ziele wie schnelle Verfügbarkeit im Markt, niedriger Endpreis, gute Qualität, hohe Attraktivität im Auge haben. Häufig greift der Konstrukteur dabei als Spezialist seines Fachgebiets auf Musterlösungen zurück, sucht die ähnlichste aus und paßt sie an die gegebenen Aufgaben an. Der Herstellung des Produktes hat dessen grafische Darstellung voranzugehen, und hier setzt heute noch nahezu ausschließlich die Unterstützung der Konstruktionstätigkeit durch CAD-Systeme ein.

Technische Eigenschaften und Zusammenhänge werden stets unter Bezug auf die Geometrie festgelegt. Folgende Elemente oder Komplexe beschreiben die technischen Aspekte:

- Formelemente wie Fasen, Rundungen, Nuten, Sacklöcher beeinflussen die Geometrie hinsichtlich der Feingestalt und sind fertigungsrelevant.

- Wirkelemente wie Gewinde und Verzahnungen sind, da meist genormt, nicht im Detail geometrisch auszuarbeiten. Man verwendet Symbole, die bestimmte Gestaltformen für die Fertigung festlegen.

- Wirkkomplexe wie Schrauben- oder Sicherungsringverbindungen sind aus mehreren Wirkelementen zusammengesetzt.

- Norm- und Wiederholteile sind zumeist als Makros verfügbar.

Hinzu kommen nichtgeometrische Informationen wie Maß-, Form- und Lagetoleranzen, Passungen, Oberflächenrauheit sowie Angaben zur Oberflächenbehandlung (Verchromen, Härten, Lackieren...). Der technisch orientierte Zusammenhang wird durch den technischen Modellierer beschrieben und im technischen Partialmodell abgelegt. Die nächste Stufe umfaßt die baustrukturorientierte Modellierung im Hinblick auf den Zusammenhang zwischen Teilen, Baugruppen, Erzeugnissen, die automatische Erstellung von Stücklisten sowie von Fertigungs- und Montage-Anweisungen.

Die technischen und baustrukturellen Modellierungsmöglichkeiten sind noch nicht als Integrationsbausteine im Rahmen durchgängiger CAD-Lösungen verfügbar. Neue wegweisende Ansätze ergeben sich möglicherweise mit der objektorientierten Programmierung. Die Hierarchie solcher Modellierer könnte in Zukunft, wie in <u>Bild 5-1</u> dargestellt, realisiert werden.

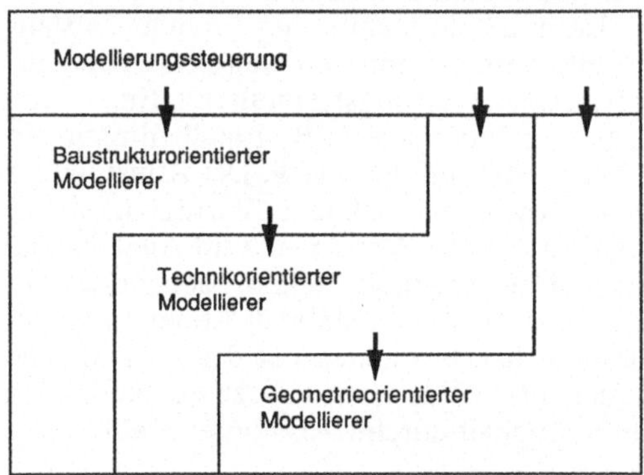

Bild 5-1: Zugriffsmöglichkeiten zu den Modellierbausteinen [5-1].

5.1.2 Konstruktionsphasen und Iteration bei der Lösungsfindung

Es muß gewährleistet sein, daß alle Tätigkeiten eines Konstrukteurs in allen Phasen eines Produktentstehungsprozesses von einem einzigen Konstruktionssystem unterstützt werden, <u>Bild 5-2</u>. Dabei wird in jeder Phase das Tripel "Lösung finden", "Lösung darstellen" und "Lösung bewerten" durchlaufen, <u>Bild 5-3</u>.

Diese Folge von Schritten beim Konstruieren, nämlich

- Rücksprung in eine früher gelöste Phase und gegebenenfalls Revision aufgrund von Erkenntnissen in späteren Phasen,

- Vergrößerung oder Verkleinerung des Lösungsraums (Zoomen) und

- Finden von besseren alternativen Lösungen

führt dazu, daß sich die Konstruktionstätigkeiten in einem 3-dimensionalen Modellraum bewegen, bestimmt durch die Koordinatenachsen Konkretisierungsgrad, Detaillierungsgrad sowie Lösungsalternativen, <u>Bild 5-4</u>.

76

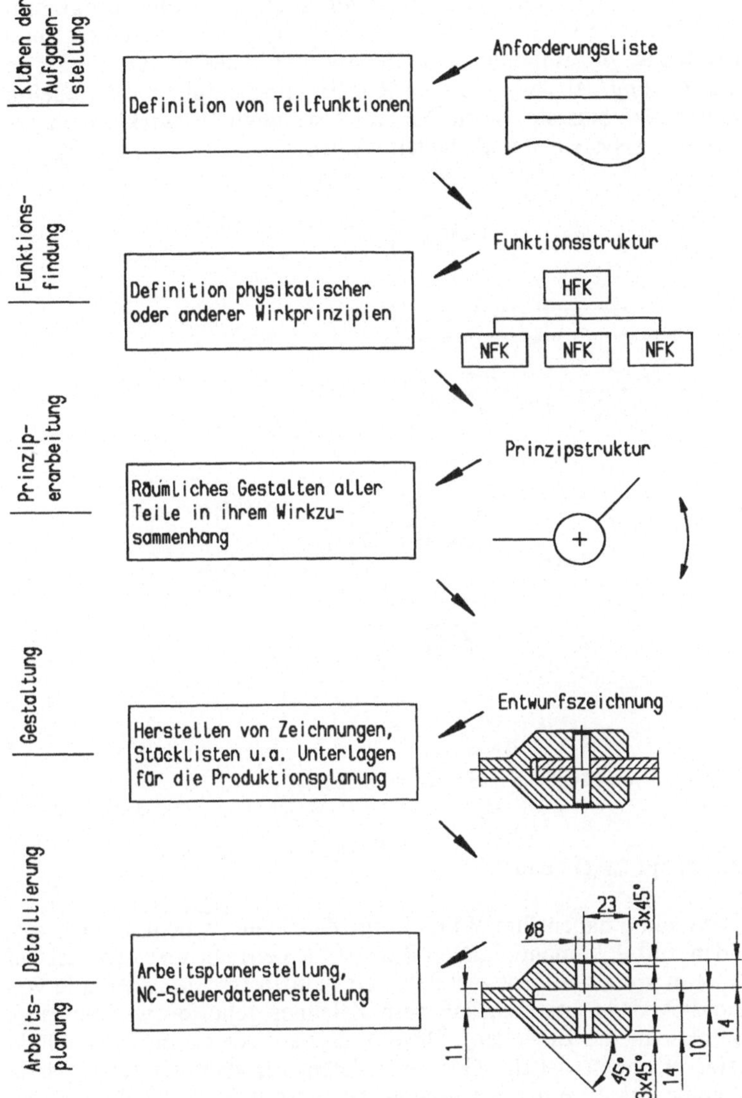

Bild 5-2: Konstruktionsphasen und Ergebnisse [5-2].

Die erwähnten Begriffe und Denkweisen der Konstruktionsmethodik beschreiben den Konstruktionsprozeß in einer allgemeinen, abstrakten Form. Insbesondere für die Lehre hat dieses "Methodische Konstruieren" seine Bedeutung. Es ist jedoch heute noch nicht möglich, über eine programmtechnische Abbildung einer Konstruktionslogik, interaktiv gesteuert durch den Konstrukteur, zur automatischen Generierung einer Geometrie zu gelangen. Die Lösung der Aufgabe, den Konstruktionstätigkeiten "Modellierungskommandos" beiseite zu stellen, muß weiteren Entwicklungen von CAD-Anwendungssystemen vorbehalten bleiben.

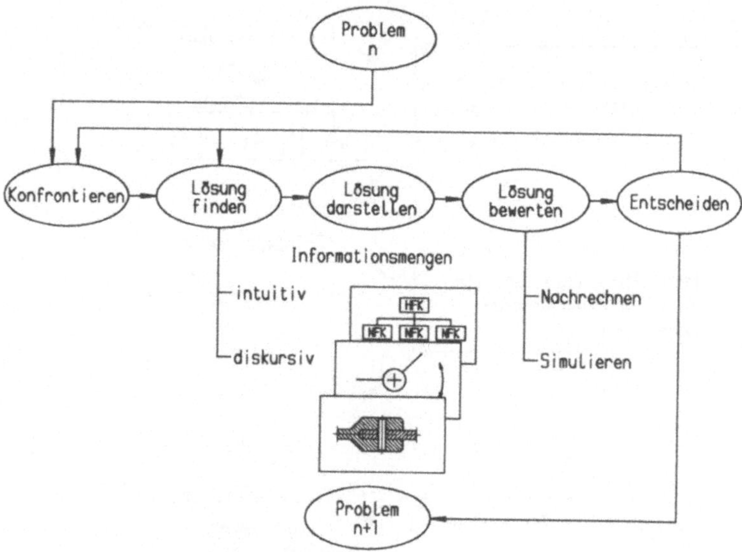

Bild 5-3: Sequenzen von Tätigkeiten beim Konstruieren [5-2].

Wo stehen wir mit CAD heute?

Alle CAD-Systeme haben ihre Wurzeln im Zeichnen als dem einfachsten, ausführenden und dokumentierenden Teil der Arbeit, der erst dann an der Reihe ist, wenn vorher ein Entwurf skizziert worden ist. Sie gehen alle von dem gedanklichen Ansatz aus, daß dem Zeichner geholfen werden muß, "seine Striche schneller zu ziehen". Obwohl dies auf den ersten Blick relativ anspruchslos erscheint, ist die Geometriedaten-Verarbeitung sehr spät in Gang gekommen, und sie hat erst in jüngster Zeit mit der Verfügbarkeit der autonomen Workstations das Potential, das Zeichenbrett endgültig abzulösen. Dabei ist strittig, ob 3D-Darstellungen am Anfang der Zeichentätigkeit stehen sollen oder ob die technischen 2D-Zeichnungen mit ihrem Regelwerk zur Darstellung und Interpretation einerseits und im Hinblick auf die Fertigung andererseits nicht doch noch für längere Zeit unentbehrlich bleiben werden.

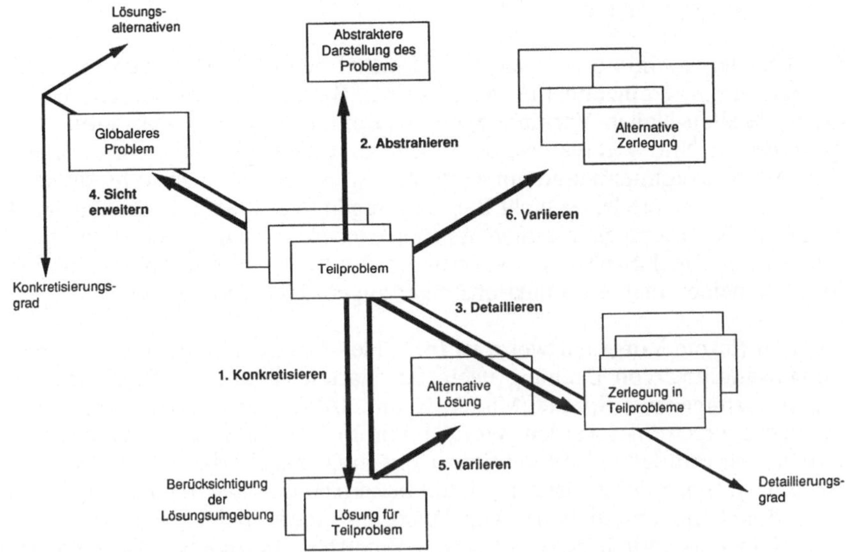

Bild 5-4: Der Modellraum des Konstruierens [5-2].
Bedeutung der Ziffern:

1   Finden einer Lösung zu einem Teilproblem
2   Abstrahieren des Teilproblems (und Fortsetzung auf einer abstrakteren Ebene)
3   Zerlegen des Teilproblems in weitere Unterprobleme und Lösungsfindung für diese
    (Analyse)
4   Sicht erweitern durch Klären der globaleren Anforderungen: Zusammenfügen von
    Teilproblemen bzw. Teillösungen (Synthese)
5   Finden von alternativen Lösungen (z. B. durch systematische Variation;
    Morphologie)
6   Finden von alternativen Zerlegungen durch andere Anordnung gleicher
    Lösungselemente.

5.2 Veränderung des Konstruktionsprozesses durch Rechnereinsatz

Mit dem rechnerunterstützten Konstruieren haben sich die Hilfsmittel der
Konstruktion und der Arbeitsplanung auf gravierende Weise verändert. Die
große Rechengeschwindigkeit moderner Computer führt zur interaktiven
Arbeitsweise bei komplexen Anwendungen wie zum Beispiel bei
Recherchen in datenbankgestützten Zeichnungsarchiven, bei aufwendigen
Berechnungsverfahren wie der Finite-Element-Methode oder bei der
Erstellung von Arbeitsplänen und NC-Programmen. Außer bei Datenbank-
Anwendungen liefert der geometrische Modellierer bei den anderen
genannten Applikationen Basisdaten zur Weiterverarbeitung in diesen
Systemen. Im folgenden werden diese Systeme des erweiterten CAD-
Bereiches [5-3] beschrieben.

5.2.1 Rechnergestütztes Entwerfen, Morphologie

CAD-Systeme sind nur schwache Hilfsmittel beim konstruktiven Entwurf. Es existieren vereinzelte Lösungen, wie z. B. Auswahlsysteme für Wälzlager, Wellen-Naben-Verbindungen, Kupplungen; ferner existieren Programme zur Nutzwertanalyse, deren Einsatz oft mangels geeigneter Daten und Wirkzusammenhänge unterbleibt. So sind z. B. morphologische Methoden bis heute leider nicht Bestandteil gängiger Praxis. Diese bauen auf katalogartig zusammengestellten Wirkfunktionen und zugeordneten physikalischen bzw. technischen Funktionsträgern auf, wobei einer Wirkfunktion im allgemeinen mehrere Funktionsträger zugeordnet werden können.

Typisch für die Vorgehensweise ist folgender Ablauf: Der Funktion "Bewegungswandlung von Drehung nach Translation" können z. B. alternative Funktionsträger wie Spindel/Mutter, Zahnrad/Zahnstange oder Zahnstange/ Schnecke zugeordnet werden. Werden nun im Rahmen einer Konstruktionsaufgabe zu erfüllende Teilfunktionen mit ihren zugehörigen Teilfunktionsträgern im Sinne der Zielsetzung kombinatorisch miteinander verknüpft und die möglichen Kombinationen von Funktionsträgern gleichzeitig quantitativ gewichtet hinsichtlich Zuverlässigkeit, Baugröße, Fertigungseigenschaften, Herstellkosten, dann gelangt man systematisch zu alternativen Lösungen, die sich in der Rangfolge ihrer Gewichtung anordnen lassen.

5.2.2 Zeichnungsarchivierung und -verwaltung

Den besten Fundus bei der Suche nach Lösungen bildet heute ein datenbankgestütztes Zeichnungsarchiv, <u>Bild 5-5</u>. Geordnetes Ablegen der Zeichnungen nach Sachmerkmalen mitsamt den Informationen aus dem Zeichnungskopf einerseits und Wiederaufsuchen mittels logischer Verknüpfung von Suchbegriffen andererseits mit Hilfe von Datenbanken ist heute Stand der Technik. Hierzu sollte auch die organisatorische Abwicklung des Änderungswesens gehören ebenso wie die Zeichnungsprüfung, die Zeichnungsfreigabe und die Regelung der Zugangsberechtigung zum Archiv.

Die in Bild 5-5 dargestellten lokalen Speicher sind hier temporäre lokale Archive, die den Zeichnungsbestand enthalten, der für eine CAD-Bearbeitung an einer Workstation benötigt wird. Am Ende einer Bearbeitungsphase, in jedem Falle jedoch am Ende eines Arbeitstages, sollten diese temporären Bestände über das lokale Netz (LAN - Local Area Network) in das Zentralarchiv übertragen werden.

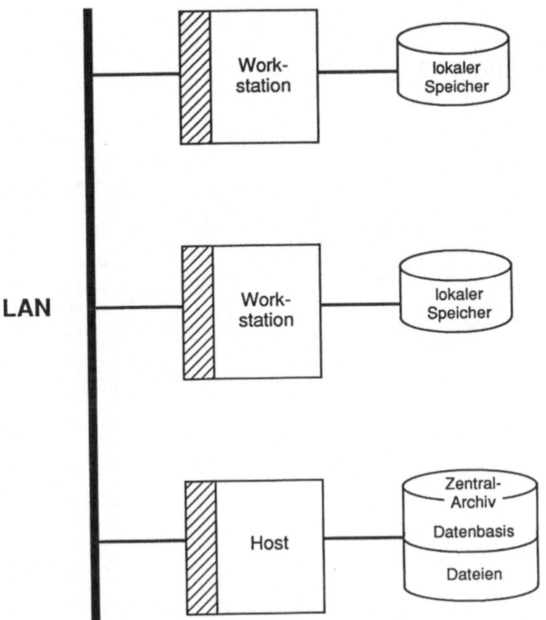

Bild 5-5: Archiv mit lokalem Netzwerk [5-4].

5.2.3 Technische Berechnungen

Das Einbinden von Berechnungen in den Konstruktionsablauf ist Stand der Technik, wird jedoch bei komplexeren Aufgaben von Spezialisten durchgeführt. Dabei werden die CAD-Geometriedaten als Basisinformationen benutzt. <u>Bild 5-6</u> zeigt, daß zu diesen Daten die Randbedingungen, die Materialkennwerte und die Lastdaten zur Komplettierung eines Datensatzes für Finite-Elemente-Berechnungen hinzugefügt werden müssen. Das Finite-Elemente-(FE-)Verfahren ist heute das vorherrschende Näherungsverfahren für statische, dynamische, thermodynamische und strömungstechnische Bauteil- oder Feldberechnungen bei linearen oder nichtlinearen Abhängigkeiten der physikalischen Größen untereinander [5-6]. Dabei wird das Berechnungsgebiet in Form von endlich vielen begrenzten Linien-, Flächen- oder Volumenelementen diskretisiert.

Das FE-Netz wird so gewählt, daß in Gebieten starker Gradienten der Zielgrößen eine automatische Netzverfeinerung erfolgt, <u>Bild 5-7</u>. Diese arbeitsintensive und fehleranfällige Geometrieaufbereitung wird heute durch grafische Preprozessoren unterstützt. Grafische Postprozessoren erlauben die Auswertung der Berechnungen, wobei durch farbige Darstellungen die interessierenden Zielgrößen wie Verformungen, Spannungen, Temperatur-verteilungen, Feldlinien oder Flußdichten besonders übersichtlich dargestellt werden können (siehe z. B. Bild 2-12).

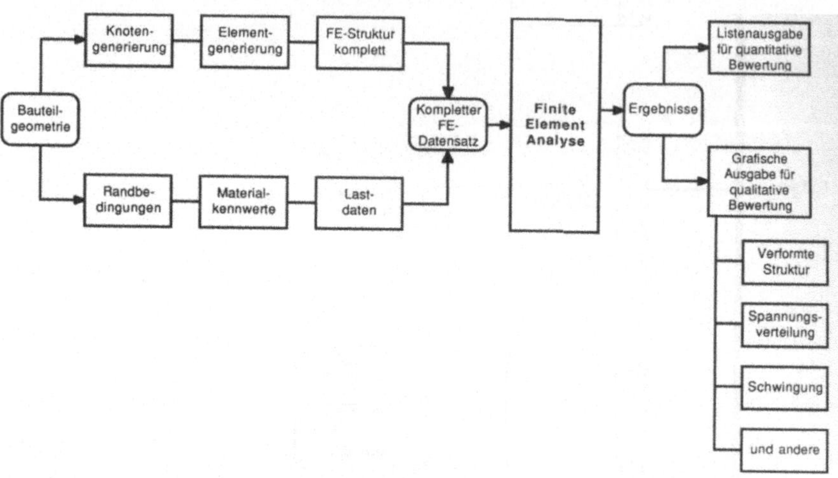

Bild 5-6: Ablauf einer FE-Bauteilberechnung [5-5].

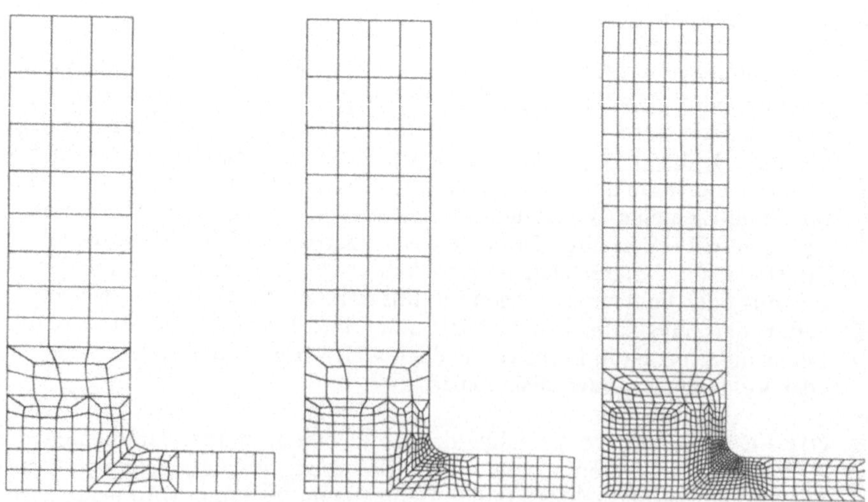

Bild 5-7: Berechnung einer Rohrabzweigung an einem Druckbehälter; Knotenpunkte, Anfangsnetz und automatisch verfeinerte Netze. Quelle: Krupp Industrietechnik

82

5.2.4 NC-Programmierung

Die NC-Programmierung als weiteres Partialmodell im CIM-Umfeld mit
wiederum einer eigenen Datenstruktur macht ebenfalls von Geometrie-
grunddaten eines CAD-Systems Gebrauch. <u>Bild 5-8</u> zeigt den relativ kleinen
Anteil, den die Geometrie-Daten zum Gesamtumfang des Fertigungswissens
beitragen.

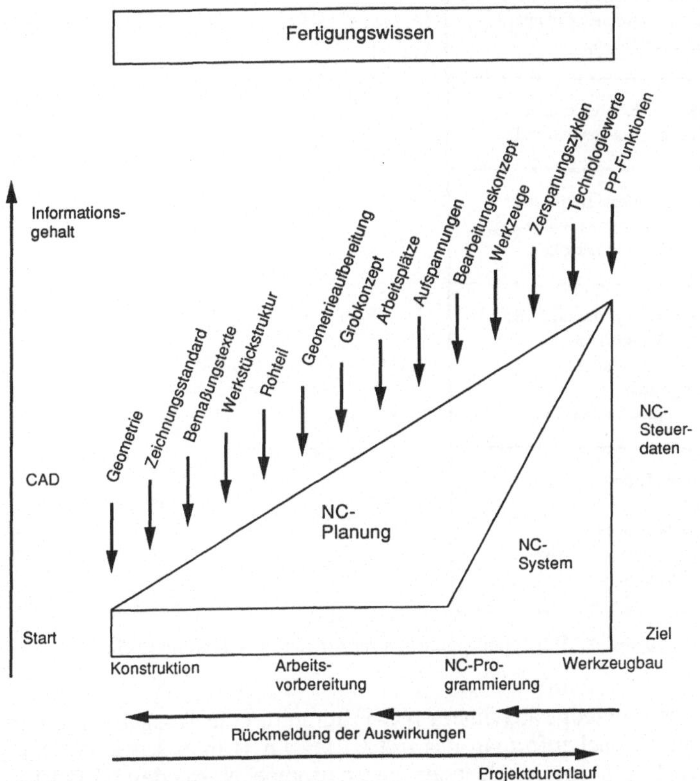

Bild 5-8: Der Informationsgehalt in Abhängigkeit von Phasen des
Produktentstehungsprozesses [5-6].

Jedes Teileprogramm hat die Struktur wie in <u>Bild 5-9</u>, wenn es in einer
problemorientierten NC-Sprache geschrieben ist. Basis für heute weit verbreitete NC-"Dialekte", insbesondere in Deutschland, ist die von IBM entwickelte APT-Sprache (APT - Automatic Programming of Tools). Da APT
erhebliche Rechner-Ressourcen benötigt, wurden in den 60er Jahren aus
dem APT-System getrennte Teilmodule für Bohren, Drehen und Fräsen
abgeleitet, die jeweils auf kleineren Rechnern lauffähig sind. Die unter dem

Namen MINIAPT, EUROAPT und EXAPT bekannt gewordenen Systeme sind heute noch im Einsatz, wobei EXAPT neben dem Geometrie-Modul einen Technologie-Modul als Zusatzbaustein erhielt.

<table>
<tr><td>

Allgemeine Angaben, z. B.
- Maschinentyp
- Arbeitsraum der Drehmaschine
- Postprozessor - Kennzeichnung
- Werkstückbezeichnung

</td></tr>
<tr><td>

Beschreibung der Rohteilkontur
(z. B. zylindrisches Stangenmaterial)

</td></tr>
<tr><td>

Beschreibung der Fertigteilkontur
in Form eines geschlossenen Linienzugs
mit Angabe der Oberflächengüte

</td></tr>
<tr><td>

Technologische Definitionen, z. B.
- Material des Werkstücks
- Werkzeugspezifikation
- Bearbeitungsarten
  (z. B. Schruppen, Schlichten)

</td></tr>
<tr><td>

Ausführungsanweisungen, z. B.
- Werkzeugwege
- Umspannanweisungen
- Werkzeugwechselanweisungen
- Kühlmittelsteuerungen

</td></tr>
</table>

Bild 5-9: Struktur eines EXAPT-Teileprogramms für die Drehbearbeitung [5-5].

Ein NC-Prozessor erzeugt aus einem NC-Programm eine Ausgabe in einem quasigenormten Zwischenformat, das mit CLDATA (Cutter Location Data) bezeichnet wird. Eine nationale oder internationale Norm des CLDATA-Formats gibt es zwar nicht, aber der Output von NC-Prozessoren ist soweit angeglichen, daß die meisten maschinenspezifischen Postprozessoren, die die Lücke zwischen CLDATA-Informationen und der Steuerung der NC-Maschine schließen, aus einem sogenannnten "generalisierten Postprozessor" abgeleitet werden können. So wird eine weitgehend problemorientierte und maschinenunabhängige NC-Programmmierung erreicht.

Bei der maschinellen Programmierung gewinnt die Werkstattprogrammierung als maschinennahe Programmierung an Bedeutung, weil inzwischen Maschinensteuerungen zu eigenständigen Rechnern mit interaktiver grafi-

84

scher Bedieneroberfläche weiterentwickelt worden sind. <u>Bild 5-10</u> gibt einen Überblick über unterschiedliche Wege zur Erzeugung von NC-Steuerungsinformationen im Rahmen der NC-Programmierung (siehe auch [5-8]).

Bei der maschinenfernen NC-Programmierung setzt man entweder auf den technischen Zeichnungen auf oder übernimmt die Geometrie-Inhalte der CAD-Zeichnungen über eine CAD/CAM-Schnittstelle in das NC-System, wobei entweder Fremdsysteme wie z. B. MEDUSA und EUROAPT gekoppelt werden oder sogenannte "integrierte Lösungen" vorkommen. Bei letzteren unterscheiden sich die Workstations der Konstrukteure und der NC-Programmierer nicht mehr voneinander. Die Benutzeroberfläche ist dieselbe und eine CAD/CAM-Schnittstelle wird explizit für den Benutzer nicht mehr sichtbar.

Man spricht von assoziativer CAD/CAM-Kopplung, wenn Änderungen an der CAD-Geometrie eine automatische Anpassung der NC-Verfahrwege zur Folge haben.

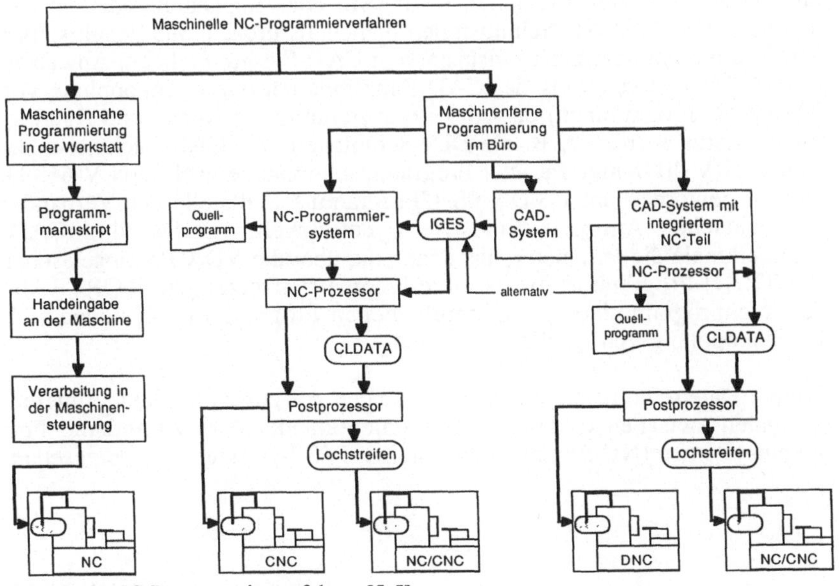

Bild 5-10: NC-Programmierverfahren [5-5].

5.3 Schnittstellen

5.3.1 Programm- und Datenschnittstellen von CAD-Systemen

CAD-Systeme haben als isolierte Systeme zum Zeichnen auf Dauer keine
Überlebenschance. Sie müssen über Schnittstellen in innerbetriebliche und
überbetriebliche datenverarbeitungstechnische Infrastrukturen einbindbar
sein. Die Schnittstellen selbst sind zu einem wesentlichen Bestandteil von
Strategien für die Einführung und den Betrieb einer rechnerintegrierten
Produktion geworden.

Aus der Sicht des Anwenders sind der Austausch von Datenmodellen
zwischen CAD-Systemen und anderen Datenverarbeitungssystemen, die
systemneutrale Bereitstellung von Norm- und Zukaufteilen und die
anwendungsbezogene Aufbereitung von CAD-Funktionen (Anwendungsprogramme, Variantenprogramme) von Interesse.

Aus der Sicht des Systementwicklers sind CAD-Schnittstellen erforderlich,
um CAD-Softwaresysteme zu strukturieren, damit die Austauschbarkeit von
Softwarebausteinen, die Erweiterbarkeit der Funktionalität und die Weiterentwicklung der CAD-Software sichergestellt werden können. Softwaretechnisch werden interne und externe Schnittstellen unterschieden, <u>Bild 5-11</u>.

Interne Schnittstellen sind Brücken zwischen Softwaremodulen zur Kommunikation (S1), zum Methodenaufruf (S2) oder zur Datenmodellverwal-
tung (S3). Externe CAD-Schnittstellen dienen als prozedurale Schnittstellen
dem Informationsaustausch zwischen dem CAD-System und dem Anwender
(z. B. bei der Erweiterung der CAD-Funktionalität durch Ankopplung von
FORTRAN-Programmen) oder der Bereitstellung von Norm- und Katalog-
teilen. Hierzu wurden z. B. die DIN-Schnittstelle für CAD-Sachmerkmale
nach DIN V 4001 und die DIN-Programmschnittstelle nach DIN V 66304,
bekannt geworden unter VDA-PS ("Programmschnittstelle des Verbandes
der Deutschen Automobilindustrie"), entwickelt. Hierbei sind CAD-
Sachmerkmale die Parameter, aus denen die über die VDA-PS eingelesenen
FORTRAN-Programme die Normteilgeometrien erzeugen (FORTRAN-
Variantenprogrammierung). Generell dienen Programmschnittstellen (S4)
der Einkopplung von Quellprogrammen.

Externe Datenschnittstellen (S5) sind für den Austausch produktdefinieren-
der Daten zwischen CAD-Systemen untereinander oder zu anderen Pro-
grammsystemen (NC-Programmiersysteme, PPS-Systeme u. a.) vorgesehen.

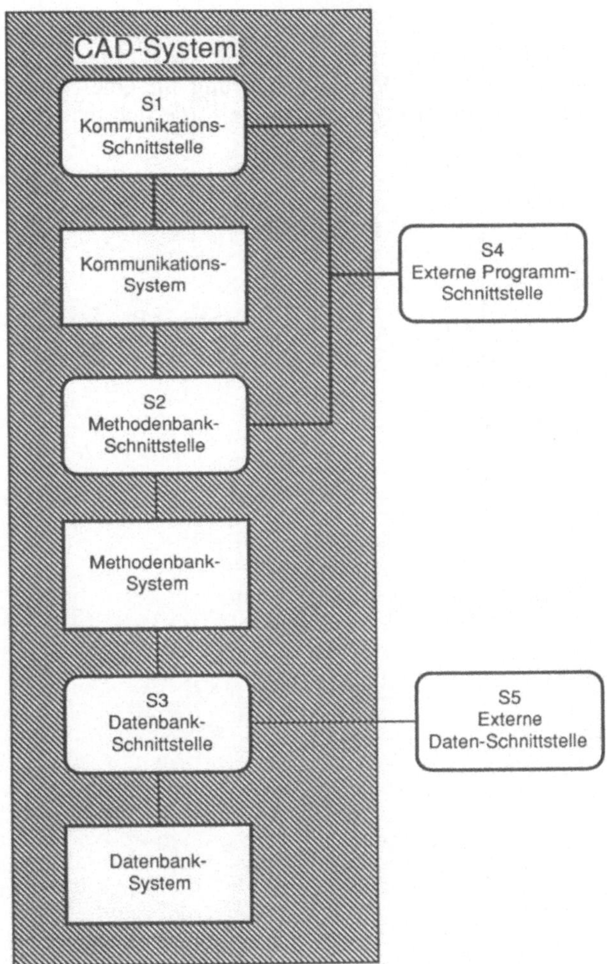

Bild 5-11: Schnittstellen in CAD-Systemen [5-9].

5.3.2 Übersicht über die Schnittstellenvielfalt

Bei der Verwendung von standardisierten Datenschnittstellen reduziert sich die Anzahl benötigter Konverter zwischen verschiedenen CAD/CAM-Systemen erheblich, Bild 5-12. Individuelle Wandlungsprogramme, deren Anzahl quadratisch mit der Zahl der zu koppelnden Systeme wächst, erreichen zwar oft eine sehr gute Übertragungsqualität und sind in der Regel weniger zeit- und speicherplatzaufwendig als Standardschnittstellen, haben aber eine

Reihe von Nachteilen: Sie sind oft wegen mangelnder Offenlegung der internen Strukturen von CAD-Systemen nicht verfügbar, sie sind teuer und außerdem pflegeaufwendig, weil jede Versionsänderung im Quell- oder Zielsystem Änderungen im Konvertierungsprogramm erforderlich macht.

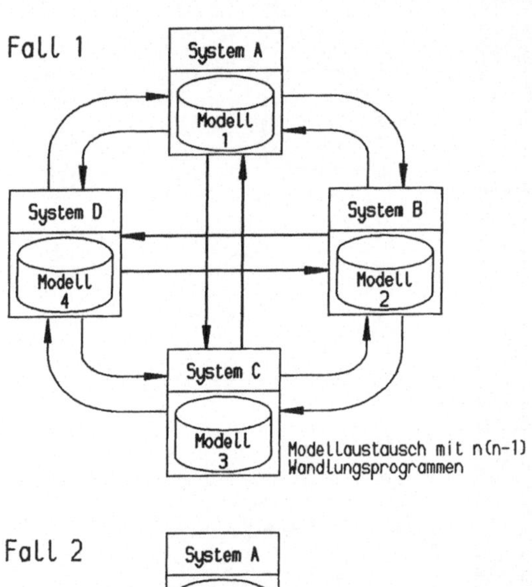

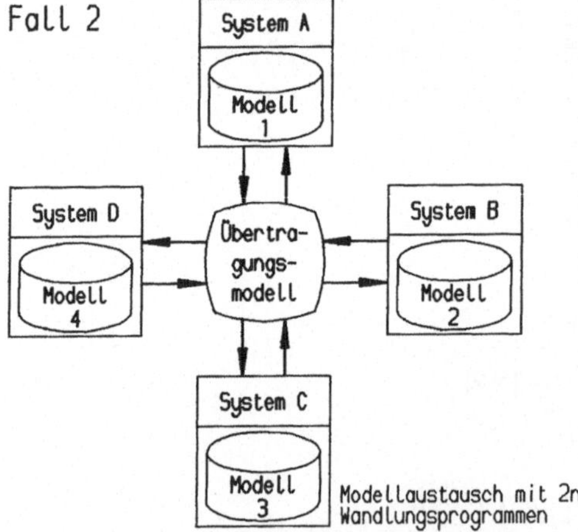

Bild 5-12: Grundsätzliche Verfahren des Modellaustausches.

Daher haben sich Standardschnittstellen gegenüber den direkten Konvertern durchgesetzt. Im Bereich der mechanische Konstruktion sind dies im wesentlichen:

88

- SET (Standard d'Echange et de Transfer). Dieses von der französischen Normenorganisation AFNOR definierte Datenformat hat sich außerhalb Frankreichs nicht durchgesetzt. SET spielt allerdings beim Airbus eine Rolle.

- IGES (Initial Graphics Exchange Specification). Das vom amerikanischen Normeninstitut herausgegebene Datenaustauschformat für technische Zeichnungen, 2D- und 3D-Modelle wurde später ANSI- und ISO-Norm. IGES geht ab Version 5.1 in STEP auf. Heute verfügt fast jedes CAD/CAM-System über eine IGES-Schnittstelle. IGES ist daher nach einer 10-jährigen Anlaufphase gegenwärtig die wichtigste und am häufigsten eingesetzte Standardschnittstelle.

- VDA-FS (Flächenschnittstelle des Verbandes der Automobilindustrie). Dies ist ein Datenformat zur Übertragung von Freiformflächen, die in den ersten IGES-Versionen noch nicht unterstützt wurden. Eine Weiterentwicklung ist nicht vorgesehen, da die Version 2.0 in STEP einmündet. Die VDA-FS gilt als besonders effizient und stabil.

- STEP (Standard for the Exchange of Product Model Data). STEP ist der kommende Standard, der die übrigen Schnittstellen ablösen wird, <u>Bild 5-13</u>. Eine flächendeckende Ablösung wird jedoch aufgrund des

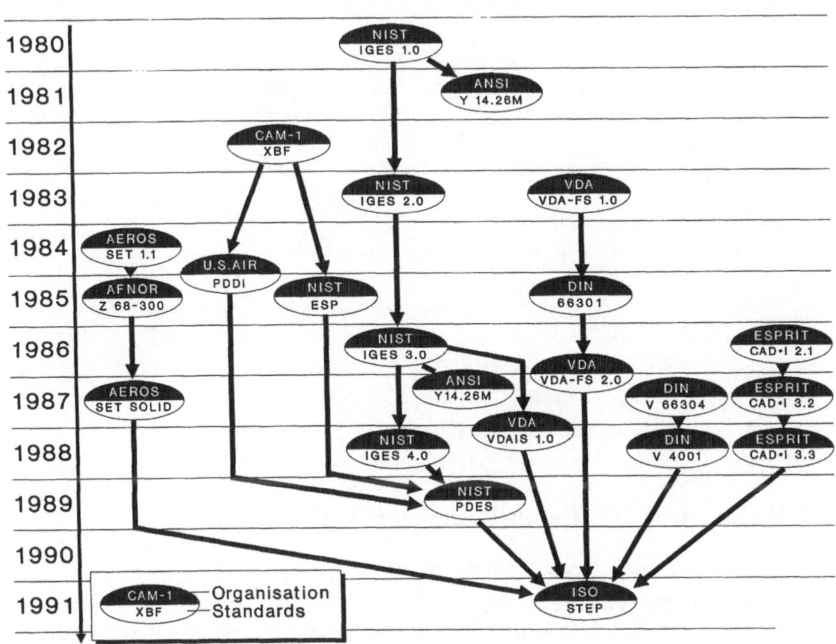

Bild 5-13: Entwicklung von Standard-Schnittstellen für den Austausch von Produktmodellen [5-10].

89

angestrebten Formates für sämtliche produktdefinierenden Daten erst zur Jahrtausendwende zu erwarten sein. Die erste Version 1.0 mit Definitionen für das Zeichnungslayout und für B-Rep-Modelle wird es 1991 geben.

- CAD*I (CAD Interface) bzw. CADEX (CAD Exchange) sind von der EG geförderte Konverter für Forschungszwecke, die ebenfalls in STEP einmünden und keine kommerzielle Bedeutung erreichen werden.

<u>Bild 5-14</u> zeigt die Ausprägung von Standardschnittstellen in Form einer Matrix.

Für den Austausch von Entwurfsdaten für Stromlaufpläne ist die verfahrensneutrale Schittstelle (VNS) und für den Austausch von Daten zum Entwurf integrierter Schaltungen die Schnittstelle EDIF (Electronic Design Interchange Format) entwickelt worden.

		IGES	SET	VDA-FS	PDDI	CAD*I	STEP
	Ziele:	- Austausch tech. Zeichnungen - Flächenmodelle	- Austausch tech. Zeichnungen - Flächenmodelle	Flächenmodelle	Bearbeitungs-Technologie	Volumenmodelle Berechnungen Informationen	Informationen über alle Produkt-Eigenschaften
Produkt-Charakteristika	Geometrie-beschreibung	- Drahtmodelle / Flächenelemente - B-Rep-Modell	- Drahtmodell / Flächenelemente - B-Rep-Modell - tech. Zeichnung	Flächenmodell mitsamt Topologie	Draht-/ Flächen-modelle B-Rep-Modelle	Draht-/ Flächen-modelle CSG-Modell B-Rep-Modell	Draht-/ Flächen-modelle CSG-Modell B-Rep-Modell
	Bearbeitungs-Modell	-	-	-	-Verbundwerkstoffe -Blechverarbeitung -achsensymmetr. Volumenmodelle Bearbeitungs-Technologie	-	Bearbeitungs-Modell
	Oberflächen-Angaben	Beschreibung in Textform	Beschreibung in Textform	-	Toleranz-Modell	-	Toleranz- Modell
	Material-Eigenschaften	Beschreibung in Textform	Beschreibung in Textform	-	-	-	Material- Modell
	Lebenszyklus	-	-	-	-	-	Produkt-Lebens-zyklus-Modell
Produkt-Modelle im Hinblick auf	Darstellung	Geometrie-Modell	Geometrie-Modell	-	-	-	Geometrie-Modell
	Technische Berechnungen	Finit-Element Modell	-		-	Finit-Element Modell	Finit-Element Modell
	Organisation	Beschreibung in Textform	Beschreibung in Textform	-	administratives Datenmodell	-	Produkt-Struktur Konfigurations-Modell

Bild 5-14: Ausprägungen von Datenschnittstellen [5-11].

5.4 Wohin geht die Entwicklung von CAD?

Vor mehr als dreißig Jahren hat D. T. Ross am MIT die erste Ausarbeitung über CAD vorgelegt. Die damalige Ausgangssituation war noch durch die NC-Programmierung bestimmt. Inzwischen sind viele Fachgebiete durch die CAD-Technologie geprägt und verändert worden. Neben Maschinenbau sind

90

Anlagenbau, Architektur, Bauwesen, Elektrik und Elektronik zu nennen. Ein breites Angebot an Hardware und Software erlaubt heute den Einsatz von überwiegend dezentralen Arbeitsplatz-Systemen mit eigener Rechnerleistung, wenn auch bestehende Inkompatibilitäten der rechnerintegrierten Produktion noch im Wege stehen.

Die Lösung des Schnittstellenproblems ist jedoch noch nicht gleichbedeutend mit dem Erreichen dessen, was mit dem CIM-Gedanken angestrebt wird. Der rechnergestützte Produktentstehungsprozeß hat Funktion, Geometrie und Technologie integrierend einzubeziehen. Zur Formulierung produktorientierter Gestaltungslogiken werden gegenwärtig entsprechende Beschreibungsmöglichkeiten entwickelt, die die Arbeitsweise eines ganzen Teams abbilden können. Dabei wird wieder zurückgegriffen auf die zu Beginn dieses Kapitels erläuterten Phasen des methodischen Konstruierens. Das Anforderungsprofil aus dem Konstruktionsprozeß prägt den konzeptionellen Ansatz des integrierten Produktmodells, <u>Bild 5-15</u>. Die Umsetzung

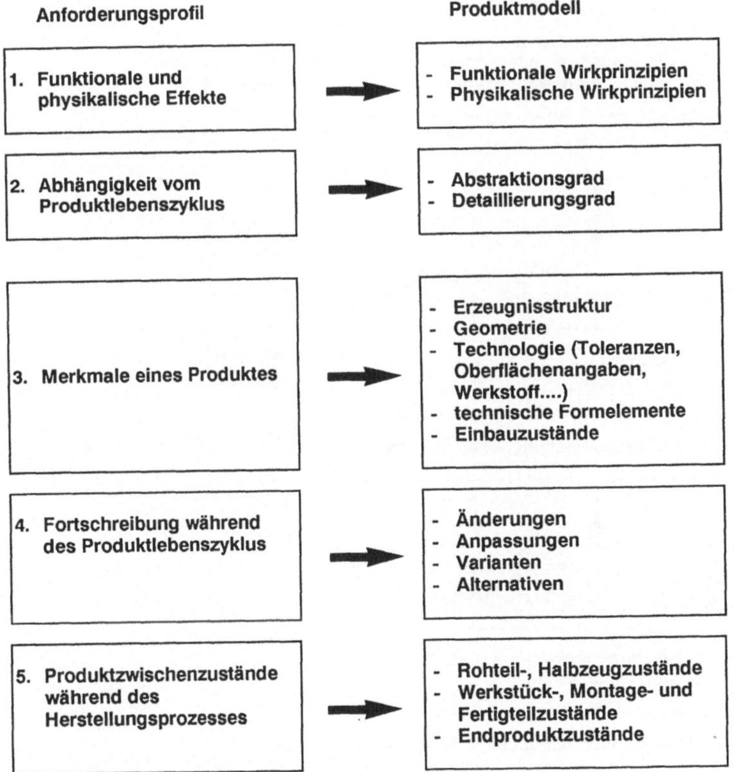

Bild 5-15: Vom Anforderungsprofil zum Produktmodell [5-12].

bedarf formaler Beschreibungsmethoden für jede Phase der Produktmodellierung, <u>Bild 5-16</u>.

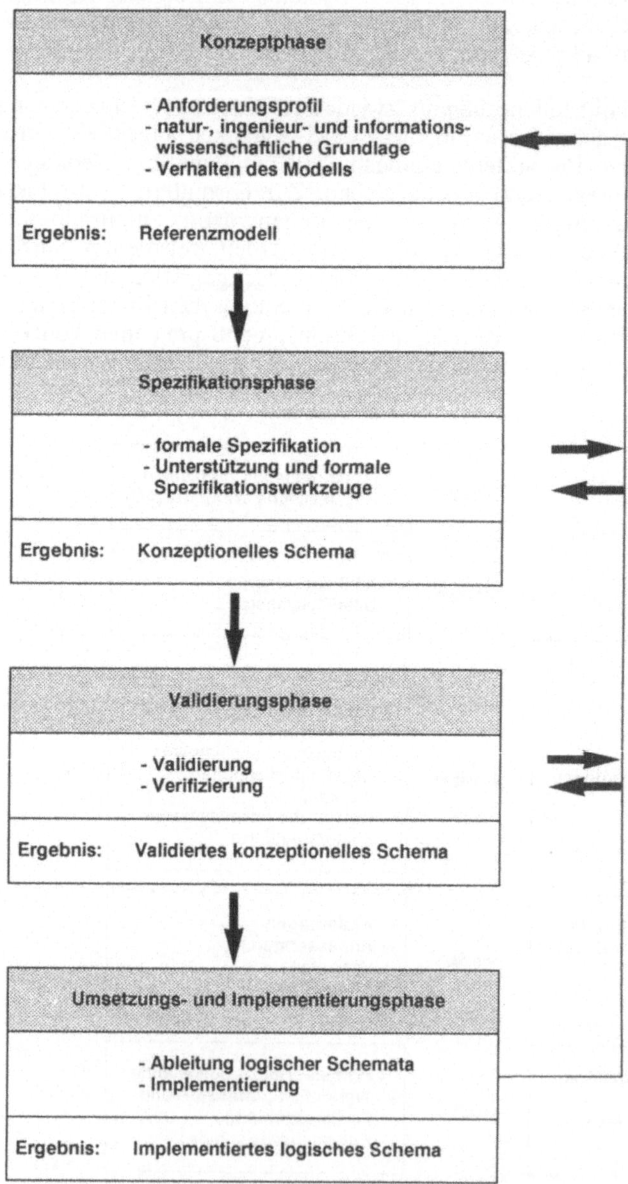

Bild 5-16: Phasen der Produktmodellierung [5-12].

Es existieren bereits Sprachen zur Informationsmodellierung des Produktmodells und von Partialmodellen (eine solche Sprache ist z. B. "Express") sowie Hilfsmittel zur grafisch-symbolischen Repräsentation von Partialmodellen. Partialmodelle eines Produktmodells lassen sich wie in <u>Bild 5-17</u> darstellen. Aus einem so definierten Produktmodell können unterschiedliche Produktdarstellungen wie technische Zeichnungen, Prüfpläne, Stücklisten, Arbeitspläne und dergleichen abgeleitet werden.

Künftige Weiterentwicklungen des Produktmodells zielen auf den Einschluß des Parameters "Zeit" ab. Integrierte Produktmodellansätze werden die weitere CAD/CAM-Systementwicklung nachhaltig beeinflussen und deren Leistungsfähigkeit vergrößern.

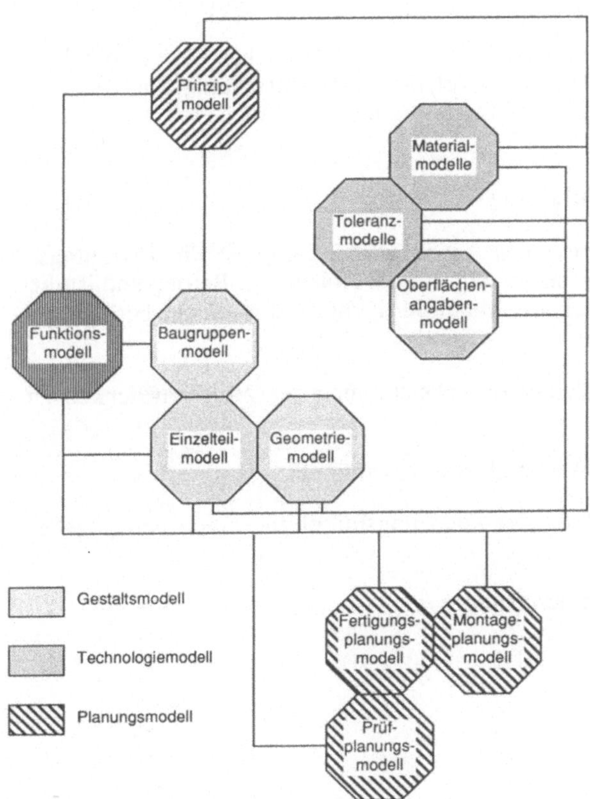

Bild 5-17: Partialmodelle bilden das Produktmodell [5-12]

6 Informationsverarbeitung in Arbeitsvorbereitung und Fertigung

Dr.-Ing. Georg Speith

6.1 Einleitung

Fertigung und Montage sind die Abschnitte des Produktenstehungs-
prozesses, in denen die höchsten Kosten entstehen [6-1]. Damit sind sie
Anknüpfungspunkte für die größten Einsparungen. Die rechnerunterstützte Informationsverarbeitung in Fertigung und Arbeitsvorbereitung,
deren Grundlagen und einige Schwerpunkte im folgenden näher erläutert
werden, dient der optimalen Vorbereitung und Durchführung der Fer-
tigungsprozesse unter Wirtschaftlichkeits-, Zeit- und Kapazitätsgesichts-
punkten.

Zur Arbeitsvorbereitung zählen in der betrieblichen Praxis die Fertigungsplanung mit der Vorkalkulation, die Vorrichtungskonstruktion,
die NC-Programmierung und die Fertigungssteuerung.

6.2 Die Fertigungsplanung

Die wichtigste Funktion der Arbeitsvorbereitung ist die Fertigungsplanung. Sie ist die Voraussetzung für die Abläufe im Betrieb und ist die
Basis für den Rechnereinsatz in der Fertigung. Aufgaben der Fertigungsplanung sind,

- den Arbeitsablauf unter Berücksichtigung der Wirtschaftlichkeit zu
  planen,

- die Zeiten für die Arbeitsabläufe zu ermitteln,

- für die Bereitstellung der Fertigungsmittel zu sorgen und gegebenenfalls

- die Vorkalkulation durchzuführen.

6.2.1 Grundlagen

6.2.1.1 Der Fertigungsplan

Der Fertigungsplan (oder Arbeitsplan) ist die Arbeitsanweisung für den Betrieb. Er sagt aus, welche Arbeitsvorgänge auf welchen Maschinen in welcher Reihenfolge auszuführen sind.

Für die Erstellung eines Fertigungsplans ist eine Fülle von Informationen erforderlich. Originäre Informationen sind die Zeichnung(en) und die Stückliste. Sekundäre Informationen sind, <u>Bild 6-1</u>, Maschinenkarten oder Maschinengruppenplan, Planzeittabellen, Vorgabezeitberechnungsverfahren, Werkzeugkataloge, Vorrichtungs- und Meßmittelkatalog sowie spezielle ergänzende Arbeitsanweisungen wie Prüfanweisungen oder Warmbehandlungsanweisungen.

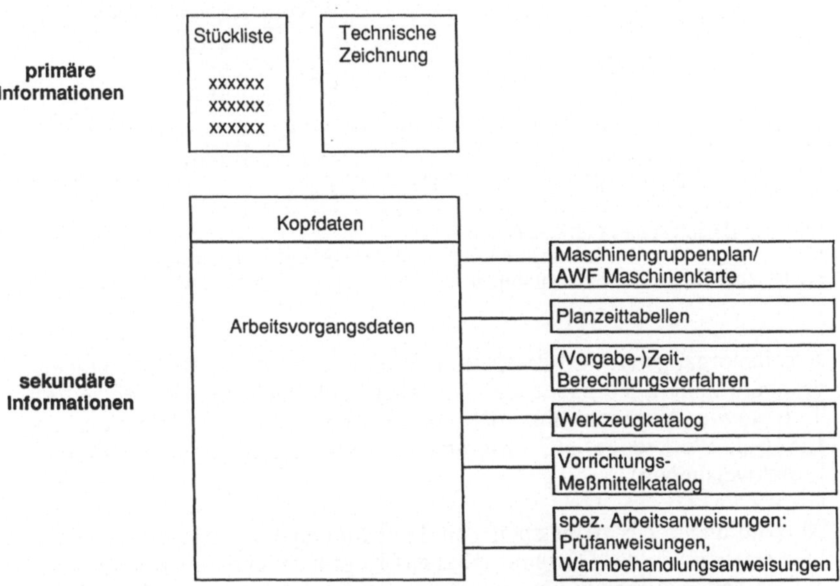

Bild 6-1: Für die Fertigungsplanerstellung erforderliche Informationen.

Der Fertigungsplan beschreibt nicht nur die Fertigungsschritte vom Rohmaterial zum einbaufertigen Teil, sondern er enthält darüberhinaus Rohmaterialangaben nach Art und Menge. Der Fertigungsplan, <u>Bild 6-2</u>, gliedert sich in Kopfdaten und Arbeitsvorgangsdaten.

Kopfdaten sind die Teile-Nr. (alternativ: Artikel- oder Sachnummer), Benennung, Zeichnungsnummer, Zeichnungsänderungszustand und Ausgangsmaterial (nicht bei Montagearbeitsplänen).

```
 Auftragsnummer      Position      Stueckzahl     Starttermin     Endtermin     Warennummer

 33323                  2             25             4955           4980          123456

 Materialnummer   Benennung              Abmessung          Werkstoff          Werkstoff-Nr.

 347810 Ritzelwelle       Rd 50x200        30CrNiMo8              1.6580
```

AVO-Nr.	KSt.	MGr.	tr	te	LA	Vorrichtung	Beschreibung des AVOs
10	0	99	0	0	0		Material entnehmen
20	2	01	2	2	3		Saegen
30	2	17	10	2	3		Zentrieren
40	2	16	30	10	2	GI 1704	NC-Drehen komplett
50	2	61	15	2	3		Gewinde schneiden
60	4	03	20	5	3		Nuten fraesen
70	4	52	40	10	3	WZ 123489	Schnecke fraesen
80	1	09	2	2	3		Entgraten
90	6	09	5	10	3	WBA 2312	Vorbereiten zur Warmbe-handlung
100	6	33	4	15	2	WBA 2312	Warmbehandlung
110	8	68	60	15	2	ML 9321	Schleifen Schnecke
120	9	35	2	7	1	QA R5BQ	Pruefen & konservieren

Bild 6-2: Beispiel eines Fertigungsplans
(Erläuterungen der Abkürzungen: AVO-Nr. - Arbeitsvorgangs-Nummer, KSt. -
Kostenstelle, MGr. - Maschinengruppe, tr - Rüstzeit, te - Zeit je Einheit, LA - Lohnart).

Arbeitsvorgangs-(AVO)-daten sind AVO-Nr., Kostenstelle, Maschinen-
gruppe, Lohnart, Vorgabezeiten wie Rüst- und Stückzeit, Planzeit, AVO-
Text sowie Angaben über diverse Fertigungsmittel (Vorrichtungen,
<u>Bild 6-3</u>, Werkzeuge, NC-Programme, Warmbehandlungsanweisungen,
Prüfanweisungen).

Abwandlungen des Arbeitsplans sind der Montageplan und der Prüfplan.
Sie bestehen wie der Fertigungsplan aus Kopfdaten und Anweisungsdaten
und enthalten Angaben über zu verwendende Fertigungsmittel und technologische Daten.

6.2.1.2 Erzeugnisgliederung und Stückliste

Die Erzeugnisgliederung, <u>Bild 6-4</u>, stellt anschaulich dar, aus welchen
Funktions- oder Baugruppen und Teilen sich das Erzeugnis zusammensetzt. Sie ist für die Arbeitsvorbereitung von besonderer Bedeutung,
da sie einerseits die zu montierenden Einzelteile und Gruppen wieder-

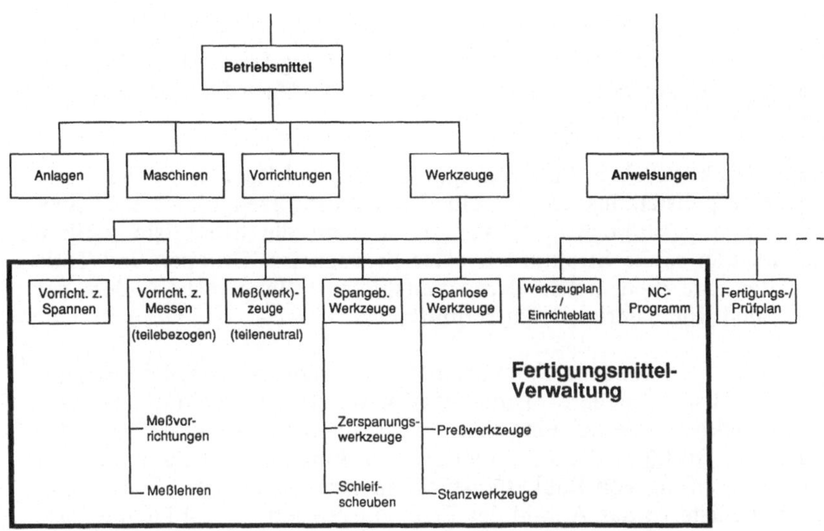

Bild 6-3: Gliederung der Fertigungsmittel (in Anlehnung an [6-10], S. 191).

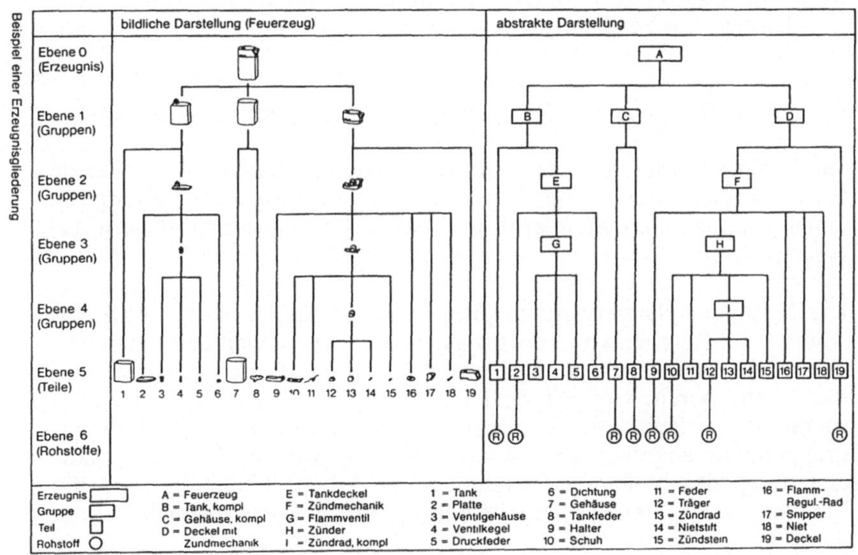

Bild 6-4: Beispiel einer Erzeugnisgliederung [6-7].

gibt, andererseits die Reihenfolge der Fügevorgänge beschreibt. Damit hat die Erzeugnisgliederung erhebliche Bedeutung für die Erstellung der Montagearbeitspläne). Man kann das Erzeugnis nach funktionalen oder Fertigungsgesichtspunkten gliedern.

In der Stückliste sind alle Baugruppen, Teile und Rohmaterialien in der Menge aufgelistet, aus der sich eine Einheit des Erzeugnisses oder einer Baugruppe zusammensetzt. Außerdem kann die Stückliste weitere Stammdaten sowie Strukturdaten der Erzeugnisse, Gruppen und Teile enthalten. Sie dient neben der Arbeitsplanerstellung insbesondere der Teile- und Rohmaterial-Bedarfsermittlung.

Es werden verschiedene Stücklistenformen unterschieden. Die wesentlichen sind insbesondere für die EDV-gestützte Verarbeitung die Baukastenstückliste, die nur eine Fertigungsstufe darstellt und die Strukturstückliste, <u>Bild 6-5</u>, die alle unterlagerten Stufen darstellt und sich aus der Verknüpfung von Baukastenstücklisten zusammensetzt. Die (Struktur-)Stückliste ist das Abbild der Erzeugnisgliederung und kann ebenso nach verschiedenen Gesichtspunkten gegliedert werden.

Zur Herstellung der Einzelteile, falls sie in Eigenfertigung erstellt werden, werden Materialien benötigt. Diese Materialien sind in der metallverarbeitenden Industrie in der Regel Halbzeuge, Guß- oder Schmiedeteile. Diese Materialien sind vom Fertigungsplaner (d. h. von der Arbeitsvorbereitung) zu ermitteln und werden entweder in der Stückliste oder häufiger im Fertigungsplan aufgeführt (s. o.).

6.2.2 Die rechnergestützte Fertigungsplanerstellung und -verwaltung

Der Rechnereinsatz zur Steuerung der Fertigung setzt EDV-gespeicherte Fertigungspläne voraus. Daher gehört die Fertigungsplanverwaltung seit langer Zeit zu den Standardfunktionen eines Fertigungssteuerungssystems.

Die Fertigungsplanverwaltungsprogramme ermöglichen das Anlegen, Ändern und Löschen von Fertigungsplänen. Dazu stehen den Benutzern Textverarbeitungsroutinen, Kopierfunktionen und Prüfroutinen zur Unterstützung bereit. Geprüft wird zum Beispiel, ob ein gültiger Teilestammsatz vorliegt, ob die aufgeführten Arbeitsplätze im Maschinengruppenplan angelegt sind u.v.m. Die eigentliche Fertigungsplanerstellung, das heißt die Festlegung der Arbeitsablauffolge und die Errechnung der Bearbeitungszeiten erfolgt überwiegend manuell.

Stücklisten-Nr:	4711
Benennung:	Feuerzeug, Komplett
Datum:	
Ersteller:	

Stufe 0	1	2	3	4	5	Stückzahl	Ident-Nr.	Benennung	Besch.-Art
0						1	4711	Feuerzeug	E
	1					1	B	Tank, Komplett	E
					5	1	1	Tank	E
		2				1	E	Tankdeckel	E
					5	1	2	Platte	
					5	1	6	Dichtung	Z
			3			1	G	Flammventil	
					5	1	3	Ventilgehäuse	Z
					5	1	4	Ventilkegel	Z
					5	1	5	Druckfeder	Z
	1					1	C	Gehäuse, komplett	
					5	1	7	Gehäuse	
					5	1	8	Tankfeder	
	1					1	D	Deckel mit Zündmechanik	
					5	1	19	Deckel	
		2				1	F	Zündmechanik	
					5	1	9	Halter	
					5	1	16	Flammregulier-Rad	Z
					5	1	17	Snipper	Z
					5	1	18	Niet	Z
			3			1	H	Zünder	
					5	1	10	Schuh	
					5	1	11	Feder	Z
					5	1	15	Zündstein	Z
				4		1	I	Zündrad, komplett	
					5	1	12	Träger	
					5	1	13	Zündrad	Z
					5	1	14	Nietstift	Z

Bild 6-5: Gliederung eines Erzeugnisses nach funktionalen und nach Fertigungsgesichtspunkten.

Die rechnergestützten Verfahren zur Ermittlung der Arbeitsablauffolgen zur Maschinenauswahl, zur Festlegung der Fertigungsmittel und zur Errechnung der Bearbeitungszeiten, d. h. alle rechnergestützten Techniken zur Erzeugung von Fertigungsplänen, werden unter dem Begriff CAP (Computer Aided Planning) zusammengefaßt. Auch die Stücklistenverarbeitung und die NC-Programmierung werden zu den CAP-Funktionen gezählt.

Bei der rechnergestützen Erzeugung von Fertigungsplänen unterscheidet man zwei Techniken, zum einen das "automatische Generieren" und zum anderen die "rechnergestützte Teiloperationsplanung".

Als Voraussetzung für die Generierung eines Fertigungsplans ist es erforderlich, den kompletten Planungsalgorithmus für eine Teilefamilie in Regeln, Formeln und Bedingungen zu kleiden und die in Frage kommenden Fertigungsmittel und Maschinen in Tabellenform und die Bearbeitungszeitermittlung z. B. in Formeln im System zu hinterlegen. Mit den Methoden der Entscheidungstabellentechnik (vgl. [6-4]) können durch die Verknüpfung von Entscheidungstabellen in Folge, Verzweigung, Schleife und Verschachtelung auch für komplizierte Fertigungs-Abläufe durch die Vorgabe der Variablen automatisch komplexe Fertigungspläne erzeugt werden, Bild 6-6. Softwarepakete, die nach der Entscheidungstabellentechnik arbeiten und für die Fertigungsplanerstellung zugeschnitten sind, sind seit längerem am Softwaremarkt verfügbar.

Liegt keine Teilefamiliencharakteristik vor, bietet sich für den Fertigungsplanungsprozeß eine rechnergestützte Teiloperationsplanung auf Basis umfangreicher im System hinterlegter Methodenbanken an. Die Arbeitsablauffolge wird dabei weitgehend dem Fertigungsplaner überlassen, der lediglich zur Arbeitsplatzauswahl auf die Arbeitsplatz-Datenbank zurückgreifen kann. Die Ermittlung der Vorgabezeiten wird nach den klassischen Vorgabezeitberechnungsmethoden für die Teiloperationen ausgeführt.

6.2.3 Werkstattauftrag

Der Werkstattauftrag, Bild 6-2, ist ein um auftragsabhängige Daten ergänzter Fertigungsplan. Zu diesen Daten gehören die Auftragsnummer, der Kundenname, die Stückzahl und der Liefertermin.

Die Termine werden in der betrieblichen Praxis unter Verwendung sogenannter Betriebskalender angegeben.

100

```
                    Liste der Eingaben

 ┌─────────────────────────────┬─────────────────────────────┐
 │ Variable                    │ Wert                        │
 ├─────────────────────────────┼─────────────────────────────┤
 │ HAUPTMENUEWAHL              │ 2                           │
 │ MATRIZENWAHL               │ .2                          │
 │ KOPFFORMWAHL               │ 2                           │
 │ KERNINNENFORMWAHL          │ 1                           │
 │ WAERMEBEHANDLUNG           │ 903                         │
 │ SCHRUMPFMASS               │ 0.12                        │
 │ H_KERN                     │ 5.3                         │
 │ B_KERN                     │ 3                           │
 │ TOLERANZ                   │ 0                           │
 │ H_KERN                     │ 7                           │
 │ B_KERN                     │ 3.6                         │
 └─────────────────────────────┴─────────────────────────────┘
```

```
              automatisch generierter Fertigungsplan

 APL
                         Stand: 07-09-89 12:13 Seite:  1 von  1
 ___________________________________________________________________

 Planer:LUCZAK                                   Datum: 07-09-89
 ELPROSKO                                        Zeit: 12:12
 Übertragungsform
 Übertragung(J/N) NEIN          Arbeitsplan

 Warennummer          2428000036 Abruf-Nr.     0000000000
 Auftrag-Nr.          000000     Position      000        Los-Nr.         00
 Unterposition        00         Fehlermeldg.  00         Start St/Los    000000
 Nenn St/Pos          000000     Start-Term.   0000       Fert.Ende       0000
 Sorte                THM        Kürzel        MA         Rohl.-Waren-Nr. 00000000
 Kostenträger-Nr. 0000000000     Kunden-Nr.    000000     Termingruppe    0725
 HM-Termin            0000       Zeichngs.-Nr. WIHB               Zeich.-Index - -
 ___________________________________________________________________

 AVO AE KO/MA  TR  TST/000 BA STK/GEW WARNR/VORI WS ABMESSUNG   SORTE LP L LSTK
 NR BEZEICHNUNG DES ARBEITSVORGANGS
 010    009030 0000 0000000 09
 06 Schaftmaterial wird beigestellt
 020    421480 0020 0015000 03
 16 Drehen und vorbohren
 030    031030 0004 0006000 03
 02 Waermebehandlung einschl.Pruefstelle schleifen WA- 19
 040    558060 0000 0000000 09
 04 Haerte pruefen
```

Bild 6-6: Mit Hilfe von Entscheidungstabellentechniken generierter Fertigungsplan.

Die Werkstattauftragsunterlagen - auch Arbeitsbelege genannt - setzen
sich aus einer Reihe von Einzelbelegen zusammen, Bild 6-7 [6-8].

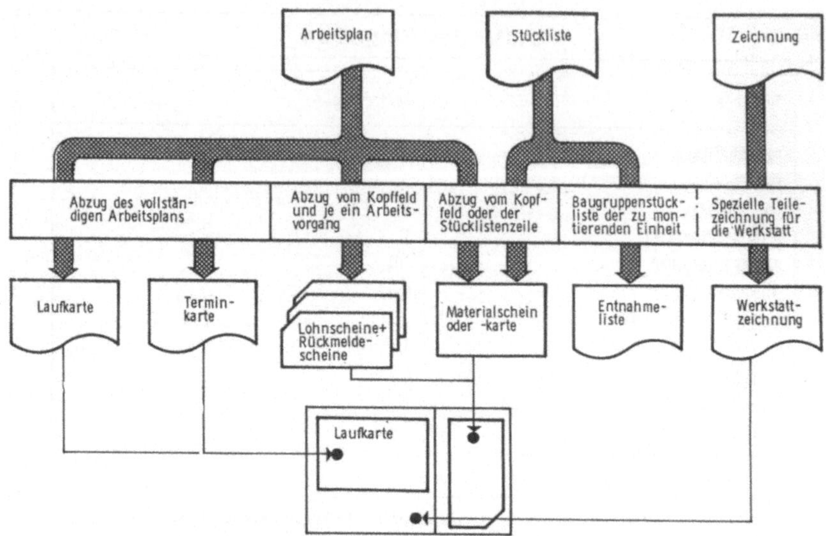

Bild 6-7: Fertigungsbelege [6-8].

Zu den Arbeitsbelegen gehören die Laufkarte, Materialscheine, die Terminkarte, Entnahmelisten, Lohnscheine, die Werkstattzeichnung und Rückmeldescheine. Die Lauf- und die Terminkarte sind Kopien des Fertigungsplans, die Lohn-, Rückmelde- und Materialscheine sind Kopien von Arbeitsvorgängen des Fertigungsplans. Die Entnahmeliste ist ein Auszug aus der Stückliste.

6.3 NC - Programmierung

Einen Schwerpunkt des Rechnereinsatzes in der Arbeitsvorbereitung stellt die NC-Programmierung dar. Die Wirtschaftlichkeit von NC-Maschinen hängt weitgehend von der Leistungsfähigkeit des verwendeten Programmiersystems ab. Je schneller fehlerfreie Programme der Maschine zur Verfügung stehen, desto effektiver und flexibler ist die NC-Fertigung.

6.3.1 Definition

Ein NC-Programm besteht aus einer Folge von Anweisungen, die eine NC-Maschine veranlassen, eine bestimmte Bearbeitungsaufgabe durchzuführen. Ein solches NC-Teileprogramm enthält neben den für die Bear-

102

beitung erforderlichen Weginformationen auch alle zusätzlichen Schalt-
information und Hilfsbefehle, so daß alle Daten zur vollautomatischen
Herstellung des Werkstückes zur Verfügung stehen, <u>Bild 6-8</u>.

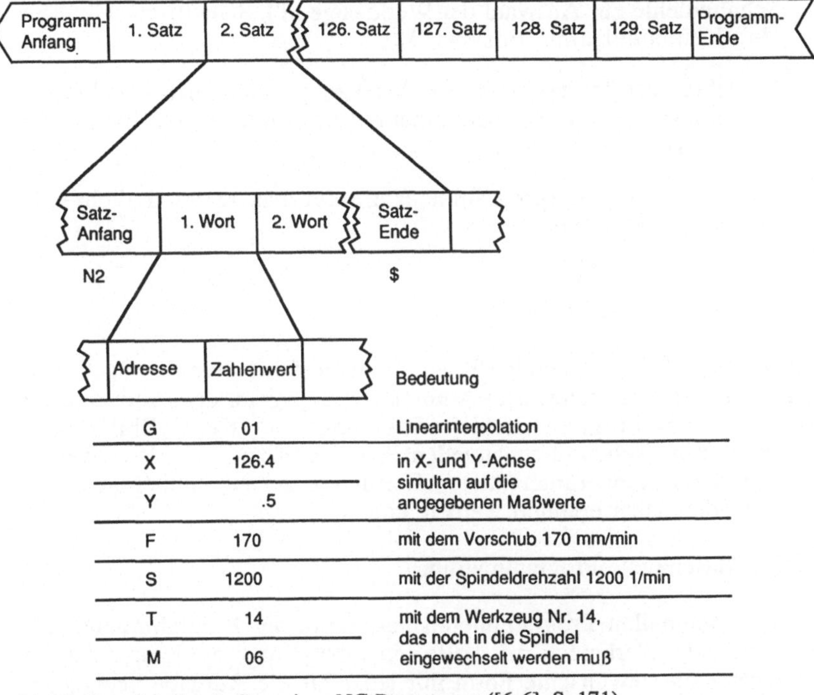

Bild 6-8: Prinzipieller Aufbau eines NC-Programms ([6-6], S. 171).

Das Erstellen dieser Anweisungsfolgen aus der Teilezeichnung, den
Werkzeugkatalogen und der speziellen Programmieranleitung bis zur
Übertragung aller Informationen auf einen für das NC-System verständ-
lichen, automatisch lesbaren Datenträger, bezeichnet man als Programmierung.

6.3.2 Aufbau und Inhalt der NC-Programme

Ein NC-Programm enthält [6-6]:

-   geometrische Anweisungen, mit denen die Relativbewegungen zwi-
    schen Werkzeug und Werkstück gesteuert werden,

-   technologische Anweisungen, mit denen Vorschubgeschwindigkeit
    (F), Spindeldrehzahl (S) und Werkzeuge (T) festgelegt werden,

- Fahranweisungen, die die Art der Bewegung bestimmen (G), wie
  z. B. Eilgang, Linearinterpolation, Zirkularinterpolation, Ebenen-
  auswahl,

- Schaltbefehle zur Auswahl der Werkzeuge (T), Schalttischstellungen
  (M), Kühlmittelzufuhr Ein/Aus (M),

- Korrekturaufrufe (H), z. B. für Werkzeuglängenkorrektur, Fräser-
  durchmesserkorrektur, Schneidenradiuskorrektur, Nullpunktver-
  schiebungen (G),

- Zyklen- oder Unterprogrammaufrufe für häufig wiederkehrende
  Programmabschnitte.

6.3.3 Programmierverfahren

Die zur Verfügung stehenden Programmierverfahren werden nach dem
Ort der Programmierung, dem Automatisierungsgrad, dem verwendeten
Rechner, dem Programmierhilfsmittel und dem Kontrollhilfsmittel
unterschieden. Neben der manuellen Programmierung werden mehrere
Varianten zur rechnerunterstützten Erzeugung der NC-Steuerdaten, die
im folgenden näher erläutert werden, unterschieden.

6.3.3.1 Maschinelle Programmierung

Beim maschinellen Programmieren beschreibt der Programmierer das
zu fertigende Werkstück mit Hilfe einer NC-Programmiersprache, so
daß später die gewünschte Form mit jeder für die Aufgabe geeigneten
NC-Maschine hergestellt werden kann [6-6]. Die Leistungsfähigkeit der
einzelnen Programmiersprachen ist stark unterschiedlich und teilweise
auf eine bestimmte Maschinengattung zugeschnitten.

Man unterscheidet nach Einzwecksprachen, die nur auf eine spezielle
Werkzeugmaschine oder Maschinengattung zugeschnitten sind, und
Mehrzwecksprachen, die bezüglich der zu programmierenden NC-
Maschinen universell anwendbar sind. Die verschiedenen Maschinen-
gattungen haben recht unterschiedliche Anforderungen an die NC-
Programmierung.

Die spangebenden Bearbeitungsverfahren Drehen, Bohren, Fräsen erfordern in der Regel nur zwei simultan zu verfahrende Achsen, stellen
demgegenüber große Anforderungen an die Technologie, weil viele verschiedene Werkzeuge und Werkstoffe zum Einsatz kommen. Die

Bearbeitungsverfahren Brennschneiden und Stanzen/Nibbeln erfordern Funktionen wie Teile verschachteln, <u>Bild 6-9</u>, oder Abfallstück- und Fertigteilentsorgung.

Bild 6-9: Schachtelplan für eine Brennschneidmaschine. Quelle: Krupp Atlas Datentechnik

Das Gravieren von Formen (insbesondere von Freiformoberflächen) erfordert das simultane Verfahren in 3 Bewegungsachsen und bringt große NC-Programmlängen mit sich, ohne besondere Anforderungen an die Technologie zu haben. Beim Drahterodieren müssen sogar bis zu 4 NC-Achsen simultan verfahren werden. Beim Schleifen stellt die Kompensation des Schleifscheibenverschleisses ein spezifisches in der NC-Programmierung zu berücksichtigendes Problemfeld dar.

Durch den Einsatz der Makro-Technik (Varianten-NC-Programmierung) beim maschinellen Programmieren (ein Makro ist eine Gruppe von Instruktionen, die gespeichert und als Gruppe aufgerufen werden können) kann insbesondere bei Teilefamilien erheblicher Programmieraufwand eingespart werden, <u>Bild 6-10</u>.

Die Generierung der NC-Steuerdaten erfolgt üblicherweise in zwei getrennten Rechnerläufen. Im ersten Durchlauf entsteht durch den Sprachprozessor ein standardisiertes, nach VDI [6-10] genormtes Zwischenergebnis, auch als CLDATA bezeichnet.

Im zweiten Rechnerlauf wird dieses Zwischenergebnis mit Hilfe des Postprocessors in das Teileprogramm für die ausgewählte NC-Maschine umgesetzt. Diese Aufgabenteilung hat den Vorteil, daß nicht für jede

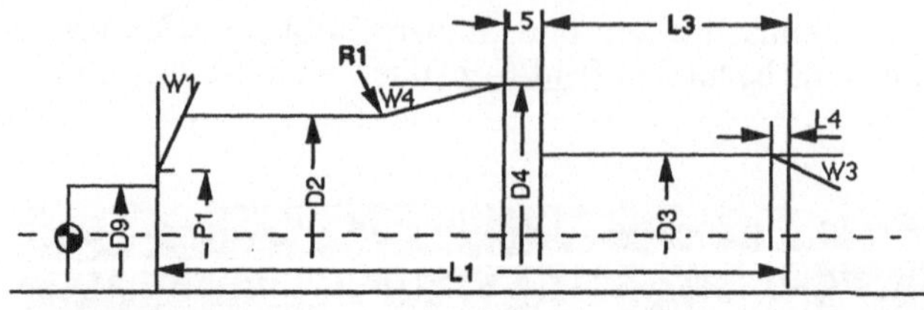

Eingaben

Rohteildurchmesser	RD1	= ...
Rohteillänge	RL1	= ...
Kleinster Durchmesser Kopfschräge	P1	= ...
Winkel Kopfschräge	W1	= ...
Durchmesser 8 mm Zapfen		
(Nicht unter D=8 drehen)	D9	= ...
Durchmesser Schaft (Schneidseite)	D2	= ...
Gesamtlänge ohne Zapfen	L1	= ...
Länge VDI Schaft	L3	= ...
Durchmesser VDI Schaft	D3	= ...
Länge Fase VDI Schaft	L4	= ...
Winkel Fase VDI Schaft	W3	= ...
Durchmesser Bund	D4	= ...
Bundbreite	L5	= ...
Winkel vom Bund zur Schneidseite	W4	= ...
Radius von Schneidseite zum Bund	R1	= ...
Spantiefe für das Schruppen (VDI Schaft)	A1	= ...
Spantiefe für das Schruppen (Schneidseite)	A2	= ...

Bild 6-10: Eingabemaske für EXAPT-Macro-Programmierung.

NC-Maschine eine speziell modifizierte Programmiersprache erforderlich ist, sondern lediglich der zugehörige und wesentlich preiswertere Postprozessor gekauft oder erstellt werden muß.

Da die Bearbeitungsaufgabe nicht maschinengebunden, sondern problemorientiert programmiert wird, kann das gleiche Programm für unterschiedliche NC-Maschinen ausgegeben werden. Dieser Gesichtspunkt ist besonders gewichtig, da manuell erstellte Programme nicht ohne weiteres auf andere NC-Maschinen übertragbar sind. Auch beim Einsatz einer NC-Maschine durch ein anderes Fabrikat mit einer anderen Steuerung können erhebliche Umstellkosten für vorhandene Teileprogramme vermieden werden, wenn auch die CLDATA-Programme abgespeichert und aufgehoben werden.

6.3.3.2 Verwendung von CAD-Systemen

Mittlerweile bieten viele CAD-Systemanbieter leistungsfähige NC-Programmiermodule zu ihren CAD-Systemen an, die, aufbauend auf den Geometriedaten des Teils, eine interaktive, grafisch unterstützte NC-Programmierung am CAD-Arbeitsplatz ermöglichen.

3-dimensionale CAD-Systeme bieten darüberhinaus die Möglichkeit, die Bearbeitung auf der Maschine am CAD-System zu simulieren, wenn für die Maschinen, die Spannvorrichtungen und die Werkzeuge im CAD-System die Geometrie angelegt wurde. Hierdurch kann das Einfahren und das Optimieren der NC-Programme von der Maschine an den CAD/CAM-Arbeitsplatz verlegt und die Rüstzeit an der Maschine reduziert werden (siehe auch [6-12]).

6.3.3.3 Werkstattprogrammierung

Seit einigen Jahren gibt es CNC-Steuerungen, in die Programmiersysteme integriert sind. Bei der Eingabe zeigt der Bildschirm die programmierte Geometrie Schritt für Schritt an und simuliert anschließend die Werkzeuge und deren Bewegungen samt Zerspanung. Die Eingabe erfolgt mittels Funktionstasten, Softkeys und Menütechnik im direkten Dialog Mensch/Maschine, <u>Bild 6-11</u>. Aus wenigen Eingabedaten errechnet die Steuerung Schnittpunkte, Übergänge, Fasen und Rundungen und ermittelt anschließend den gesamten Bearbeitungsablauf einschließlich. Schnittaufteilung, Werkzeugauswahl, Spindeldrehzahl, Vorschubgeschwindigkeit und Korrekturwertaufruf. Eine Überwachung auf Eingabefehler ist ebenfalls integriert. Für Wiederholteile lassen sich die fer-

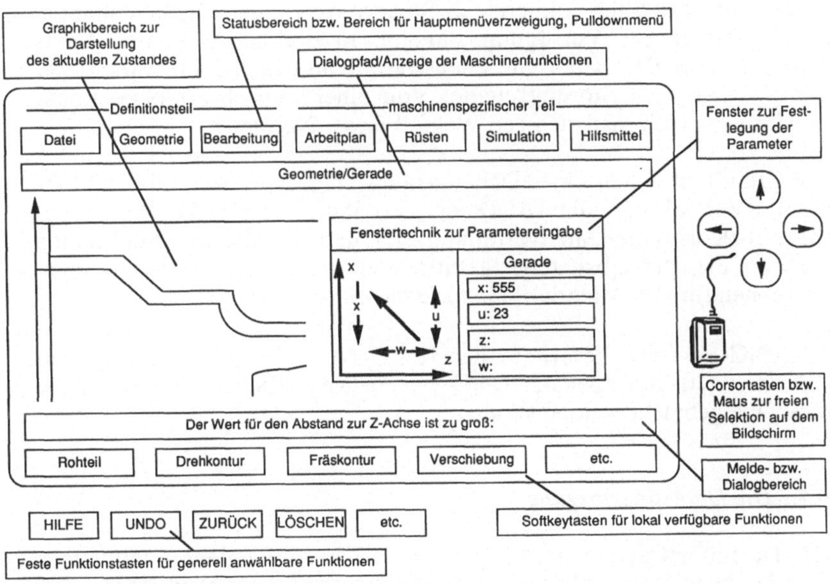

Bild 6-11: Graphisch interaktive Benutzerfläche ([6-2]).

tigen Programme aus der Steuerung aus- und später wieder einlesen, z.
B. über DNC-Anschluß oder ein Kassettenlaufwerk zur Verwendung von
Magnetbändern.

6.4 DNC - Distributed Numerical Control

Ein Bindeglied für die Informationsverarbeitung in Arbeitsvorbereitung
und Fertigung sind DNC-Systeme, insbesondere seit mehr und mehr
Leitfunktionen von diesen wahrgenommen werden können. Grund dafür
ist die Entwicklung der Maschinensteuerungen zu dezentralen Rechnern
mit großer Leistungsfähigkeit.

6.4.1 Definition

DNC ist die Abkürzung für Distributed Numerical Control. Darunter
versteht man eine Betriebsart, bei der mehrere NC- oder CNC-Maschi-
nen an einen Prozeßrechner angeschlossen sind. Die NC-Steuerprogramme werden hierbei direkt den einzelnen Maschinen zugeführt.
Laut VDI [6-10] ist das wesentliche DNC-Merkmal die zeitgerechte
Verteilung von Steuerinformationen an mehrere NC-Maschinen.

Die ursprüngliche Bedeutung von DNC war Direct Numerical Control.
Die Grundkonzeption des DNC-Betriebes wurde zu einer Zeit entwickelt,
in der ausschließlich numerische Steuerungen ohne eigenen inneren
Datenspeicher zur Verfügung standen. In der betrieblichen Praxis
erwiesen sich der benötigte Lochstreifen und der Lochstreifenleser
immer wieder als Störungsquelle. Von einer Betriebsart ohne Lochstreifen versprach man sich den Wegfall dieser Nachteile.

Die Grundfunktionen eines DNC-Systems sind, <u>Bild 6-12</u>, die NC-Pro-
gramm-Verwaltung, die NC-Daten-Verteilung, sowie die Werkzeug-
Einstell-/Korrektur-Datenverteilung. Zu den erweiterten Funktionen
gehören die Betriebsdatenerfassung und -verarbeitung, Steuerungs-
funktionen für den Materialfluß sowie der Nachladebetrieb.

CAD/NC-Systeme liefern in der Regel NC-Programme mit großen
Datenmengen, die über ein DNC-System wesentlich einfacher an die
Maschine gebracht werden können.

6.4.2 Die Datenübertragung

Zur Datenübertragung wird häufig die schon vorhandene Schnittstelle
zum Lochstreifenleser benutzt. Die NC-Steuerinformationen werden un-

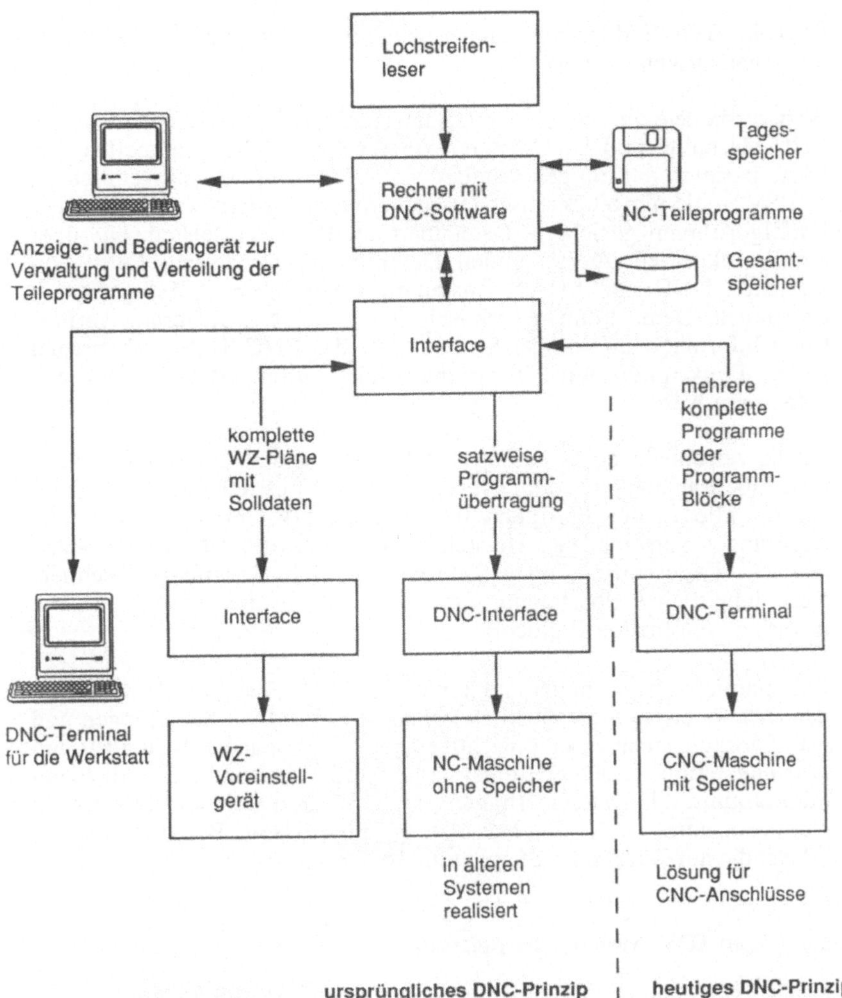

Bild 6-12: DNC-Grundfunktionen in Abhängigkeit von den angeschlossenen NC-Systemen ([6-6], S. 417).

ter Umgehung des Lochstreifenlesers direkt von dem zentralen Rechner in die Steuerung eingespeist. Der Rechner simuliert dabei das Verhalten des Lochstreifenlesers, so daß die Steuerung nicht unterscheiden kann, von welcher Quelle sie ihre Informationen bezieht. Man spricht dann von einer Behind Tape Reader (BTR)-Lösung. Diese Ausführung hat den Vorteil, daß es jederzeit möglich ist, durch einfaches Umschalten des Eingangskanals vom Rechner auf den nach wie vor vorhandenen Lochstreifenleser zur konventionellen Betriebsart überzugehen [6-6].

Über die BTR-Verbindung können lediglich NC-Programme und Werkzeugdaten ausgetauscht werden.

Weit verbreitete und wesentlich leistungsfähigere Schnittstellen zwischen CNC-Maschine und DNC-System stellen die DNC-Schnittstellen dar. Diese basieren auf einigen standardisierten Übertragungsprozeduren (z. B. LSV2), die mit blockweiser Datenübertragung arbeiten und eine über Prüfalgorithmen gesicherte Datenübertragung gewährleisten. Die über ein Protokoll zu übertragenden Dateninhalte werden in Form von zwischen DNC und Maschinensteuerung vereinbarten Telegrammen übertragen. Damit können praktisch alle in der NC-Steuerung verfügbaren Informationen von der Steuerung an das DNC-System übertragen sowie Funktionen wie "Programm-Start" vom DNC-System aus aufgerufen werden.

Da die verschiedenen Steuerungs- und Maschinenhersteller unterschiedliche Übertragungsprozeduren verwenden, sind Bestrebungen im Gange, ein für alle in der Fertigung befindlichen DV-Geräte (Maschinensteuerungen verschiedener Hersteller, Werkzeugvoreinstellgeräte, automatische Lagereinrichtungen, Bildschirme, BDE-Terminals, Rechner, etc.) einheitliches Übertragungsprotokoll zu realisieren (MAP - Manufacturing Automation Protocol).

Bei räumlich ausgedehnten und komplexen DNC-Fertigungssystemen ist das Datenübertragungssystem zwischen den einzelnen Steuerungen und dem Fertigungsrechner eine wichtige Systemkomponente. Sicherheit und Leistungsfähigkeit des Gesamtsystems werden hierdurch entscheidend mitbestimmt. Als Datenübertragungssystem haben sich sog. Local Area Networks, kurz LAN, durchgesetzt. Bild 6-13 zeigt Beispiele solcher LANs, die auf Ring- oder Sternleitung basieren.

6.4.3 Vom DNC-System zum Leitsystem

In den DNC-Systemen werden zunehmend nicht nur die Funktionen der NC-Programmverteilung und -verwaltung realisiert, sondern - unter Verwendung des vorhandenen Kommunikationssystems - zusätzliche Prozeßaufgaben wie Betriebsdatenerfassung und Maschinenüberwachung sowie Optimierung der Bearbeitung und Materialflußsteuerung integriert.

Durch eine zusätzliche Kopplung zwischen dem DNC-Rechner und einem übergeordneten Betriebsrechner läßt sich ein Leitsystem aufbauen, das in der Lage ist, auch die Fertigungslenkung und Auftragsdisposition rechnergesteuert durchzuführen (CAM). Insbesondere durch den zuneh-

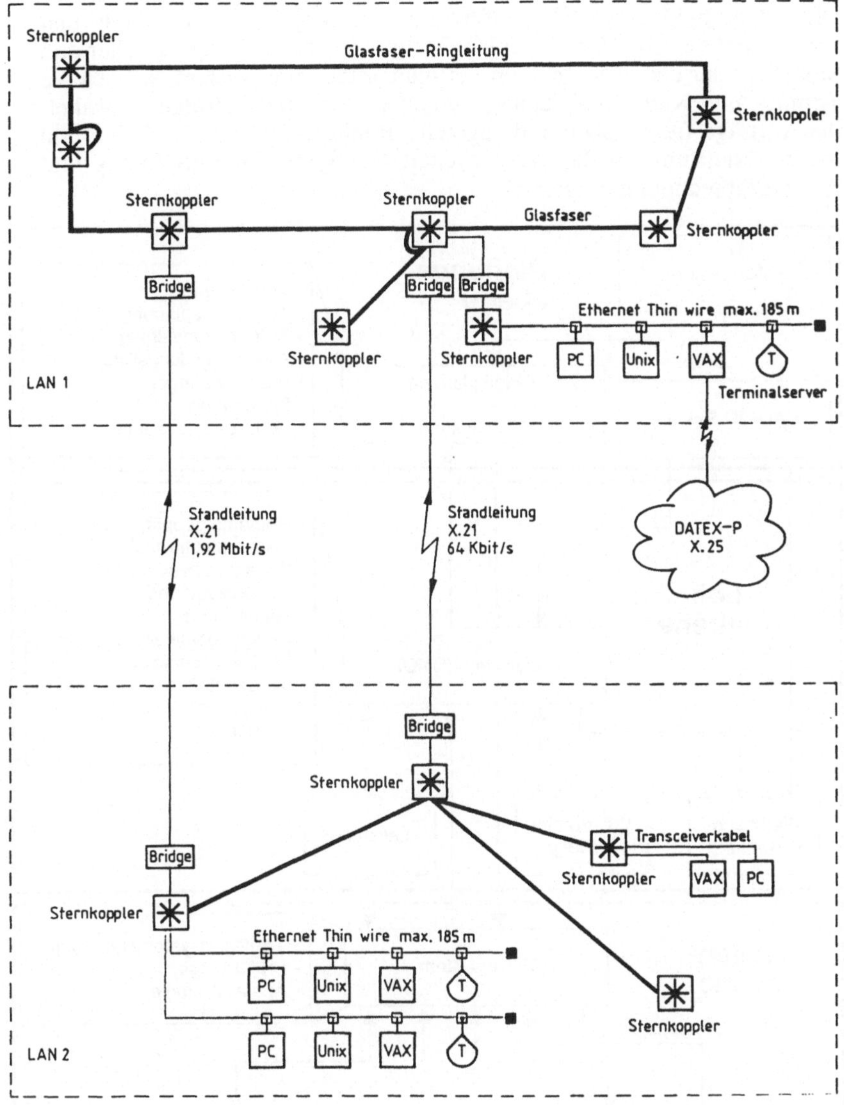

Bild 6-13: Sternförmiges Ethernet-LAN mit redundanter Glasfaser-Ringleitung [6-11].

menden Einsatz flexibler Fertigungssysteme sind die DNC-Systeme zu integrierten Leitsystemen mit umfangreicher Funktionalität ausgebaut worden.

111

Die in <u>Bild 6-14</u> dargestellte Informationsversorgung des aus Dreh- und
Fräszentren bestehenden Flexiblen Fertigungssystems geschieht über drei
Stufen. In der ersten Stufe, dem Fertigungssteuerungssystem, werden die
Termin- und Kapazitätsplanung vorgenommen, die Aufträge verwaltet,
die Aufträge freigegeben und zugeteilt, Rückmeldungen verarbeitet und
die Verknüpfung zu den nachgeschalteten Systemen Entlohnung und
Auftragsabrechnung hergestellt.

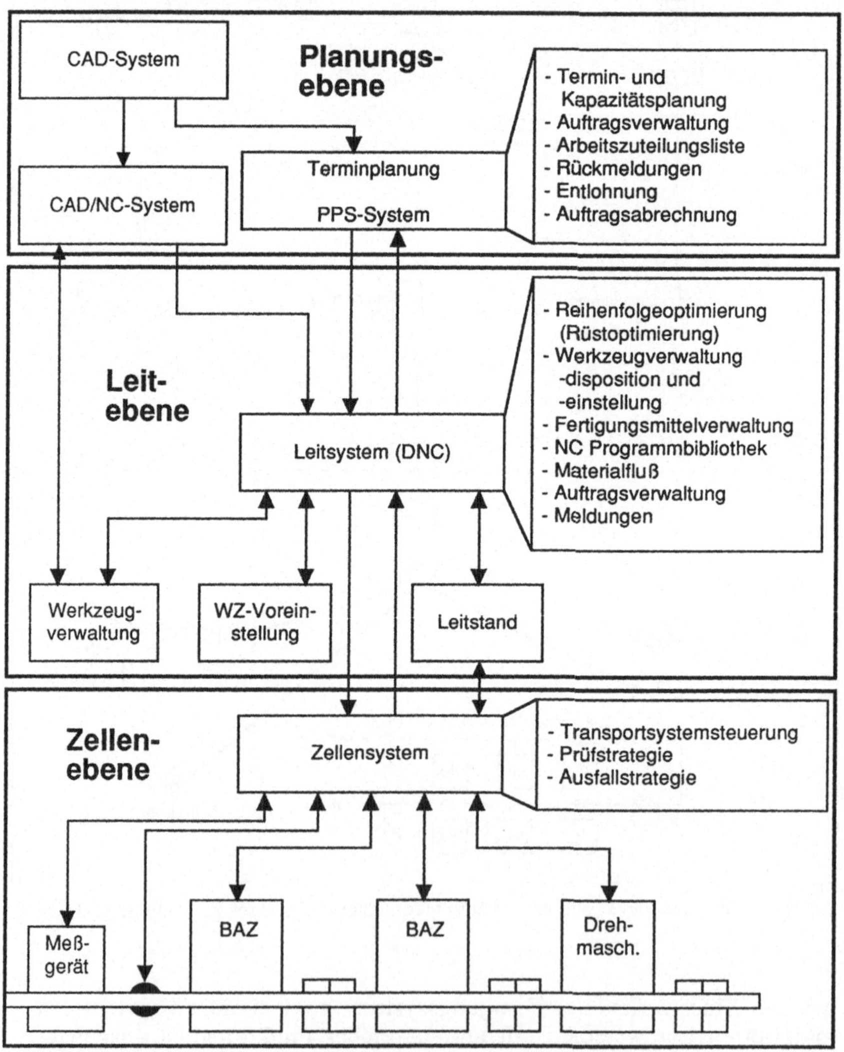

Bild 6-14: Leitsystem Trägerwerkzeugfertigung. Quelle: Krupp Widia

Die zweite Stufe ist das Leitsystem (Feinsteuerungssystem). Das Leitsystem empfängt vom Fertigungssteuerungssystem alle für die Abwicklung erforderlichen Arbeitsplandaten und sendet Arbeitsvorgangs-Rückmeldungen und Abweichungen von den Solldaten zurück. Im Leitsystem wird die Reihenfolgeoptimierung durchgeführt, die Werkzeugverwaltung und die Disposition der Werkzeuge für die Maschinen wahrgenommen und die Verbindung zur zentralen Werkzeug- und Fertigungsmittelverwaltung und zur Werkzeugvoreinstellung aufrechterhalten. Das Leitsystem greift auf die zentrale NC-Programm-Bibliothek und Werkzeugplan-Bibliothek zurück, unterstützt die Bereitstellung und erledigt die Auftragsverwaltung und nimmt die Rückmeldungen entgegen.

An das DNC-System, die dritte Stufe des Steuerungskonzepts, sind die Bearbeitungszentren und die Werkzeugvoreinstellgeräte direkt angeschlossen. Die Maschinen fordern vom DNC-System die NC-Programme und die Werkzeug-Ist-Daten an und übertragen die optimierten Programme in die NC-Programm-Bibliothek zurück.

7 Produktionsplanung und -steuerung: Die Auftragsabwicklung in CIM

Dr.-Ing. Hans-Ullrich Förster

7.1 Begriff, Aufgaben und Ziele

Im Rahmen der rechnerintegrierten Produktion ist es Aufgabe der Produktionsplanung und -steuerung (PPS), die technische Auftragsabwicklung zu planen und zu steuern [7-1]. Wie z. B. [7-2] feststellt, ist die PPS ein wesentlicher "Kristallisationskeim" für CIM. PPS-Systeme werden auch treffend als zentrales Nervensystem für CIM bezeichnet.

Geplant und gesteuert wird die Produktion in jedem Industriebetrieb, in den meisten Fällen allerdings noch mit herkömmlichen Organisations- und Arbeitsmitteln wie Karteien, Plantafeln und viel Papier. Als Produktionsplanungs- und -steuerungssystem (PPS-System) wird dagegen ein rechnerunterstütztes System "zur organisatorischen Planung, Steuerung und Überwachung der Produktionsabläufe von der Angebotsbearbeitung bis zum Versand unter Mengen-, Termin- und Kapazitätsaspekten" bezeichnet [7-3].

Die PPS läßt sich in zwei Teilgebiete gliedern, die sich ihrerseits in mehrere Hauptfunktionen unterteilen lassen [7-4]. Als Teilgebiete gelten dabei

- die Produktionsplanung, die alle Funktionen zur mengen-, termin- und kapazitätsmäßigen Planung der Produktion umfaßt, und

- die Produktionssteuerung, die alle Funktionen zur Veranlassung, Überwachung und Sicherung der Produktionsaufgaben einschließt.

Der Produktionsplanung lassen sich die Hauptfunktionen Produktionsprogrammplanung, Mengenplanung sowie Termin- und Kapazitätsplanung zuordnen. Das Teilgebiet Produktionssteuerung umfaßt die Hauptfunktionen Auftragsveranlassung und Auftragsüberwachung. Nach Abschluß der Mengenplanung folgt eine getrennte Abwicklung der Fertigungs- und Bestellaufträge.

Die Hauptfunktion Datenverwaltung wird beiden Teilgebieten der PPS gleichermaßen zugeordnet, da sie als "Servicefunktion" für alle anderen Aufgaben der PPS fungiert, <u>Bild 7-1</u>.

Der Einsatz von PPS-Systemen muß stets vor dem Hintergrund der damit verfolgten Ziele gesehen werden. Die wesentlichen, z. T. widersprüchlichen Ziele sind in Bild 7-1 aufgeführt [7-5].

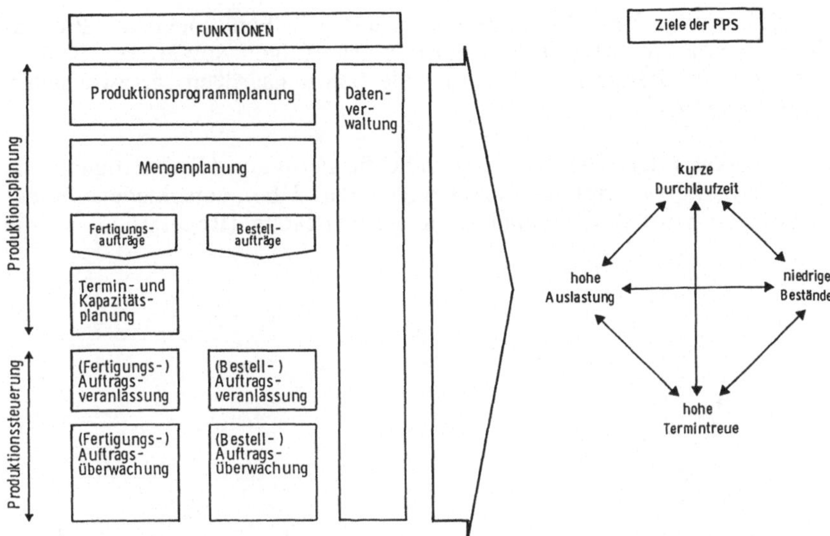

Bild 7-1: Funktionen und Ziele der PPS.

PPS-Systeme sollen die gesamte technische Auftragsabwicklung von der
Angebotserstellung bis hin zum Versand unterstützen und betreffen die betrieblichen Abteilungen Konstruktion, Arbeitsvorbereitung, Beschaffung,
Lager, Teilefertigung, Montage und Versand. Zu berücksichtigen sind
dabei auch sogenannte Fertigungsinseln, die eine schnelle und weitgehend
selbständige Fertigung von bestimmten Erzeugniskomponenten bezwecken,
Bild 7-2. Diese Fertigungsinseln stellen Fabriken in der Fabrik dar und
sind als kleine überschaubare Einheiten mit räumlicher und organisatorischer Zusammenfassung der notwendigen Betriebsmittel konzipiert. Sie
entsprechen weitgehend dem Gedanken der Fertigungssegmentierung [7-6,
7-7].

Die Komplexität der PPS wird deutlich, wenn man bedenkt, daß die PPS
den kompletten Produktentstehungsprozeß planen, steuern und überwachen
soll. In der Realität decken PPS-Systeme zumeist jedoch nur einen Teil
dieses Prozesses ab, Bild 7-3. Bislang unterstützen diese Systeme schwer-
punktmäßig nur die Fertigungsplanung und -steuerung.

7.2 Abläufe

Die Abläufe innerhalb der PPS lassen sich mit der Regelkreisanalogie
beschreiben. Die PPS stellt somit ein System von vermaschten Regelkreisen
dar, Bild 7-4. Führungsgröße für den übergeordneten Regelkreis stellen die

Kundenaufträge bzw. Marktprognosen dar. Die Funktionen der Produktionsplanung liefern mit den Fertigungsaufträgen sowie den Bestellaufträgen als Stellgrößen wiederum die Führungsgrößen für zwei unterlagerte Regelkreise.

Im Regelkreis der Eigenfertigung stellt die Fertigung (Teilefertigung und Montage) die wesentliche Regelstrecke dar. Über verschiedene Rückmeldungen wird das Geschehen in der Fertigung (Regelgröße) an die

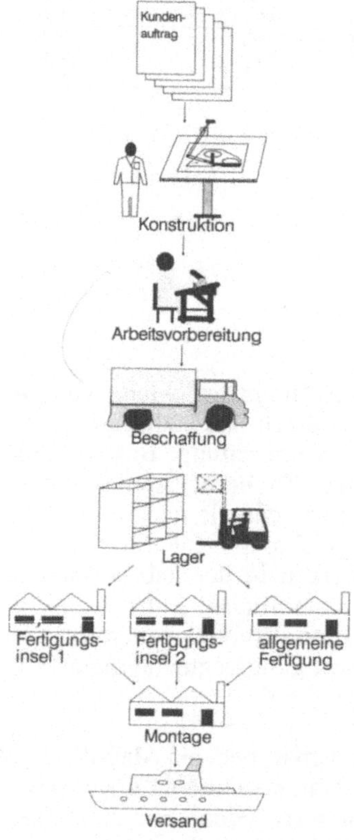

Bild 7-2: Die Auftragsabwicklung.

Regler gemeldet, so daß ein geschlossener Regelkreis entsteht. Ein vergleichbarer Regelkreis wird über den Beschaffungsmarkt geschlossen; er betrifft die Fremdfertigung und den Einkauf bei Lieferanten. Die Regelkreisanalogie ist für das Verständnis der PPS vor allem deshalb bedeutsam, weil sie berücksichtigt, daß die Regelstrecken Fertigung und Beschaffungsmarkt ständig stochastischen Störungen unterliegen und damit laufend Reaktionen auf Planabweichungen notwendig sind [7-8].

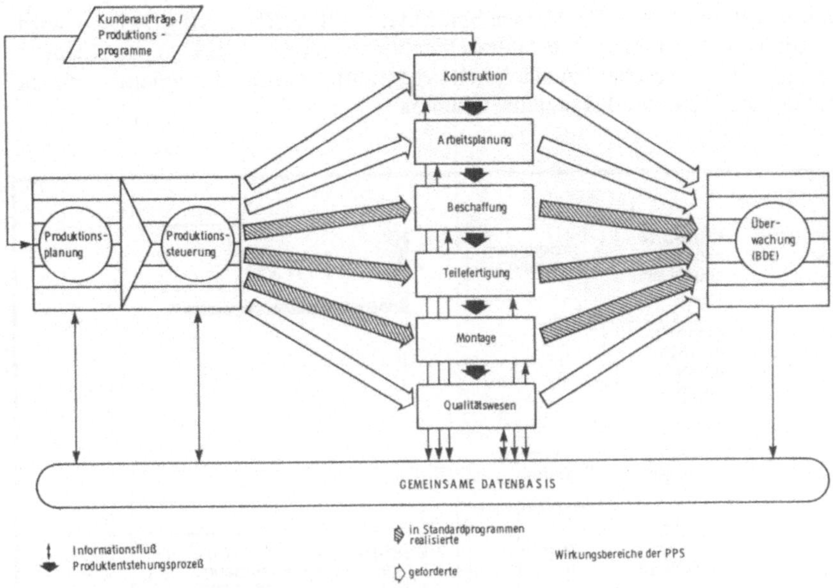

Bild 7-3: Horizontale Integration durch die PPS.

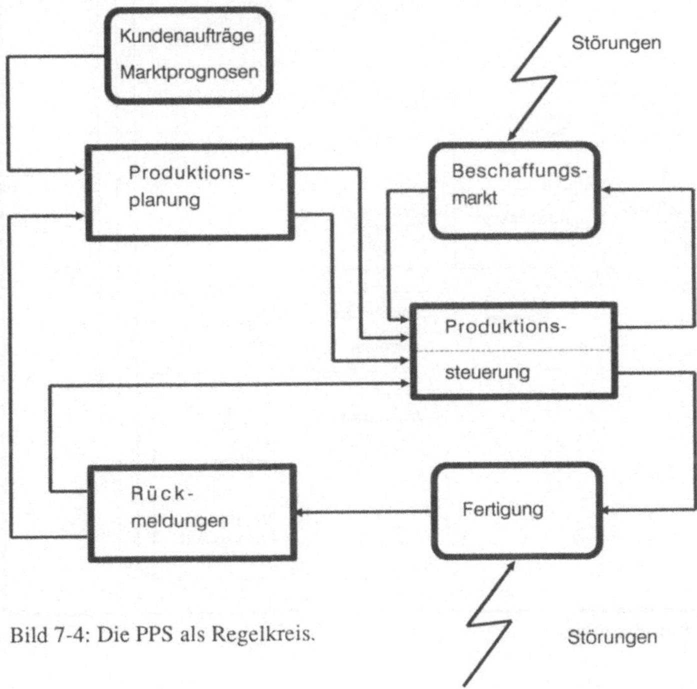

Bild 7-4: Die PPS als Regelkreis.

117

Detailliert man den Funktionsablauf der PPS weiter, <u>Bild 7-5</u>, so wird deutlich, daß verschiedene Hierarchieebenen gemäß <u>Bild 7-6</u> durchlaufen werden. Sie unterscheiden sich nach Aggregationsstufe, zeitlichem Horizont und den betrachteten Kapazitätseinheiten.

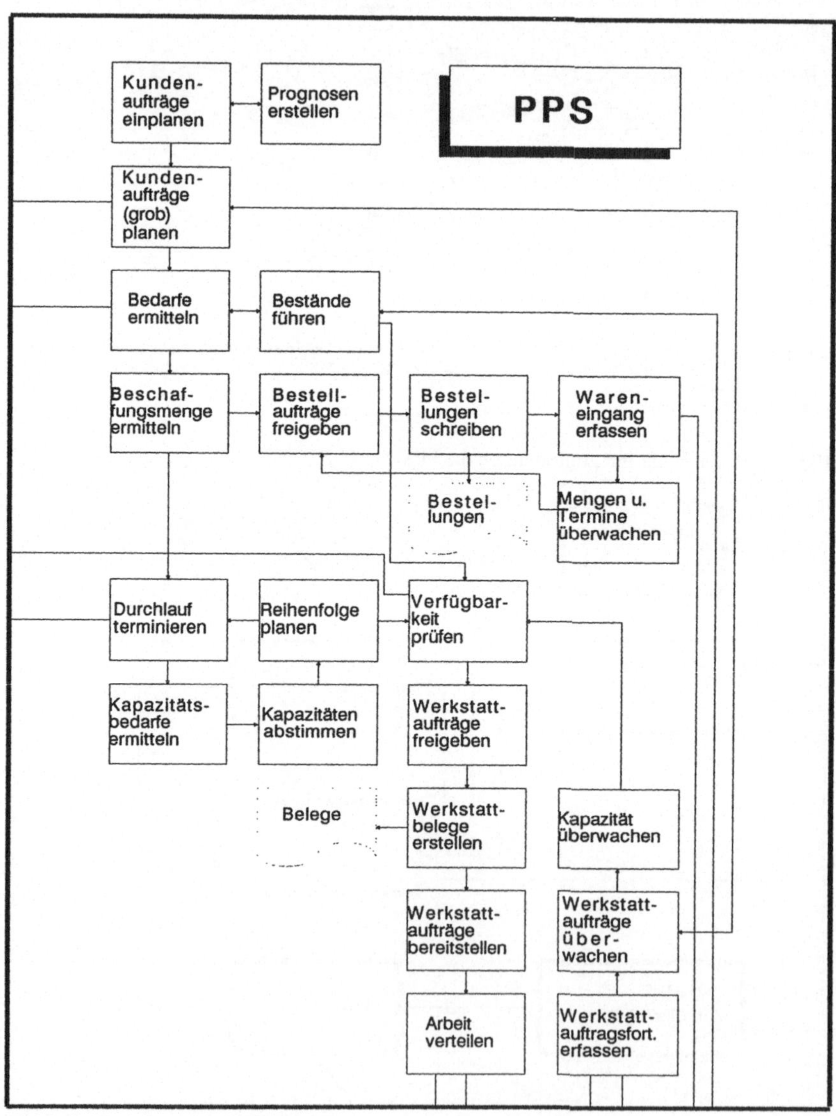

Bild 7-5: Funktionsablauf der PPS.

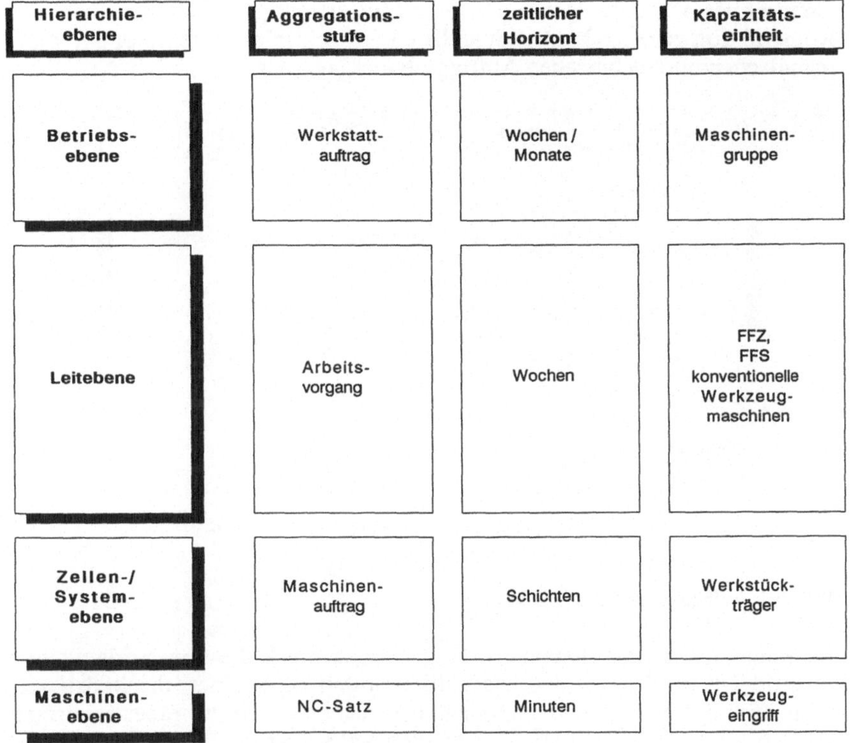

Bild 7-6: Ebenenmodell der PPS für die Eigenfertigung.

7.3 Daten und ihre Verwendung

Bei einem PPS-System handelt es sich um ein datenverarbeitendes System, dessen Funktion wesentlich von dem Vorhandensein sogenannter Grunddaten abhängt. Diese Daten werden im wesentlichen in Konstruktion und Arbeitsvorbereitung erstellt [7-9]. Zur Identifikation und Beschreibung der zu verwaltenden Teile (Erzeugnisse, Einzelteile, Rohmaterialien usw.) dienen Teilestammsätze, <u>Bild 7-7</u>. Die hier gespeicherten Daten umfassen sämtliche für die Produktion notwendigen Eigenschaften eines Teils. Auf die Gesamtheit dieser Daten (Teilestammdatei) kann direkt mit einer eindeutigen Identnummer zugegriffen werden, bzw. es kann nach definierten Merkmalen gesucht oder sortiert werden.

Die Teilestammdatei ist die Basis für die Stücklisten, in denen die Komponenten eines Erzeugnisses oder einer Baugruppe davon nach Art und Menge

119

verzeichnet werden. Bei einer Stückgutfertigung stellen die von der Konstruktion zu erstellenden Stücklisten ein zentrales Hilfsmittel der kaufmännischen und technischen Auftragsabwicklung dar.

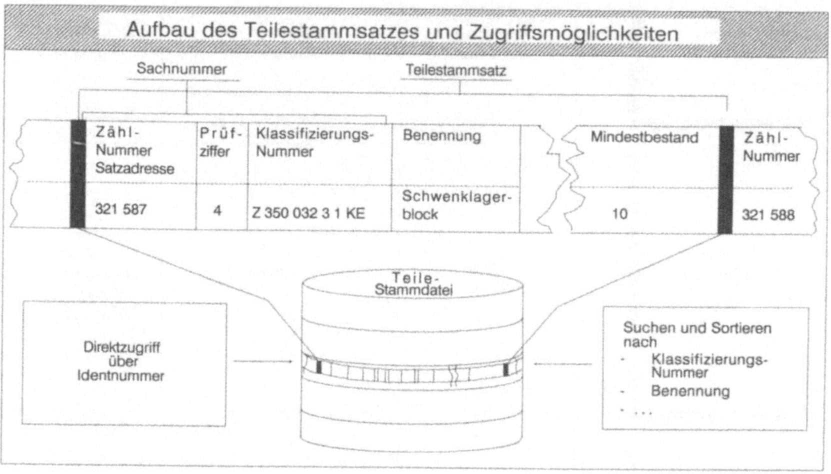

Bild 7-7: Aufbau eines Teilestammsatzes.

Im Rahmen der Stücklistenauflösung werden mit Hilfe von Vorlaufzeiten (in <u>Bild 7-8</u> vereinfacht den Dispositionsstufen zugeordnet) die Bedarfstermine für die einzelnen Komponenten errechnet. Bedarfe eines mehrfach vorkommenden Teils (hier: T1) werden dabei auf der höchsten Dispositionsstufe zusammengefaßt.

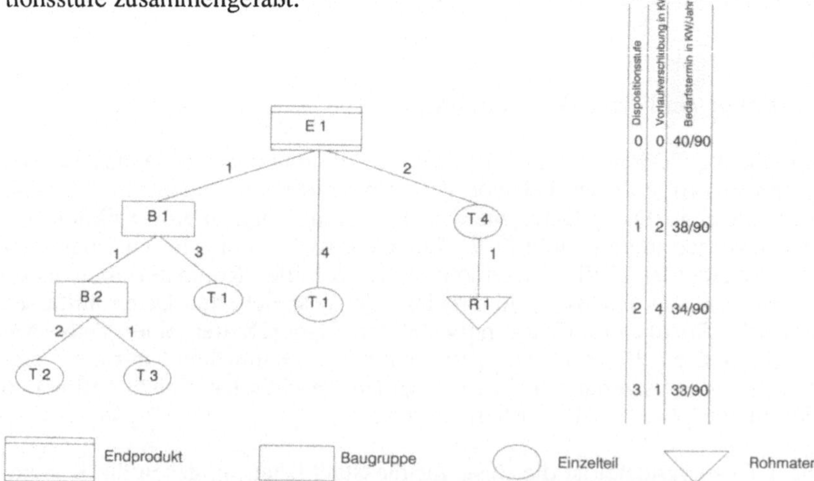

Bild 7-8: Stücklistenauflösung des Erzeugnisses E 1 nach Dispositionsstufen.

Im Arbeitsplan wird der Arbeitsablauf zur Fertigung eines Einzelteils oder einer Baugruppe detailliert beschrieben. Er dient insbesondere im Rahmen der Termin- und Kapazitätsplanung zur Bestimmung des Kapazitätsbedarfs und zur Terminfestlegung, <u>Bild 7-9</u>.

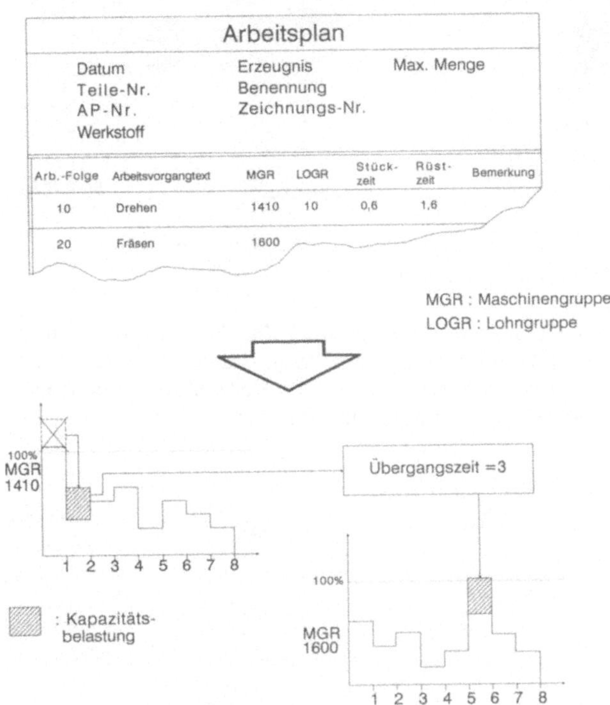

Bild 7-9: Der Arbeitsplan und seine Verwendung.

7.4 EDV-Konzepte

Die PPS kann heute wirksam durch EDV-Systeme unterstützt werden. Bei der Hardware reicht das Spektrum von kleinen und billigen Einplatzsystemen (Personalcomputer) bis zu Großcomputern (Mainframes). In den letzten Jahren hat eine deutliche Ausweitung und Differenzierung des Marktangebotes stattgefunden, so daß ein vielfältiges Hardwarespektrum vorliegt. Waren die ersten PPS-Systeme zentrale EDV-Systeme, so werden in jüngster Zeit neuere Systemstrukturen angeboten, <u>Bild 7-10</u>. Sie ermöglichen es, die Rechnerleistung möglichst nahe am jeweiligen Arbeitsplatz zu installieren und kommen der Anwenderforderung nach Dezentralisierung der betrieblichen Organisation entgegen.

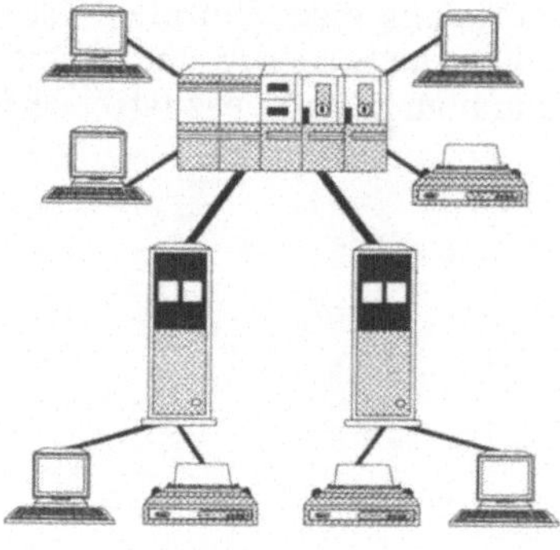
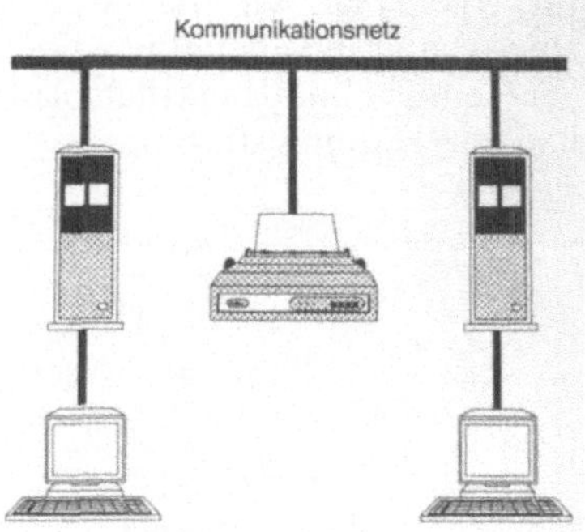

Bild 7-10: Neuere Systemstrukturen für die PPS.

Ausgehend von dieser Dezentralisierung und der Kommunikation der einzelnen Systeme über lokale Netze ist die PPS in den Rechnerverbund im Rahmen eines CIM-Systems einzubinden. Unter Verwendung der Ebenen gemäß Bild 7-6 zeigt <u>Bild 7-11</u> eine mögliche Struktur [7-10].

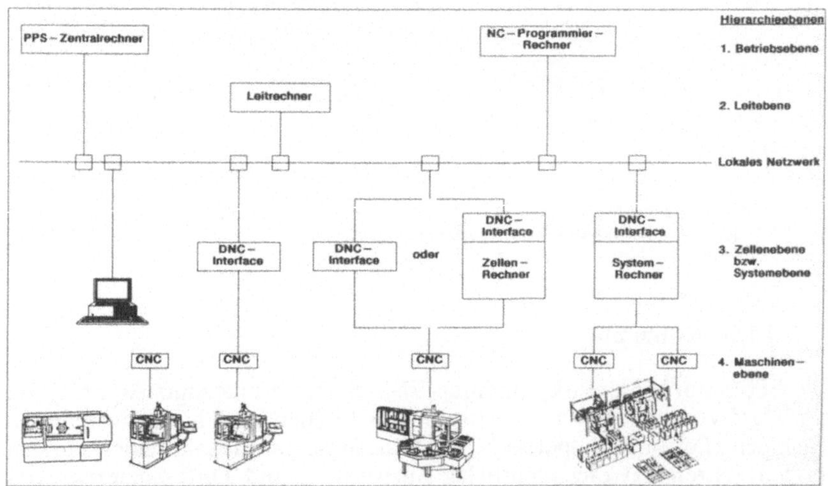

Bild 7-11: PPS im Rechnerverbund.

Dabei sind auf der Betriebsebene die Produktionsplanung und die NC-Programmerstellung und -verwaltung einzubeziehen, auf der Leitebene die Auftragsveranlassung und Auftragsüberwachung sowie die Werkzeugvoreinstellung und auf der Zellen-/Systemebene die Verwaltung der zellen-/

122

systembezogenen NC-Steuerprogramme und Werkzeugdaten, die zellen-/ systembezogene Auftragsveranlassung und die Auftragsüberwachung.

Die Kopplung dieser unterschiedlichen Anwendungen bereitet jedoch noch erhebliche Schwierigkeiten. Auch die Dezentralisierung der PPS-Funktionen auf den einzelnen Ebenen läßt noch viele Wünsche offen [7-11].

In den letzten Jahren hat sich bei PPS-Systemen ein deutlicher Trend weg von Individuallösungen, hin zu Standardsystemen gezeigt. Inzwischen werden auf dem deutschen Markt weit mehr als 100 PPS-Systeme vertrieben [7-12]. Standardsysteme der PPS werden vor allem deshalb von den Anwendern bevorzugt, weil sie

- direkt verfügbar sind und nicht erst entwickelt werden müssen,

- einen hohen Reifegrad durch Nutzung der Erfahrungen aus vielen Einsatzfällen aufweisen und

- erheblich preiswerter sind, da keine hohen Entwicklungskosten aufgewendet werden müssen.

Diese Standardsysteme werden für einen breiten Benutzerkreis entwickelt. Sie sind jedoch nur noch in einem gewissen Rahmen an die betriebsspezifischen Anforderungen des jeweiligen Anwendungsfalles anpaßbar. Daher kommt der Auswahl des am besten geeigneten Systems eine besonders hohe Bedeutung zu.

Ausschlaggebend für die Leistungsfähigkeit der PPS-Systeme sind dabei nicht die Leistungsmerkmale der Hardware, sondern die Eigenschaften der Software. Daher muß es Ziel eines jeden PPS-Anwenders sein, aus dem großen Marktangebot dasjenige Softwarepaket herauszufiltern, das den eigenen Belangen am besten entspricht; erst danach sollte der Anwender die dazu einsetzbare Hardware aussuchen.

Die Beurteilung der Software darf dabei nicht nur die Anwendungssoftware umfassen, sondern muß zudem eine Vielzahl allgemeiner Merkmale (z. B. zu den Komplexen Benutzerfreundlichkeit und Flexibilität) einschließen. Immer wieder ist die Auffassung zu hören, daß sich die Leistungen der PPS-Systeme zunehmend angleichen. Auch wenn dies für einige Teilbereiche zutrifft, so darf die Unterschiedlichkeit der einzelnen Systeme auf keinen Fall unterschätzt werden.

Einige Beispiele hierfür:

- Während die Funktionalität in den Bereichen Mengenplanung sowie Termin- und Kapazitätsplanung bereits weitestgehend "ausgereizt" ist

[7-13], liegen noch größere Defizite in der Produktionsprogrammplanung (unter anderem Grobplanung) und in der Werkstattsteuerung
(Auftragsveranlassung und -überwachung) vor.

- Im Bereich der Werkstattsteuerung sei die Fertigungsauftragsfreigabe
  erwähnt. Hier werden unterschiedlichste Verfahren zur Freigabe von
  Fertigungsaufträgen und einzelnen Arbeitsgängen angeboten.

- Von besonderer Wichtigkeit für den Erfolg einer PPS-Anwendung ist
  die Möglichkeit, anwender- und gegebenenfalls auch situationsspezifisch
  Listen, Auswertungen und auch Bildschirmmasken zu erzeugen. In der
  Flexibilität und dem Komfort, bestimmte Daten so zu selektieren und zu
  kombinieren, wie sie der Benutzer in einer bestimmten Situation
  braucht, liegt eine wichtige Komponente der Benutzerfreundlichkeit.
  Auch hier ist noch nicht eitel Sonnenschein.

- Bislang waren Bildschirme und Listen von PPS-Systemen zumeist voll-
  gestopft mit Buchstaben und Zahlen. Erst seit kurzer Zeit steht z. B.
  durch die Integration von PC's in ein PPS-System oder durch den
  Quasistandard für grafische Bedienerführungen OSF/Motif die Möglichkeit zur Verfügung, dem Benutzer übersichtliche (Farb-)Grafiken
  statt langer Zahlenkolonnen zu liefern. Im Zusammenhang mit der
  Arbeit in verschiedenen Anwendungsfenstern (Windows) kann so eine
  effektivere und flexiblere Informationsaufbereitung erfolgen. Grafische
  Benutzeroberflächen sind bislang nur vereinzelt in PPS-Systemen realisiert. Weitere Verbreitung haben inszwischen jedoch sogenannte grafische Leitstände gefunden, die Teilfunktionen der Termin- und Kapazitätsplanung und der Werkstattsteuerung abdecken. <u>Bild 7-12</u> zeigt beispielhaft eine Bildschirmgrafik eines derartigen Systems, das für ein
  Unternehmen des Krupp-Konzerns entwickelt wurde.

An diesen wenigen Beispielen wird deutlich, daß einem PPS-Interessenten
im Zuge der PPS-Auswahl die Formulierung und die Überprüfung der
individuellen Anforderungen nicht erspart bleiben. Vor dem Hintergrund,
daß die PPS-Systeme sehr unterschiedliche Stärken und Schwächen zeigen,
werden sich die Anwender auch weiterhin mit Kompromissen abfinden
müssen. Deshalb sind anwendungsbezogene Tests zur ganzheitlichen Beurteilung der möglichen "Kandidaten" unbedingt zu empfehlen [7-14].

Aufgrund des damit verbundenen Aufwands für Anbieter und potentielle
Anwender können derartige Tests nur für eine sehr kleine Favoritengruppe
durchgeführt werden. Diese Systeme müssen anhand einer systematischen
und reproduzierbaren Vorauswahl herausgefiltert werden. Die Vorauswahl
sollte neben dem Funktionsumfang auch die Systemphilosophie, die Inte-
grierbarkeit in bestehende EDV-Lösungen sowie die Rechnergröße und das
Rechnerkonzept berücksichtigen.

124

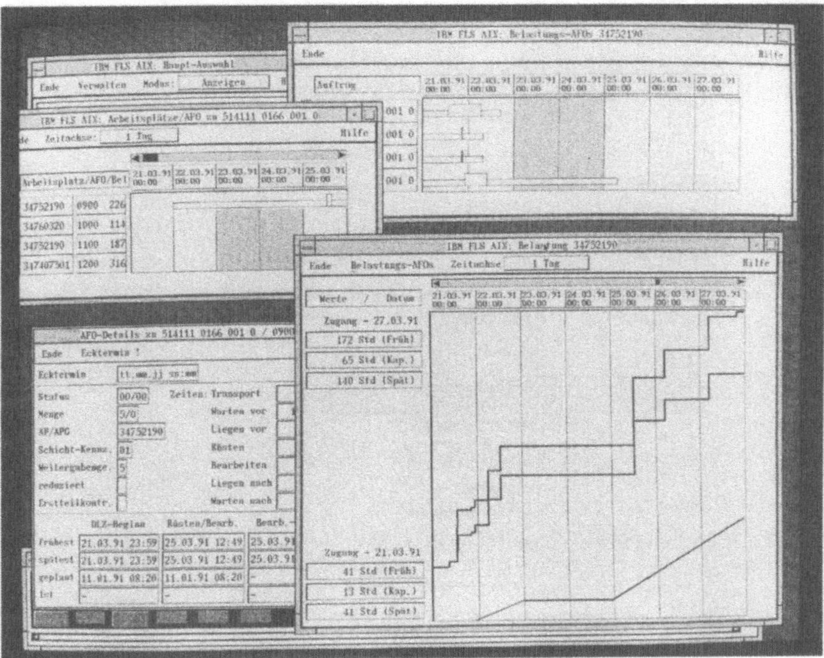

Bild 7-12: Der Leitstand als grafischer Arbeitsplatz: Alle notwendigen
Steuerungsinformationen können in einer grafischen Anzeige zusammengefaßt werden.

Auf der Basis der Vorauswahl sollten dann mehrtägige Tests, in der Regel
bei dem jeweiligen Anbieter, mit einem anwendungsbezogenen Testfahrplan
und eigenen Testdaten stattfinden. Die Auswahlentscheidung sollte dann
anhand einer vergleichenden Bewertung, z. B. mittels der Nutzwertanalyse
durchgeführt werden.

7.5 Integration in CIM

Betrachtet man die heutige Integrationslandschaft, so heben sich aus der
Vielzahl der möglichen Kopplungen drei typische Integrationspfade auf
dem Weg zu CIM ab, Bild 7-13.

Diese Integrationspfade sind vor dem Hintergrund empirischer Unter-
suchungsergebnisse zu sehen, die zeigen, daß CAD, CAP und PPS die häufigsten Einstiegsmodule in ein CIM-System darstellen [7-15].

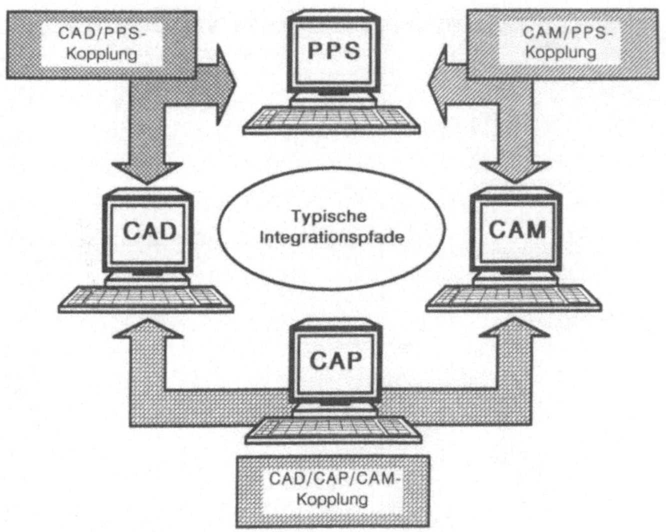

Bild 7-13: Typische Pfade auf dem Weg zum CIM.

Vor dem Hintergrund des Bestrebens, die PPS stärker mit dem eigentlichen Fertigungsprozeß zu koppeln (Regelkreis!), erweist sich die CAM/PPS-Kopplung als wichtig, <u>Bild 7-14</u>. Insbesondere für den Maschinenbau ist dabei die Integration von flexiblen Fertigungszellen und -systemen (FFZ und FFS) in den Informationsfluß der PPS interessant. Ausgehend von der Tatsache, daß es auch langfristig ein Nebeneinander von konventionellen und automatisierten Fertigungsmitteln geben wird, muß eine solche Integration unterschiedliche Automatisierungsstufen berücksichtigen, vgl. Bild 7-11.

Die CAD/CAP/CAM-Kopplung zielt auf eine Integration der technischen Informationsflüsse im Rahmen der Produktentstehung ab [7-16]. Hier steht die Übertragung der Geometriedaten im Vordergrund. Mit einer Zusammenführung der Integrationspfade CAM/PPS und CAD/CAP/CAM wird eine weitgehende Integration innerhalb von CIM erreicht. Derartige Lösungen, die auch als Fertigungsleitsysteme bezeichnet werden, vereinigen eine Vielzahl von Funktionen in einem autarken fertigungsnahen EDV-System, das während der gesamten Schichtzeiten verfügbar sein muß.

Die Funktionen, die den Anwendern eines Fertigungsleitsystems zur Verfügung stehen sollten, lassen sich in drei Bereiche einteilen:

- Die Verwaltung der notwendigen Grunddaten für Aufträge, Fertigungshilfsmittel usw.

126

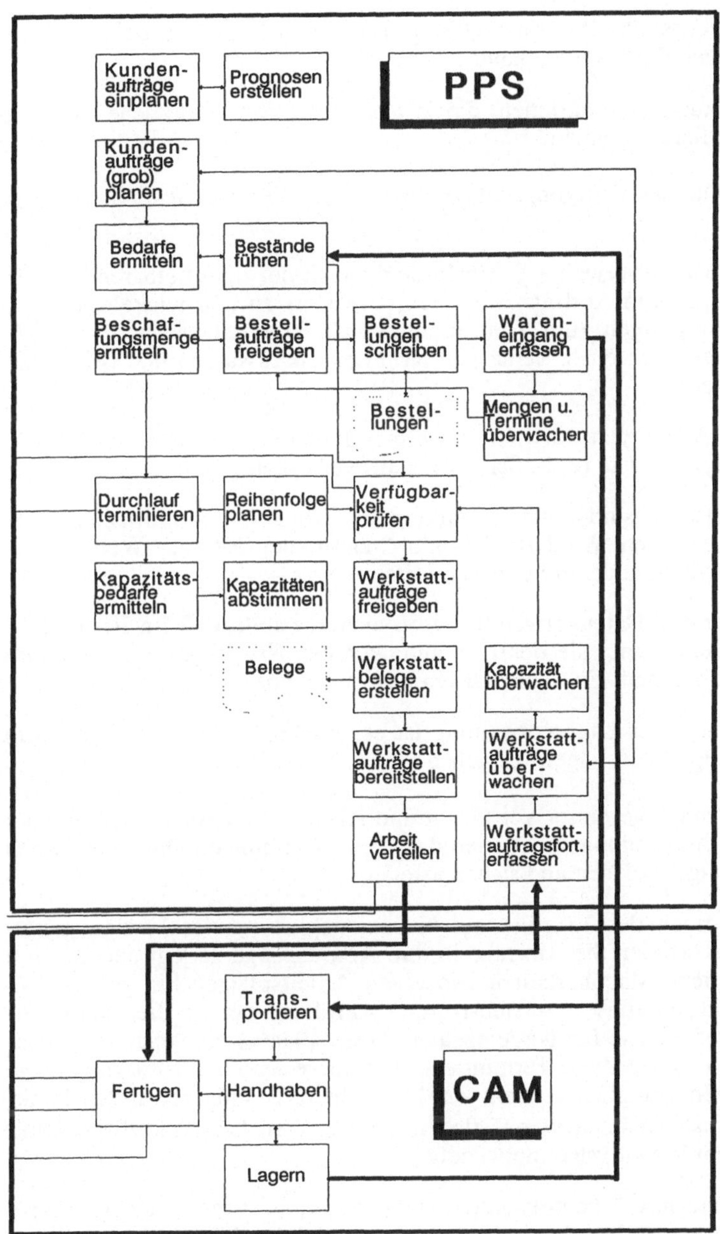

Bild 7-14: CAM/PPS-Kopplung.

- Die Werkstattauftragsabwicklung, mit der der Auftragsdurchlauf gezielt beeinflußt werden kann.

- Unterstützungsfunktionen, die je nach Situation zusätzliche Informationen liefern können.

Bezogen auf das Fertigungsleitsystem sind als Verwaltungsfunktionen zu nennen:

- Die Auftragsverwaltung. Sie fordert die in der unmittelbaren Zukunft zu fertigenden Aufträge vom Zentralrechner an und wickelt auch die Rückmeldungen zum Zentralrechner ab. Hier ist es auch möglich, Aufträge nach einer Reihe von Kriterien auszuwählen und bei Bedarf zu ändern.

- In der Arbeitsplatzverwaltung werden die Kenndaten aller dazugehörigen Arbeitsplätze (z. B. Schichtanzahl) verwaltet.

- Die Fertigungshilfsmittelverwaltung ermöglicht ein komfortables Anlegen, Verwalten, Wiederfinden und Ändern aller Daten zu Werkzeugen, aber auch zu anderen Fertigungshilfsmitteln.

- Mit der NC-Datenverwaltung wird sichergestellt, daß im Fertigungsleitsystem immer die richtigen und aktuellen NC-Programme samt Unterprogrammen, Einrichteblättern usw. verfügbar sind.

- Aufgabe einer Lagerverwaltung ist es, Auskunft über den Bestand in fertigungsnahen Lägern zu geben.

Auf der Grundlage dieser vor Ort befindlichen Datenbasis dienen die nun folgenden Anwendungsfunktionen dazu, einen optimalen Durchlauf durch die Fertigung zu planen und sicherzustellen.

- Im Rahmen der Termin- und Kapazitätsplanung des Fertigungsleitsystems werden die Aufträge in ihre Arbeitsgänge zerlegt und auf ihre terminliche Machbarkeit in einzelnen Arbeitsplätzen hin geprüft. Im Anschluß an diese - zunächst grobe - Prüfung werden die "startbereiten" Aufträge so bei den einzelnen Arbeitsplätzen eingeplant (Feinplanung), daß die Ziele Termintreue und kurze Durchlaufzeit so gut wie nur irgend möglich erreicht werden können. Gerade bei diesen Funktionen ist ein intensiver Dialog zwischem dem Leitstandsdisponenten und dem EDV-System notwendig.

- Nachdem in der Feinplanung festgelegt wurde, wann welcher Arbeitsgang mit welcher Auftragsmenge an welchem Arbeitsplatz gefertigt werden soll, sorgt die Betriebsmittelsteuerung nun dafür, daß insbesondere die Werkzeuge rechtzeitig vorhanden sind. Ausgehend von den

128

Einrichteblättern der jeweiligen NC-Programme wird der Bedarf ermittelt und anschließend Montage, Voreinstellung und Transport zur NC-Maschine angestoßen.

-   Die endgültige Zuteilung an den einzelnen Arbeitsplätzen sowie das An- und Abmelden der jeweiligen Arbeitsgänge wird sinnvollerweise durch ein Modul Auftragsbearbeitung unterstützt. Um die Dateneingabe möglichst zu vereinfachen, werden hier spezielle Werkstatterminals verwendet, die Daten z. B. auch von der Laufkarte mittels eines Barcode-Lesestiftes lesen können.

-   Ähnlich wie für die Bearbeitungsstationen ist auch für die Transport-vorgänge ein entsprechendes Organisationshilfsmittel geboten.

Um auch in Sonderfällen flexibel reagieren zu können, muß ein solches System auch eine Nachrichtenverwaltung beinhalten, die z. B. bestimmte Benutzer informiert, wenn das NC-Programm noch zu einem aktuellen Auftrag fehlt. Muß einmal besondere "Detektivarbeit" geleistet werden, müssen z. B. alle Werkstücke eines bestimmten Werkstoffs aufgespürt werden, so setzt dies benutzerfreundliche Hilfsmittel für Datenbank-Auswertungen voraus.

Bild 7-15 zeigt ein Integrationskonzept für ein Fertigungsleitsystem eines Unternehmens im Krupp-Konzern, das zur Zeit realisiert wird.

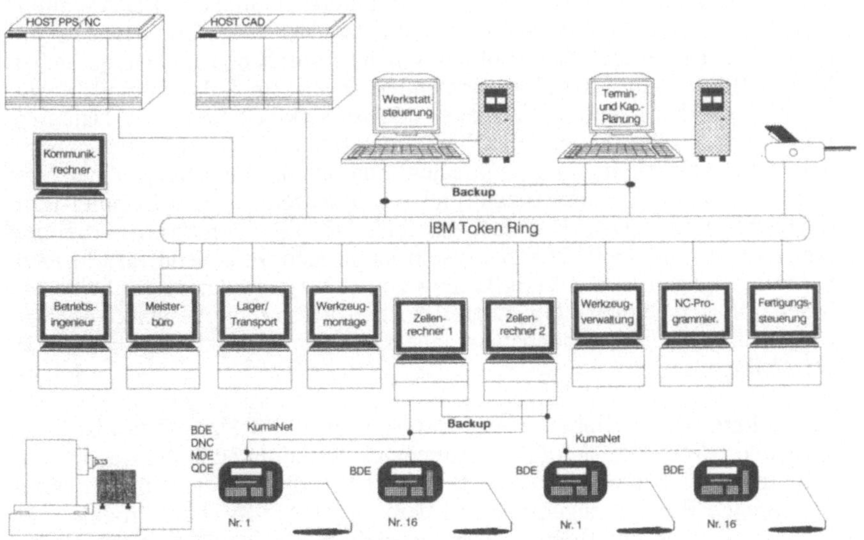

Bild 7-15: Beispiel einer CAM/PPS- und CAD/CAP/CAM-Kopplung im Krupp-Konzern.

Die CAD/PPS-Kopplung dient dazu, eine rechnergestützte Abstimmung zwischen dem Konstruktionsprozeß und der Auftragsabwicklung (Produktionsplanung) zu erreichen, <u>Bild 7-16</u>. Zum anderen wird eine Übertragung der Massendaten im Bereich der Stamm- und Strukturdaten (Stücklisten) angestrebt.

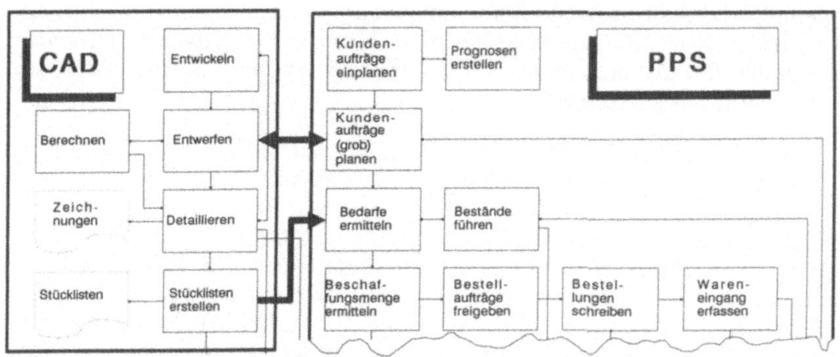

Bild 7-16: CAD/PPS-Kopplung.

Am Beispiel der CAD/PPS-Kopplung lassen sich die Probleme bei der Kopplung bislang eigenständiger CIM-Bausteine verdeutlichen. Im Gegensatz zu den CIM-Bausteinen CAD, CAP, CAM und CAQ, die mit dem Schwerpunkt der Geometriedatenverarbeitung quasi eine "Verwandtschaft" aufweisen, kommen CAD und PPS aus unterschiedlichen "EDV-Welten" [7-17]. Aus dieser Unterschiedlichkeit ergeben sich Schwierigkeiten bei der Kopplung. Ein erhebliches Problem entsteht durch den unterschiedlichen Informationsgehalt der zu verarbeitenden Daten. Im Rahmen eines CAD-Systems werden hauptsächlich teile- oder produktbeschreibende Daten erzeugt und verarbeitet, die ein Objekt spezifizieren (zum Beispiel geometrische Eigenschaften, Teilestammdaten) oder die die Beziehungen zwischen einzelnen Objekten nach Anzahl und Art beschreiben (zum Beispiel Baugruppenstruktur). Dabei ist zu beachten, daß die Geometrieverarbeitung sehr rechen- und speicherintensiv sein kann. Kennzeichnend für ein PPS-System hingegen ist die Verarbeitung von Bewegungsdaten, das heißt von Daten, die sich zeitabhängig ändern (beispielsweise Lagerbestände, Arbeitsfortschritte). Damit verbunden ist eine hohe Ein-/Ausgabeintensität, etwa bei Abfragen.

Ein weiterer tiefer Graben zwischen CAD- und PPS-System ist historisch entstanden. Während sich PPS-Systeme aus der kommerziellen Datenverarbeitung entwickelten und auch derzeit noch teilweise dem betriebswirtschaftlichen Bereich zugeordnet werden, sind CAD-Systeme Produkte der technisch-wissenschaftlichen Datenverarbeitung. Dies manifestiert sich bis heute in unterschiedlichen Hardwarekonzeptionen, was einer Kopplung

130

nicht eben förderlich ist. Diese verhängnisvolle Trennung setzt sich bis zum Anwender fort und führt dazu, daß gegebenenfalls PPS- und CAD-Systeme von verschiedenen Personenkreisen betreut werden.

7.6 Die Faktoren Organisation und Personal

Wird von einem PPS-System gesprochen, so wird dies meist als reines EDV-Thema behandelt. Viel zu häufig wird verkannt, daß ein PPS-System - und erst recht ein CIM-System - die zusammenhängende Gestaltung der Faktoren Technik (EDV), Organisation und Personal zwingend erfordert, Bild 7-17 (vgl. auch [7-18]). Gerade die Vernachlässigung der Faktoren Organisation und Personal führt aber immer wieder zum Scheitern einer PPS-Einführung.

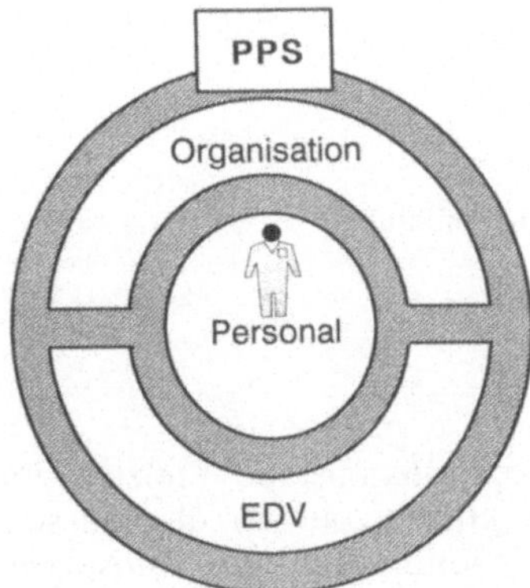

Bild 7-17: Die wesentlichen Erfolgsfaktoren für den PPS-Einsatz.

Was verlangt nun ein PPS-System von betrieblichen Organisationen? Überspitzt formuliert benötigt ein PPS-System zum wirkungsvollen Einsatz lediglich die Behebung der vorhandenen Schwachstellen, Bild 7-18. Denn entgegen einem weitverbreiteten Vorurteil verbessert ein PPS-System alleine die Organisation noch lange nicht. Ein PPS-System verwaltet zur Not willig jegliches Chaos - bloß die erhofften Erfolge bleiben aus.

Bezüglich des Faktors "Mensch" stellt ein PPS-System eine ganze Palette von Anforderungen, die weit über die üblichen Punkte Qualifikation und Schulung hinausgehen [7-19]. Aus diesem Themenkomplex seien mit Bild 7-19 drei wesentliche personalpolitische Maßnahmen hervorgehoben, die sich in der Praxis als wichtig für den Erfolg einer PPS-Einführung erwiesen haben.

BEISPIELE FÜR ORGANISATORISCHE SCHWACHSTELLEN

- Zeichnungs- und Stücklistenkontrolle fehlt
- Änderungsdienst Stücklisten funktioniert nicht
- Änderungsdienst Arbeitspläne funktioniert nicht
- Mangelnde Datenqualität
- Lager offen
- Keine einheitliche Bestandsführung
- Keine Steuerung der vorgelagerten Bereiche
- Konstruktion und Arbeitsvorbereitung

Bild 7-18: Organisatorische Stolpersteine bei der PPS-Einführung.

7.7 Zusammenfassung

Zur industriellen Herstellung eines Produktes müssen eine Vielzahl von Funktionen gezielt ineinandergreifen. Dies gilt sowohl für die Massenfertigung von Nähnadeln als auch für die Einzelfertigung von Kunststoffaufbereitungsmaschinen. Die Koordination der einzelnen Funktionen innerhalb der Produktion übernimmt die Produktionsplanung und -steuerung - kurz PPS. Im Rahmen der rechnerintegrierten Produktion ist das PPS-System ein computergestütztes System zur mengen-, termin- und kapazitätsgerechten Planung, Veranlassung und Überwachung der Produktionsabläufe.

PPS-Systeme sollen somit die gesamte technische Auftragsabwicklung von der Angebotserstellung bis hin zum Versand unterstützen. Sie werden deshalb auch oft als "Zentrales Nervensystem" von CIM bezeichnet.

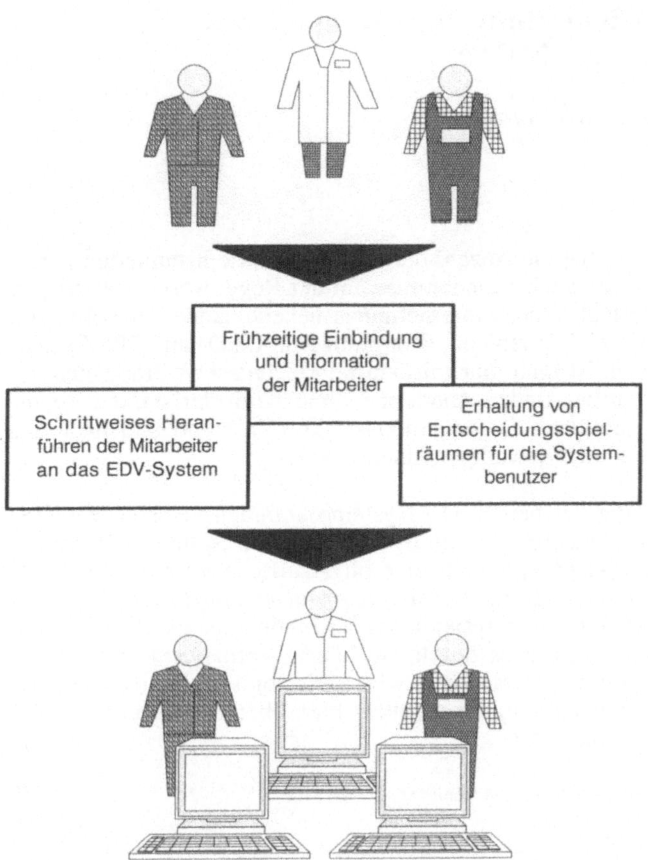

Bild 7-19: Personalpolitische Maßnahmen für eine erfolgreiche EDV-Einführung.

8 CAD/PPS-Kopplung am Beispiel des CAD-Systems ME10

Prof. Dr.-Ing. Hans-J. Stracke

8.1 Einleitung

In den letzten Jahren hat die Anzahl der in der Industrie installierten CAD-
und PPS-Systeme erheblich zugenommen. In der Regel werden die beiden
DV-Systeme innerhalb eines Unternehmens nebeneinander in Form von
Insellösungen benutzt. Die fehlende Kopplung von CAD- und PPS-System
in den Unternehmen ist nicht nur mit den rein technischen Problemen bei
der Realisierung zu begründen, sondern vielmehr mit der starken Beeinflussung der betrieblichen Organisationsstruktur während und nach der
Einführungsphase in dem jeweiligen Unternehmen.

Für eine Verbindung der beiden DV-Systeme kommen verschiedene Varianten in Betracht. Unabhängig von den spezifischen Systemen ist immer
entsprechend <u>Bild 8-1</u> [8-1] jeweils eine physikalische Verbindung (hardwaremäßig) und eine logische Verbindung (softwaremäßig und organisatorisch) zu realisieren. Die physikalische Verbindung ist ein überwiegend
technisches Problem, welches durch die häufig vorhandene heterogene
Hardware-Welt zusätzlich erschwert wird. Die logische Verbindung ist
zwar auch technisch zu vollziehen, aber hier überwiegt eindeutig die
organisatorische Problematik.

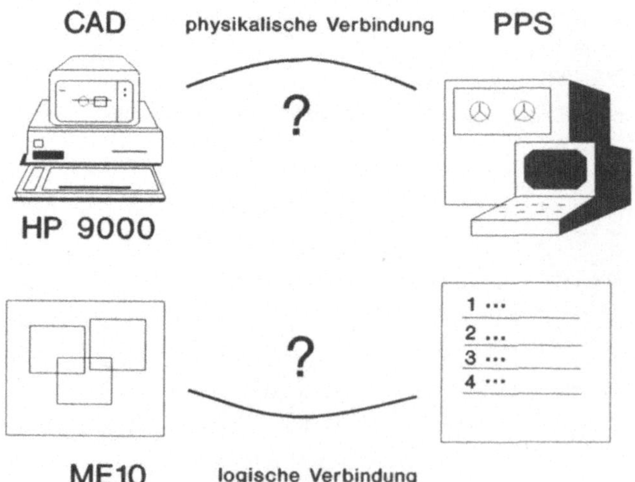

Bild 8-1: Logische und physikalische Online-Schnittstelle. Quelle ASCAD

Die Integration der beiden DV-Systeme CAD und PPS ist ein erster Schritt
in Richtung CIM. Im Sinne einer optimalen CIM-Lösung bietet sich CAD
als Integrationsmittelpunkt an [8-2]. Generell können mit den Integrations-
lösungen folgende Synergieeffekte erzielt werden:

- Verringerung von Abwicklungszeiten,
- erhöhte Fehlersicherheit,
- Nutzungssteigerung des CAD-Systems,
- Erweiterung der Arbeitsinhalte und
- Reduzierung von Datenübertragungen.

8.2 Vorgehensweise bei der konventionellen CAD/PPS-Bearbeitung

Vor der Entwicklung eines Konzeptes zur Lösung einer CAD/PPS-Schnitt-
stelle ist zunächst die Vorgehensweise bei der konventionellen CAD/PPS-
Bearbeitung (DV-Systeme als Insellösungen) näher zu betrachten. Bindeglied zwischen den Tätigkeiten der beiden Abteilungen CAD und PPS ist
die Stückliste bzw. der Artikelstamm. Beide sind Bestandteil der PPS-
Daten, <u>Bild 8-2</u>, und somit physikalischer Bestandteil des PPS-Systems. Es
muß aber jederzeit möglich sein, daß andere Abteilungen einen definierten
Zugriff erhalten.

Im folgenden soll zunächst aufgezeigt werden, wer für welche Tätigkeiten
im Hinblick auf Eingabe, Freigabe, Sperrung, Modifikation, Löschung und
Ergänzung von PPS-Daten und hier insbesondere Stücklisten- und Artikelstammdaten zuständig ist.

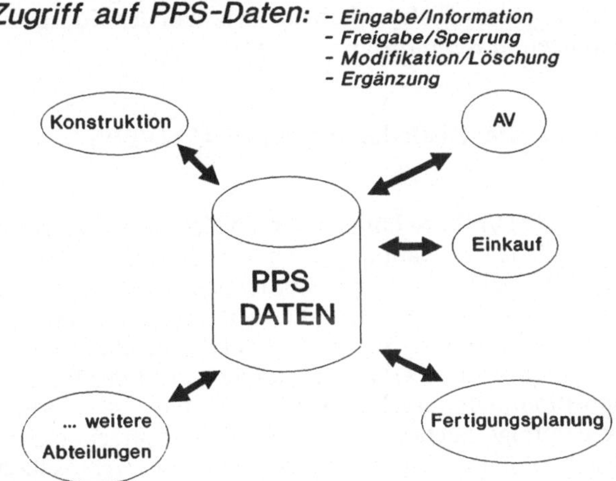

Bild 8-2: Unterschiedliche Arten des Zugriffs auf PPS-Daten. Quelle ASCAD

8.2.1 Tätigkeiten auf der CAD-Seite

Die Erzeugung von Stücklisten geschieht bei konventioneller Vorgehensweise CAD-seitig manuell. Der verantwortliche Konstrukteur schreibt die
üblicherweise in das PPS-System einzubringende und dort auch zu archi-
vierende Stückliste von Hand vor. Dieser "Zettel" wird an einen Mitarbeiter der Normungsabteilung weitergegeben, der für die Eintragung ins
PPS-System verantwortlich ist. Für neue Teile reserviert sich der
Konstrukteur bereits vorher eine Teilenummer. Die Normungsabteilung
legt den Teilestamm in dem Umfang an, wie ihn die Konstruktions-
abteilung bereits festgelegt hat. Diese Abteilung gibt anschließend den
neuen Teilestamm zur weiteren Bearbeitung frei. Absprachen mit dem
verantwortlichen Konstrukteur erfolgen hier oft "auf Zuruf". Der Eintrag
eines Teilestamms umfaßt bei dieser Vorgehensweise zu diesem Zeitpunkt
bereits mehr als nur die ausschließlich technischen Informationen.

8.2.2 Tätigkeiten auf der PPS-Seite

Die von der Konstruktion bzw. Normungsabteilung erzeugte Stückliste
wird von den kaufmännischen Abteilungen ergänzt, geändert oder für
planerische Zwecke weiter verwendet. Eine Ergänzung kann z. B. durch
Mitarbeiter aus dem Einkauf durch Hinzufügen weiterer Informationen
wie Lieferant, Wiederbeschaffungszeit usw. vorgenommen werden. Ebenso sei hier stellvertretend das Ersatzteilwesen genannt, welches die erweiterten Daten für kalkulatorische Zwecke benutzen kann. Wenn die Änderungen der Stückliste durch die PPS-Seite ein bestimmtes Stadium erreicht
haben, kann von der CAD-Seite keine Beeinflussung mehr vorgenommen
werden. Es ist allerdings in jedem Falle sicherzustellen, daß der Konstrukteur von solchen Änderungen in Kenntnis gesetzt wird.

8.3 Voraussetzungen für die Realisierung einer CAD/PPS-Schnittstelle

Für die Realisierung einer CAD/PPS-Schnittstelle muß sich organisatorisch
etwas ändern, wenn ein adäquates Rationalisierungsziel erreicht werden
soll. Wenn von CAD zu PPS Daten übertragen werden sollen, so handelt es
sich "zunächst" um Stücklisteninformationen, die weitgehend "technisch"
geprägt sind. Gleichzeitig müssen aber für zu erzeugende Stücklistenpositionen Teilestammeinträge vorhanden sein [8-3]. Ist dies nicht der Fall, so
kann eine Stücklistenposition nicht angelegt werden. Deshalb ist es erforderlich, daß Teilestammeinträge auch von der Konstruktion erzeugt werden dürfen. Es muß also erlaubt sein, einen sogenannten technischen
"Rumpf-Teilestamm" zu erzeugen. Dieser kann naturgemäß nicht die voll-

ständigen Informationen des Gesamt-Teilestamms enthalten. Es wird also nach wie vor erforderlich sein, von der Konstruktion erzeugte Einträge nachträglich zu bearbeiten. Die Verantwortung für einen Gesamt-Teilestamm kann vernünftigerweise nicht bei den Konstrukteuren liegen. Letzte Instanz bleibt die Normungsabteilung, die für die endgültige Freigabe von Teilestammeinträgen zu sorgen hat.

Die betriebliche Normung hat sich in den meisten Betrieben zu einem festen Bestandteil der Gesamtorganisation entwickelt. Diese Mitarbeiter nehmen in gewisser Weise einen Sonderstatus ein. Einerseits zeigen sie die Fähigkeiten eines Konstrukteurs (Beurteilung von Zeichnungen), andererseits müssen sie in direkter Zusammenarbeit mit der kaufmännischen Datenverarbeitung den wesentlichen Teil der Artikelstammdaten des vorhandenen PPS-Systems pflegen.

In Bezug auf die Einführung einer CAD/PPS-Schnittstelle wird diese Abteilung zunächst von Arbeit entlastet. Die Stücklistenpflege erfolgt am besten direkt aus CAD heraus, da dort die aktuelle grafische Information vorliegt. Es ist natürlich denkbar, daß die Stückliste Positionen enthält, die grafisch nicht auf einer Zeichnung enthalten sind (z. B. Schmier- und andere Hilfsstoffe). Das Hinzufügen solcher Stücklistenelemente wird sinnvollerweise entweder von einem "normalen" PPS-Terminal aus vorgenommen oder über eine sogenannte Terminalemulation (s. u.) vom CAD-Arbeitsplatz aus. Von Fall zu Fall ist hier die Vorgehensweise abzuklären. Am sinnvollsten wäre es sicherlich, die Normungsabteilung mit einem interaktiven Arbeitsplatz auszustatten und von dort aus die gesamte Stücklistenorganisation zu tätigen. Gleiches gilt im Prinzip für Abteilungen wie etwa die Arbeitsvorbereitung und -planung.

8.4 Möglichkeiten der CAD/PPS-Kopplung

Grundsätzlich lassen sich für eine direkte Verbindung der beiden DV-Systeme CAD und PPS drei verschiedene Vorgehensweisen [8-4] technisch realisieren:

- Die einfachste Art der "Kopplung" ist die Terminalemulation. In diesem Fall wird das Terminal des CAD-Arbeitsplatzes vorübergehend als Terminal für das PPS-System benutzt. Die Daten werden nur im PPS-System bearbeitet. Ein Abgleich mit dem CAD-System findet nicht statt. Eine echte Software-Verbindung (logische Verbindung) existiert nicht, so daß hier eigentlich nicht von einer CAD/PPS-Kopplung gesprochen werden kann, obwohl dies in der Industrie häufig als Verbindung aufgefaßt wird. Allerdings bietet bereits diese einfache Art der

"Kopplung" erhebliche Vorteile, die die beiden Systeme CAD und PPS häufig nutzen. Der reine CAD-Arbeitsplatz erhält eine zusätzliche Funktion, die die Arbeitsplatzergonomie wesentlich verbessert.

- Eine weitere Kopplungsmöglichkeit ist der Filetransfer. Hier werden die Daten jeweils im CAD- und im PPS-System getrennt voneinander bearbeitet und zu einem vorab definierten Zeitpunkt gegenseitig abgeglichen. In diesem Fall stimmen die Daten nur zum Zeitpunkt des Abgleichs überein, was zwangsläufig die Arbeitsweise innerhalb des Unternehmens erheblich belasten muß. Meistens findet der Abgleich nur in einer Richtung, von CAD zu PPS, statt. Folglich hat der Konstrukteur keinerlei Zugriff auf die PPS-Daten. Diese Form der Online-Kopplung ist die am weitesten verbreitete Art der Verbindung von CAD und PPS in den Unternehmen.

- Die dritte Möglichkeit ist die Schaffung einer Online-Schnittstelle, <u>Bild 8-3</u>. Hier hat der Konstrukteur die Möglichkeit, aus dem CAD-System heraus die für die Stückliste relevanten Daten direkt in das PPS-System einzutragen. Gleichzeitig mit dem Eintrag wird das Ergebnis des PPS-Systems auf dem CAD-Bildschirm abgebildet, damit jederzeit eine Kontrolle durch den Konstrukteur gewährleistet ist. Die kaufmännische EDV verarbeitet diese Daten im PPS-System weiter, indem sie z. B. Informationen hinzufügt oder ändert oder die Daten für planerische Zwecke in der eigenen Abteilung weiter benutzt.

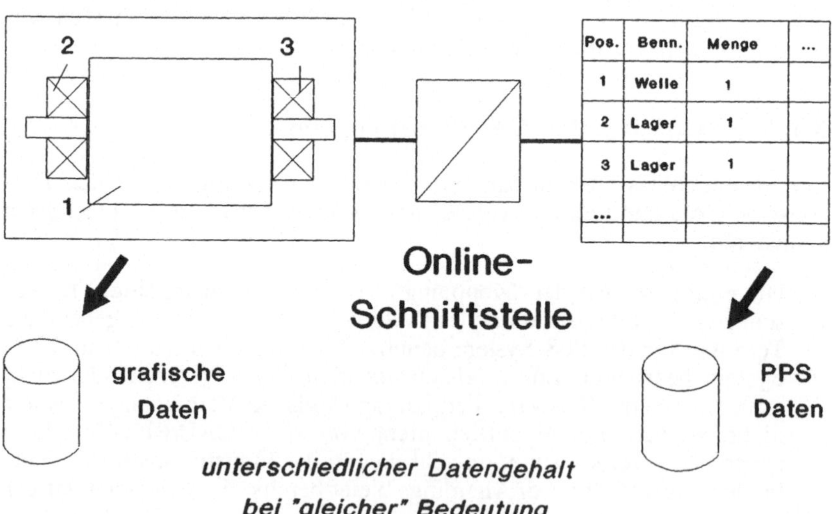

Bild 8-3: Aufgabe der Online-Schnittstelle. Quelle ASCAD

138

Zusammenfassend bleibt festzuhalten, daß die Online-Schnittstelle die komfortabelste Lösung darstellt. Grundsätzlich ist diese Lösung immer anzustreben. Nur durch diese Verbindung der DV-Systeme ist gewährleistet, daß die gemeinsamen Daten nur in einem der beiden Systeme gespeichert werden und somit keine Konsistenzprobleme auftreten. Die Online-Schnittstelle bietet gegenüber den Insellösungen folgende Vorteile:

- Sofortige Verfügbarkeit technischer Daten für die kommerzielle Datenverarbeitung,

- keine redundante Datenhaltung, d. h. Stücklisten werden nur im PPS-System gespeichert,

- Wegfall herkömmlicher, veralteter Methoden wie manuell vorgeschriebene Stücklisten, Transport von Zeichnungen etc., sowie

- Verfügbarkeit aktueller Stücklisten im CAD-System.

Unter Berücksichtigung der vielfältigen Vorteile soll im folgenden nur noch die Online-Schnittstelle näher betrachtet werden. Die Basis ist hierbei die industrielle Anwendung einer Online-Schnittstelle des CAD-Systems ME10 auf einem Hewlett Packard-Rechner (HP 9000 Serie 300) mit dem PPS-System KOPIAS auf einem IBM-System /36. Konzepterstellung und Realisierung der Online-Schnittstelle erfolgte durch die ASCAD Anwendersoftware GmbH in Bochum. Der Lösungsansatz sieht bei anderen Rechnerkonfigurationen ähnlich aus.

8.5 Lösungsansatz der Online-Schnittstelle

Bei der Entwicklung und Realisierung der Online-Schnittstelle sind bei der physikalischen Verbindung ausschließlich technische Probleme (hardwaremäßig) zu lösen, bei der Herstellung der logischen Verbindung sowohl technische (softwaremäßig) als auch organisatorische Probleme (Beibehaltung der betrieblichen Organisationsstruktur).

8.5.1 Technische Problematik

8.5.1.1 Hardware-Lösung

Grundlage für die Lösung der physikalischen Verbindung ist das OSI-Schichtenmodell [8-6]. Zunächst gilt es zu prüfen, welche Protokolle und welche Schnittstellen die an der Verbindung beteiligten Hardware-Komponenten anbieten und bis zu welchem Level des OSI-Modells diese unterstützt werden. In dem hier betrachteten Beispiel wird auf der CAD-Seite ein HP-Rechner mit einem Ethernet-Interface eingesetzt. Demgegenüber steht auf der PPS-Seite ein IBM-Rechner mit einem SDLC-Anschluß zur Verfügung.

Auf dem Markt werden verschiedene Protokollkonverter (z. B. Telemations-Box, Fibronics-Box, Mitek-Box etc.) angeboten, die in der Lage sind, unterschiedliche Schnittstellen miteinander zu verbinden und die Protokolle entsprechend umzusetzen. Hierbei ist noch zu berücksichtigen, ob die hardwaretechnisch vorhandene Schnittstelle auch tatsächlich softwaremäßig von dem eingesetzten Softwarepaket unterstützt wird. Das ist leider nicht immer der Fall.

Zur Protokollkonvertierung wird in diesem speziellen Beispiel für die Online-Schnittstelle ein Protokollkonverter der Firma Mitek eingesetzt. Dieser verfügt IBM-seitig über einen SNA-Anschluß (V24). Die Box emuliert bis zu 64 IBM-Terminals vom Typ 5251. Darüberhinaus können über die Box auch Drucker (z. B. Laserjet) als IBM-Drucker konfiguriert werden.

Zur HP-Seite hin verfügt die Box über einen Ethernet-Anschluß. Es findet eine zweifache Protokollkonvertierung statt:

- EBCDIC nach ASCII und umgekehrt,
- SNA-Protokoll in IEEE 802.3 und umgekehrt.

Die Box kann in gewissem Umfang programmiert werden. Dies betrifft beide Richtungen der Datenübertragung. Ankommende Zeichen vom IBM-Rechner können für die Darstellung auf der HP-Seite gewandelt werden. Dies ist zum Beispiel für die Darstellung von Umlauten und Sonderzeichen wichtig. Andererseits ist es möglich, die Tastaturbelegung des HP-Terminals in der Box umzusetzen. Dies ist erforderlich, um Tasten wie "FELD-VORWÄRTS", die es auf der "unix-Tastatur" nicht gibt, zu emulieren. Einen Teil der Terminal-Emulation übernimmt also bereits der Protokollkonverter, der außer HP auch eine Vielzahl anderer Terminaltypen unterstützt.

8.5.1.2 Software-Lösung

Es existieren in der Praxis zwei sehr unterschiedliche Ansätze zur Realisierung einer Online-Schnittstelle:

- APPC, <u>Bild 8-4</u> und
- Kommunikation über die Benutzer-Schnittstelle, <u>Bild 8-5</u>.

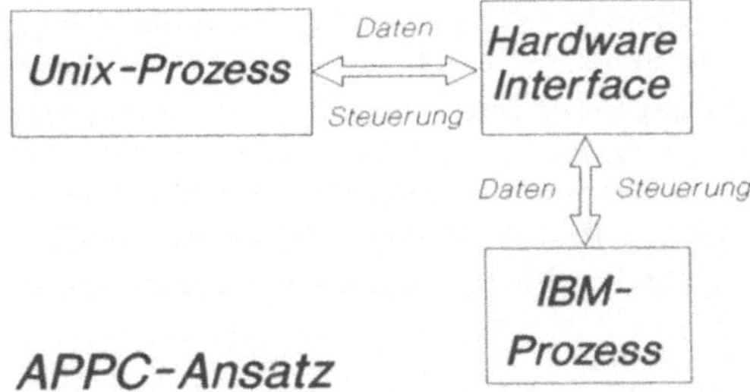

Bild 8-4: Prozeßkommunikation mittels APPC-Ansatz. Quelle ASCAD

Hinter dem Kürzel APPC verbirgt sich der von der Firma IBM geprägte Ausdruck Advanced Process to Process Communication. Hierbei stehen zwei unterschiedliche, laufende Prozesse in direktem Kontakt. Die Realisierung erfordert Programmierung auf beiden Rechneranlagen. Hierzu ist zu bemerken, daß die vorzunehmende Programmierung immer direkt im Quellcode der beiden laufenden Prozesse (CAD- und PPS-System) erfolgen muß, und zwar auf einem relativ niedrigen Niveau. Sie kann somit nur vom jeweiligen Systementwickler vorgenommen werden.

Programm-Terminal-Emulation

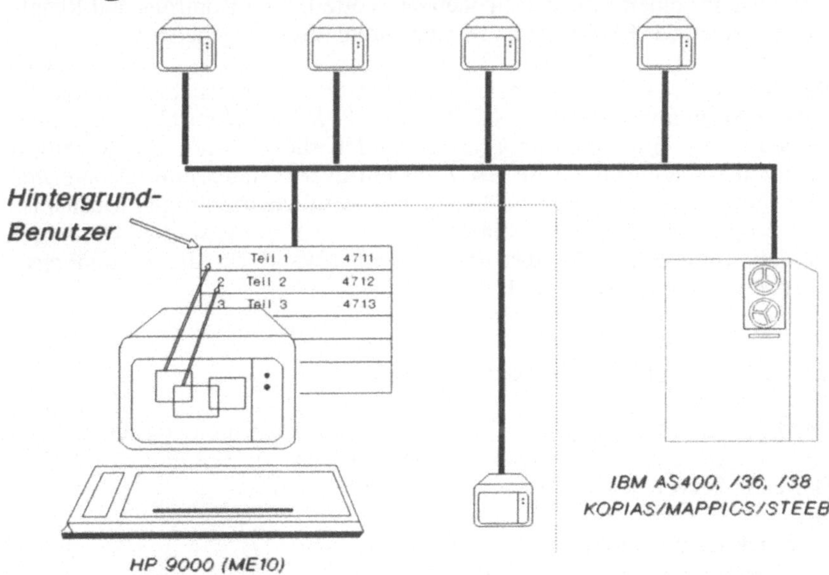

Bild 8-5: Prozeßkommunikation über die Benutzerschnittstelle. Quelle ASCAD

Dagegen werden bei dem zweiten Ansatz die Informationen nicht direkt
zwischen den zwei Prozessen ausgetauscht, sondern indirekt über deren
Bedieneroberfläche. Hierzu wird auf einer Seite ein Benutzer "programmiert", der auf Anforderung die gewünschten Aktionen ausführt. Für die
Programmierung dieses "Benutzers" ist eine Terminalemulation erforderlich. Mittels dieser Emulation werden Protokolle über den stattfindenden
Dialog erstellt, auf deren Basis ein "endlicher Automat" programmiert
wird.

Für das vorliegende Problem der Daten-Übermittlung aus dem CAD-
System heraus an das PPS-System kommen prinzipiell beide Möglichkeiten
in Betracht.

Im Hinblick auf eine Bewertung dieser beiden Konzepte für die Realisierung einer Online-Schnittstelle ist zu berücksichtigen, welcher programmtechnische Aufwand für die jeweils erforderliche, spezifische
Anpassung zu erwarten ist. Der Kommunikation über die Benutzerschnittstelle ist im Hinblick auf die Flexibilität der Software auf jeden Fall der
Vorrang einzuräumen, da so kein Eingriff in Programme des PPS-Systems
erforderlich ist. Abgesehen von den entstehenden Kosten ist nicht jeder
PPS-Anbieter bereit, "sich in die Karten schauen zu lassen" oder die
gewünschte Dienstleistung selbst zu erbringen.

Weiterhin bietet die Kommunikation über die Benutzerschnittstelle des
PPS-Systems einen ganz entscheidenden Vorteil: Alle Kontroll- und Regelmechanismen des PPS-Systems werden automatisch eingehalten!

Darüberhinaus werden bei der Aufnahme der erforderlichen Protokolle
für die Programmierung des Hintergrund-PPS-Benutzers alle möglichen
Fehleingaben simuliert und entsprechend berücksichtigt. Die jeweilige
Reaktion erscheint direkt im CAD-System in der Statuszeile. Demgegenüber müßte man bei einem APPC-Ansatz sämtliche derartigen Mechanismen programmtechnisch nachbilden. Hierin liegt ein gewaltiges Potential
an Fehlermöglichkeiten, das den Kostenaufwand für die Realisierung
entsprechend in die Höhe treibt.

8.5.1.3 Voraussetzungen auf der CAD-Seite

Der CIM-Server, <u>Bild 8-6</u>, von HP bietet die softwaretechnischen Voraussetzungen für die Datenübertragung von CAD zu PPS und umgekehrt.
Der CIM-Server besteht aus den drei Komponenten

-   Stücklistenprozessor,
-   programmierbare Schnittstelle (api) und
-   Terminalemulation.

142

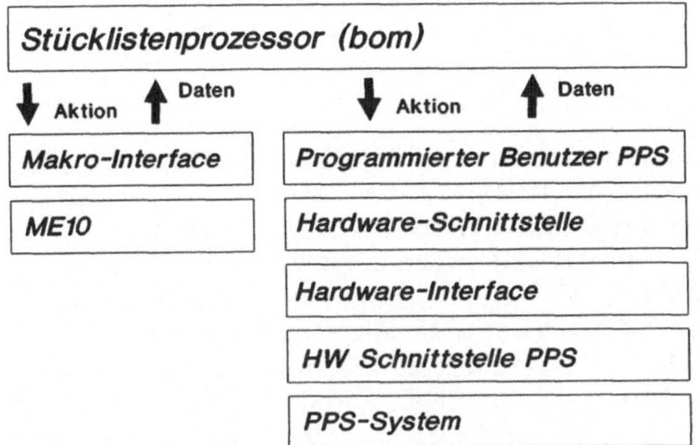

Bild 8-6: Struktureller Aufbau des CIM-Servers. Quelle ASCAD

Der Stücklistenprozessor (BOM-Prozessor) dient dazu, ME10-Zeichnungen aufzubereiten und die Stücklistenerstellung stark zu beschleunigen. Die entsprechenden ME10-Menüs enthalten alle erforderlichen Funktionen wie "Position bearbeiten", "Positionsflagge setzen" und vieles mehr. Er ist in Bezug auf die jeweiligen betrieblichen Bedürfnisse konfigurierbar, d. h. die Anzahl der in der Stückliste enthaltenen Positionen und das Aussehen der zugehörigen Felder (Länge, Überschrift, Voreinstellungen usw.) ist veränderbar.

Mittels der programmierbaren Schnittstelle werden Funktionen des PPS-Systems auf Stücklistenprozessor-Ebene nachgebildet. Es ensteht quasi ein PPS-Benutzer, der die erforderlichen Vorgänge im PPS-System auf Anforderung des Stücklistenprozessors durchführt.

Die Terminalemulation erlaubt es, einen PPS-Bildschirm innerhalb von ME10 zu emulieren. Somit stehen PPS-Informationsfunktionen online zur Verfügung. Weiterhin können, je nach Konzipierung der Schnittstelle, bestimmte Funktionen manuell durchgeführt werden. Schließlich dient die Emulation noch zur Protokollaufnahme für die Programmierung der Schnittstelle.

Der wichtigste Teil des CIM-Servers ist der Stücklistenprozessor. Dieser arbeitet eine vorhandene ME10-Zeichnung in Bezug auf ihre vorhandene Teilestruktur einstufig ab. Dies bedeutet, daß die Positionen der Stückliste jeweils in einem gesonderten Teil liegen müssen und dieses Teil sich immer direkt unterhalb der obersten Baugruppe befinden muß. Dies mag zunächst als Einschränkung erscheinen, ist es in der Praxis jedoch nicht. Der Konstrukteur wird zu Beginn der Konstruktion einer "Maschine" zunächst in Kategorien von generellen Funktionen denken. Im Verlauf der

Konkretisierung seines Entwurfes denkt er immer mehr in Einzelteilen.
Die Kombination dieser Einzelteile erfüllt letzlich die geforderten Funktionen.

Dieses Vorgehen wird im allgemeinen mit "Top-Down-Design", Bild 8-7,
bezeichnet. Das CAD-System ME10 unterstützt diese Vorgehensweise auf
sehr komfortable Weise durch die Funktionsgruppe "Bearbeitung von
Teilen". Es ist möglich, zuerst mit einigen Strichen einen Entwurf zu
zeichnen, diesen später durch die Gruppierung von geometrischen Elementen zu Einzelteilen (ET x) zu strukturieren und darüberhinaus zu
einzelnen Baugruppen (BG y) zusammenzufassen. Dies führt zu einer
eindeutigen Struktur der ME10-Zeichnungen. Dieser Aufbau ist im Zuge
der CIM-Einführung in einem Unternehmen der einzig vernünftige Weg,

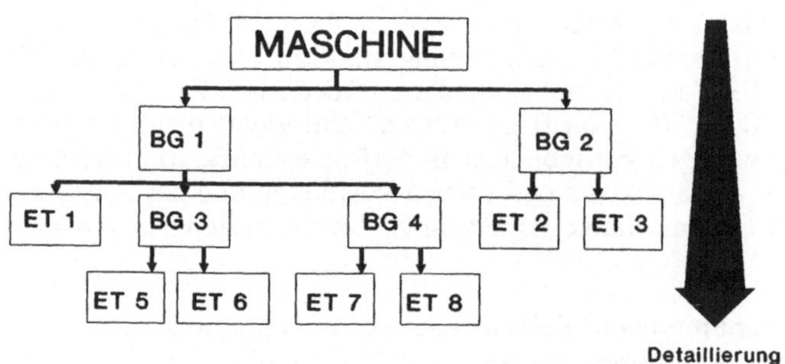

TOP-DOWN-DESIGN

Bild 8-7: CIM-fähiger Aufbau von CAD-Zeichnungen. Quelle ASCAD

um eine saubere Übertragung von CAD-Daten an "irgendeine" andere
CIM-Insel zu gewährleisten. Ein unstrukturierter "Linienhaufen", wie ihn
einige CAD-Systeme aufweisen, enthält keine verwertbare Information und
ist für eine derartige Anwendung ungeeignet.

Bindeglied zwischen dem CAD-System ME10 und PPS ist die Identnummer, Bild 8-8, eines Einzelteils. Im PPS-System wird im allgemeinen
über Sachnummern bzw. Artikelnummern gesucht, klassifiziert usw. Zur
Integration der Identnummer wurde auf der CAD-Seite der Teilename
durch Anhängen einer spezifischen Kennung erweitert. Anschließend wurde der Stücklistenprozessor entsprechend konfiguriert, so daß dieser nur
den Nummernbestandteil des Teilenamens verarbeitet.

144

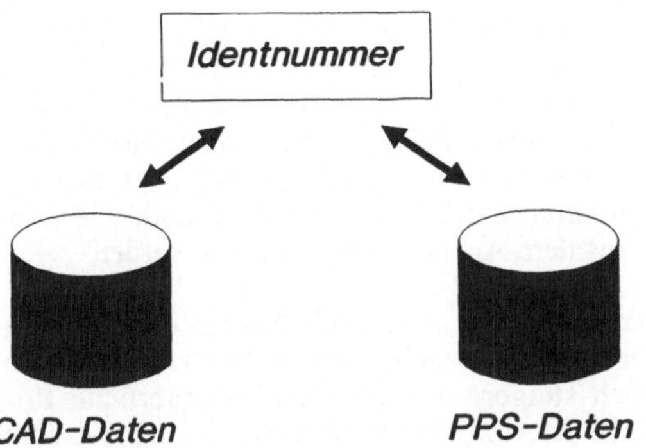

Bild 8-8: Identnummer als Relation zwischen CAD- und PPS-Daten. Quelle ASCAD

8.5.1.4 Beeinflussung der PPS-Seite

Generell ist es bei dem hier gewählten Ansatz bei der Übertragung von Daten über die Standard-Benutzerschnittstelle nicht erforderlich, auf der PPS-Seite Änderungen vorzunehmen [8-5]. In der Regel wird jedoch zum Beispiel gewünscht werden, daß die von der Konstruktion erzeugten Daten als solche kenntlich gemacht werden. Dies geschieht typischerweise auf der IBM-Seite in der Form, daß über eine Abfrage der physikalischen Leitung ein bestimmtes Maskenfeld automatisch mit einer Kennung versehen wird. An dieser Kennung kann jederzeit nachgeprüft werden, ob die Daten manuell oder per automatischer Datenübertragung aus CAD eingegeben wurden.

Weiterhin kann es sich unter Umständen als sinnvoll erweisen, kleinere Maskenänderungen vorzunehmen oder eventuell sogar spezielle CAD-PPS-Masken zu entwickeln. Dies hängt einerseits vom jeweiligen im Einsatz befindlichen PPS-System ab, andererseits von den in der Regel immer anzutreffenden speziellen Anpassungen für das betreffende Unternehmen. Durch eine optimierte Zugriffsstrategie kann eine erhebliche Performancesteigerung erzielt werden. Wenn zum Beispiel die Stücklistenausgabemaske vom PPS-Hauptmenü aus nur über die Ausgabe von acht verschiedenen Masken zu erreichen ist, ist die Schaffung einer speziellen CAD-Maske sinnvoll, die das geforderte Ziel bereits durch einen einzigen Maskenwechsel erreicht. Weitere Optimierungsmöglichkeiten sind unter Umständen durch die physikalischen Eigenschaften des emulierten Bildschirms gegeben, z. B. zwei parallele Sitzungen bei einer 3270-Emulation.

Wie bereits erklärt, ist es in der Regel erforderlich, Artikelstammdaten in die Konfiguration der ME10-Stückliste aufzunehmen. Die PPS-Ausgabemaske der Stückliste enthält immer Artikelstamminformationen (mindestens die Identnummer und eine Bezeichnung). Es ist im Sinne einer optimalen Performance sinnvoll, die in der ME10-Stückliste enthaltenen Rumpf-Artikelstammdaten insgesamt in die Ausgabemaske des PPS-Systems zu legen, damit der Konstrukteur bei einer Ausgabe der Stückliste alle für ihn wichtigen Daten auf einmal auf dem Bildschirm hat. Liegen diese Rumpf-Artikelstammdaten nicht vor, so muß für jede Ausgabe der Stückliste mit Hilfe der Artikelnummer der fehlende Dateninhalt wie z. B. die Bezeichnung und Teileart aus dem Artikelstamm gelesen werden.

Bei den angesprochenen Punkten handelt es sich im Prinzip um "Kleinigkeiten", die jedoch die Handhabung der Schnittstelle wesentlich verbessern und die Performance erheblich steigern können. Die erforderliche Programmierung auf der IBM-Seite ist vom Aufwand her minimal und kann entweder vom Anwender selbst oder vom Anbieter des PPS-Systems durchgeführt werden.

8.5.2 Organisatorische Problematik

Obwohl durch die Anwendung des CIM-Servers "nur" die Übertragung von Stücklistendaten vorgenommen wird, zieht die Automatisierung des Übergabevorgangs erhebliche organisatorische Probleme nach sich. Dies liegt unter anderem darin begründet, daß die Stücklistenpositionen im allgemeinen nur dann in PPS angelegt werden können, wenn es zu der Position auch eine Artikelnummer (Identnummer o. ä.) gibt. Dies bedeutet wiederum, daß ein Artikelstammeintrag vorhanden sein muß, wenn eine neue Position einer Stückliste zugefügt werden soll. Hieraus ergibt sich, daß die auf der CAD-Seite zu konfigurierende Stückliste auch Informationen aus dem Artikelstamm enthalten muß. Der Artikelstamm ist einer der empfindlichsten Bestandteile des PPS-Systems, und in der Regel läßt die kaufmännische EDV keinen Konstrukteur an diesem Artikelstamm ohne Aufsicht arbeiten. So entstehen Fragen wie:

- Welcher Umfang von Daten soll von der Konstruktion in das PPS-System fließen?

- Inwiefern bestimmen die Konstrukteure Daten der Stückliste oder des Artikelstamms?

- Wer hat zu welchem Zeitpunkt die Datenhoheit?

Der Fragenkatalog könnte noch weiter fortgesetzt werden. Hier wird deut lich, daß sich die Inbetriebnahme einer Online-Schnittstelle nicht mit de Installation von Standard-Software vergleichen läßt. Die in der Praxi vorliegenden Bedingungen für eine Online-Schnittstelle sind nicht imme ideal. Vorhandene Regelmechanismen müssen auf die Konfiguration de Schnittstelle abgebildet werden. Teilweise ist die Situation auch so, da

146

Regelmechanismen entweder gar nicht vorliegen oder in einer Form, die sich mit den gebotenen Mitteln nicht vollständig auf einen Automatismus abbilden lassen.

Aus den bereits weiter oben geschilderten Zusammenhängen ergibt sich die Notwendigkeit festzulegen, zu welchem Zeitpunkt welche Verantwortlichkeiten existieren müssen. Generell wird im Zuge der Einführung der Online-Schnittstelle die Rolle der Konstrukteure an Bedeutung zunehmen. Die Normungsabteilung wird teilweise entlastet, eine Nachbearbeitung wird aber in jedem Falle erforderlich sein. Durch wen diese geschieht, ist von Unternehmen zu Unternehmen verschieden. Es ist an dieser Stelle wichtig zu ermitteln, wer welche Daten zu welchem Zeitpunkt erzeugt, ändert, löscht, freigibt usw.

Aus diesem Grunde ist im Vorfeld eine detaillierte Analyse der innerbetrieblichen Vorgänge erforderlich [8-7]. Die Ergebnisse dieser Analyse liefern das Konzept für die Realisierung der Online-Schnittstelle.

8.6 Zusammenfassung

In <u>Bild 8-9</u> ist das konzeptionelle Schema einer realisierten Online-Schnittstelle in einem mittelständischen Unternehmen wiedergegeben. Das

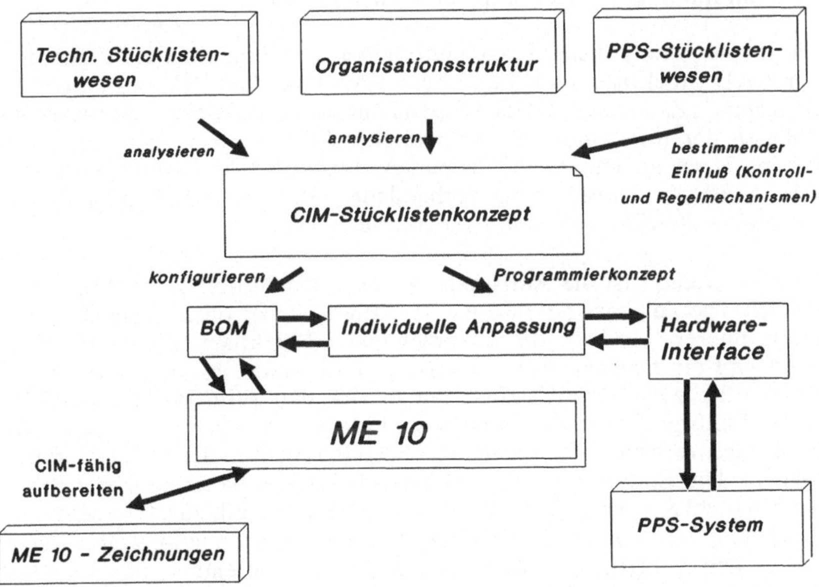

Bild 8-9: Konzeptionelles Schema einer realisierten Online-Schnittstelle. Quelle ASCAD

Schema enthält die wesentlichen Tätigkeiten und Bestandteile der gewählten
Lösung. Der bestimmende Einfluß in Bezug auf das zu erarbeitende Kon-
zept geht vom vorhandenen PPS-System aus. Es können nur solche Teilaufgaben umgesetzt werden, die bedienungstechnisch mit diesem System
möglich sind. Demgegenüber ist das technische Stücklistenwesen unter
Berücksichtigung der vorhandenen Organisations- und Informationsfluß-
Strukturen hinzuzuziehen, damit die Bedeutung, der Umfang und der
Transport der Daten zwischen den Systemen für alle Beteiligten eindeutig
formuliert werden können. Dies ist deshalb notwendig, da in der Praxis die
Betrachtungsweise von Stücklisten- und Artikelstammdaten in den betrieblichen Funktionsbereichen der Unternehmen unterschiedlich bewertet
werden. Erst die hier herbeigeführte Verständigung erlaubt die Formulierung folgender Fragen:

- Welche Daten sollen ausgetauscht werden?

- Welchen Inhalt besitzen die ausgetauschten Daten?

- In welche Richtung findet der Informationsaustausch statt?

- Wer besitzt zu welchem Zeitpunkt über welche Daten die Hoheit?

- Welche organisatorischen Vorkehrungen sind zu treffen? (Wenn nicht
  anders möglich, sind Änderungen konventioneller Arbeitstechniken
  beim Informationsaustausch vorzusehen [8-8].)

Die Beantwortung dieser Fragen ermöglicht zum einen die Konfiguration
der CAD-Stückliste und die Programmierung des "Hintergrund-PPS-
Benutzers". Zu anderen werden Gedankenanstöße für weitere Aktionen im
Rahmen der Integration unterschiedlicher EDV-Systeme geliefert. Dies
können Ideen zur Integration weiterer Applikationen im CAD/PPS-Umfeld
sein, z. B. die Einbeziehung vorhandener oder anzuschaffender Zeich-
nungsverwaltungs- oder Sachmerkmalleistensysteme.

Eminent wichtig ist die Aufbereitung (falls erforderlich) der CAD-Zeichnungen. Die Zeichnungen müssen, wie bereits weiter oben ausgeführt, von
ihrer inneren Struktur die zu erzeugende Stückliste abbilden, damit
überhaupt ein Datenaustausch zwischen CAD und PPS stattfinden kann.
Dies sollte zwar grundsätzlich immer der Fall sein, wenn mit EDV-
Hilfsmitteln grafische Konstruktionsunterlagen erzeugt werden. Aber die
tatsächlich vorhandenen Zeichnungsbestände zeigen in der Regel deutliche
Mängel. Die Einführung einer Online-Schnittstelle bietet an dieser Stelle
die Möglichkeit, den Zeichnungsbestand inhaltlich stark zu verbessern. Die
Zeichnung wird vom reinen "Papier" zum echten Informationsträger, nicht
nur für den Konstrukteur, sondern auch für die Kaufleute.

148

Die vorliegenden Ausführungen haben folgendes gezeigt:

- Die Realisierung der Online-Schnittstelle erfordert zunächst eine genaue Analyse der organisatorischen Vorgänge im Unternehmen.

- Die grundsätzliche Bereitschaft, über Organisationsstrukturen nachzudenken und diese eventuell auch zu modifizieren, muß vorhanden sein.

- BOM-Prozessor und CIM-Server bieten als Software-Module alle Voraussetzungen für die Realisierung.

- Anpassungen auf der PPS-Seite sind nur minimal erforderlich und beziehen sich ausschließlich auf die Benutzeroberfläche.

- Mit dem gewählten Ansatz werden bei der Übertragung von Daten alle Kontroll- und Regelmachanismen des PPS-Systems automatisch eingehalten.

- Die Schnittstelle ist auf die jeweiligen betrieblichen Bedürfnisse konfigurierbar. Dies gilt einerseits für den Umfang der zu übertragenden Daten und andererseits für die Berücksichtigung der vorhandenen organisatorischen Strukturen. Prinzipiell stehen alle Funktionen des PPS-Systems zur Verfügung. Welche jeweils realisiert werden, wird anhand des erstellten Konzeptes entschieden.

9 Qualitätssicherung unter Einsatz von CAQ-Systemen

Dr.-Ing. Jörg Pfeiffer/Dipl.-Phys. Dieter Schatz

9.1 Einleitung

Für die Wettbewerbsfähigkeit eines Unternehmens ist neben der Produktivität und Flexibilität die Qualität seiner Produkte von entscheidender Bedeutung, <u>Bild 9-1</u>. Alle Maßnahmen zur Erfüllung der Qualitätsanforderungen - insgesamt unter dem Begriff "Qualitätssicherung" zusammengefaßt - erhalten daher einen ganz besonderen Stellenwert. Qualitätsforderungen werden dabei nicht nur durch den Kunden gestellt. Auch Gesetzgebung und Unternehmensziele bewirken eine Erweiterung des Anforderungskatalogs.

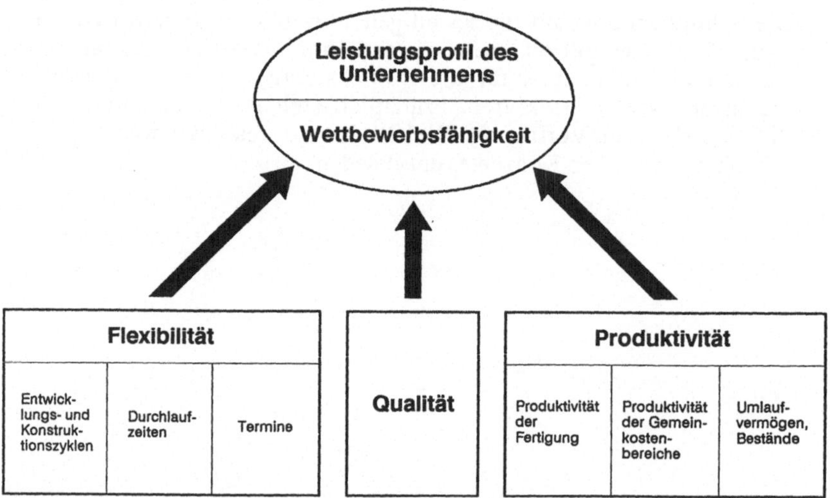

Bild 9-1: Bestimmungsgrößen der Wettbewerbsfähigkeit.

Bezüglich Umfang und Anspruch ist ein weltweiter Aufwärtstrend bei diesen Forderungen (z. B. Toleranzen, Grenzwerte) zu beobachten. Seine Ursachen sind schematisch in <u>Bild 9-2</u> dargestellt.

Die Qualitätsforderungen werden häufig in Spezifikationen zu einem Produkt zusammengefaßt. Allerdings geben technische Spezifikationen als solche noch keine Gewähr dafür, daß die Anforderungen nicht nur grundsätzlich, sondern ständig erfüllt werden, insbesondere wenn das organisa-

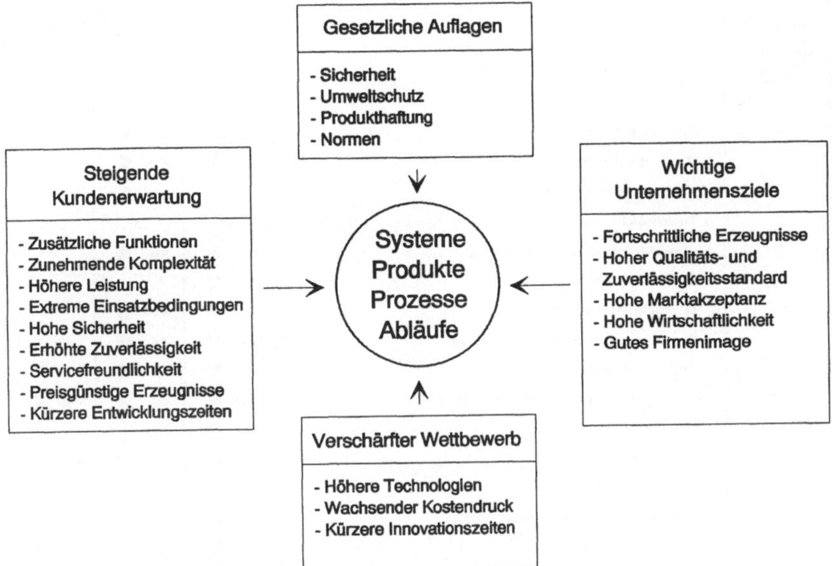

Bild 9-2: Ursachen für steigende Qualitätsforderungen [9-1].

torische System zur Planung und Realisierung des Produkts Unzuläng-
lichkeiten aufweist. Dies hat zur Entwicklung verschiedener Normen und
Leitfäden zu Qualitätssicherungssystemen (QS-Systemen) geführt, welche
die in den Spezifikationen enthaltenen einschlägigen Forderungen an das
Produkt ergänzen. Das QS-System umfaßt die Aufbauorganisation, die
Verantwortlichkeiten, Abläufe, Verfahren und Mittel, die zur Sicher-
stellung der ständigen Erfüllung aller festgelegten und vorausgesetzten Q-
Forderungen gehören.

Die Reihe der 1987 in Kraft getretenen internationalen Normen DIN ISO
9000 - 9004 [9-2] zu QS-Systemen stellt eine Vereinheitlichung der vielen
bis dahin existierenden Vorgehensweisen auf diesem Gebiet dar. Sie haben
in der Zwischenzeit eine große Akzeptanz erreicht und finden immer
stärkeren Eingang in Regelwerke und Vertragsbedingungen.

Die jederzeit "optimale" Qualität eines Produktes läßt sich heute nur auf der
Basis eines den individuellen Gegebenheiten des Unternehmens angepaßten
QS-Systems ständig aufrechterhalten. Zum Aufbau eines solchen QS-
Systems kann die DIN ISO 9004 als Leitfaden herangezogen werden. In ihr
werden die grundlegenden QS-Elemente, Bild 9-3, systematisch beschrie-
ben.

Abschnitts- (oder Unterabschnitts-) nummer in ISO 9004	Titel	Zugehörige Abschnitts- (oder Unterabschnitts-) Nummer in der Norm		
		ISO 9001	ISO 9002	ISO 9003
4	Führungsaufgaben	4.1 ●	4.1 ◐	4.1 ○
5	Grundsätze zum Qualitätssicherungssystem (QS-System)	4.2 ●	4.2 ●	4.2 ◐
5.4	Internes Qualitätsaudit des QS-Systems	4.17 ●	4.16 ◐	—
6	Wirtschaftlichkeitsbetrachtungen - Überlegungen zu Qualitätskosten	—	—	—
7	Qualität im Marketing (Vertragsprüfung)	4.3 ●	4.3 ●	—
8	Qualität in der Entwicklung	4.4 ●	—	—
9	Qualität bei der Beschaffung	4.6 ●	4.5 ●	—
10	Qualität in der Produktion (Prozeßlenkung)	4.9 ●	4.8 ●	—
11	Produktionslenkung	4.9 ●	4.8 ●	—
11.2	Lenkung und Rückverfolgbarkeit von Material	4.8 ●	4.7 ●	4.4 ◐
11.7	Überwachung des Prüfstatus	4.12 ●	4.11 ●	4.7 ◐
12	Qualitätsprüfungen	4.10 ●	4.9 ●	4.5 ◐
13	Prüfmittelüberwachung	4.11 ●	4.10 ●	4.6 ◐
14	Behandlung fehlerhafter Einheiten	4.13 ●	4.12 ●	4.8 ◐
15	Korrekturmaßnahmen	4.14 ●	4.13 ●	—
16	Umgang mit Produkten während Lagerung, Verpackung und Versand	4.15 ●	4.14 ●	4.9 ◐
16.2	Kundendienst	4.19 ●	—	—
17	Qualitätsdokumentation und -aufzeichnung (Lenkung der Dokumente)	4.5 ●	4.4 ●	4.3 ◐
17.3	Qualitätsaufzeichnungen	4.16 ●	4.15 ●	4.10 ◐
18	Personal (Schulung)	4.18 ●	4.17 ◐	4.11 ○
19	Produktsicherheit und Produkthaftung	—	—	—
20	Statistische Methoden	4.20 ●	4.18 ●	4.12 ◐
—	vom Auftraggeber beigestellte Produkte	4.7 ●	4.6 ●	—

Schlüssel

● Volle Forderung

◐ Weniger streng als ISO 9001

○ Weniger streng als ISO 9002

— Element kommt nicht vor

Bild 9-3: Elemente eines Qualitätssicherungssystems [9-2].

9.2 Entwicklung der Qualitätssicherung und Erläuterung der Begriffe

Im Gegensatz zum vielfältigen Qualitätsverständnis in der Allgemeinsprache, <u>Bild 9-4</u>, ist im Anwendungsbereich der QS eine einheitliche Definition notwendig. Nach DIN 55350 [9-4] ist Qualität die Beschaffenheit einer "Einheit" bezüglich ihrer Eignung, festgelegte und vorausgesetzte Erfordernisse zu erfüllen. Einheiten für Qualitätsbetrachtungen können sein:

-    Ergebnisse von Tätigkeiten und Prozessen. Darunter fallen materielle und auch immaterielle Produkte wie z. B. eine Dienstleistung oder ein DV-Programm.

-    die Tätigkeiten oder Prozesse selbst wie das Erbringen einer Dienstleistung, ein Verfahren sowie jede Tätigkeit im Rahmen der QS selbst.

Schlagwortartig ausgedrückt ist Qualität die Maßzahl für den Erfüllungsgrad der Anforderungen. Je nachdem, welcher Teilbereich der Gesamteigenschaften einer Einheit betrachtet wird, spricht man auch von der Planungsqualität, Ausführungsqualität usw.

Qualitätssicherung ist die Gesamtheit aller Maßnahmen und Tätigkeiten, die darauf ausgerichtet sind, eine hohe Qualität der betrachteten Einheit zu erreichen und aufrechtzuerhalten.

Die Qualitätssicherung kann bezüglich Umfang und Leistungsfähigkeit grob in drei Entwicklungsstufen unterteilt werden, deren Betrachtung im folgenden auf einen Fertigungsbetrieb bezogen ist.

In der Vergangenheit bestand die Hauptaufgabe der QS in der Qualitätsprüfung am Endprodukt (oft auch als Q-Kontrolle bezeichnet). Ihr Ziel war es, die "schlechten" (nicht den Qualitätsanforderungen genügen-

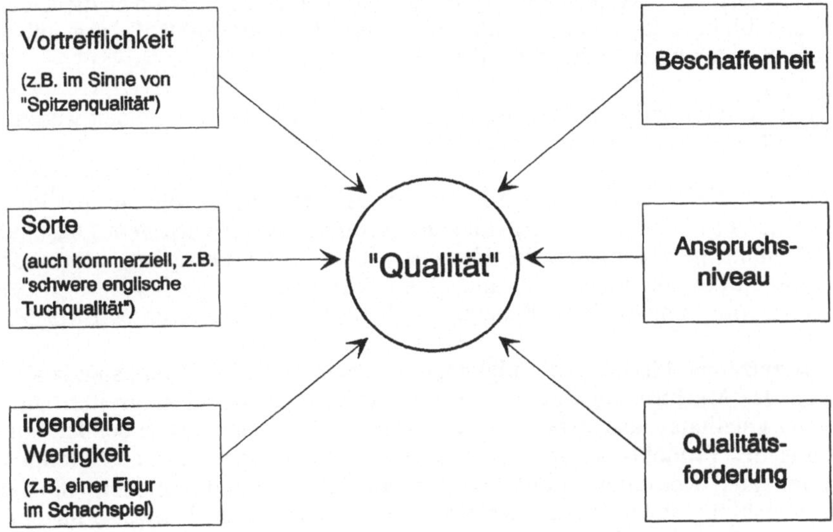

Bild 9-4: Die zahlreichen Bedeutungen von "Qualität" in der Gemeinsprache [9-3].

den) Teile herauszufinden und auszusortieren und so für den verbleibenden Anteil eine ausreichende Qualität zu garantieren. Probleme ergaben sich durch den bei manuellen Sortier-Prüfungen unvermeidlichen Durchschlupf und den hohen Kostenaufwand, der sich zum einen aus dem Prüfaufwand und zum anderen aus dem nicht unerheblichen Produktionumfang von Ausschußteilen zusammensetzte.

In der weiteren Entwicklung folgte die Einführung der Qualitätsprüfung und darauf aufbauend der Qualitätslenkung im Fertigungsablauf. Die fertigungsbegleitenden Q-Prüfungen sollen ständig produktionsnah ein Bild über das augenblickliche Qualitätsniveau des Prozesses liefern. Um den Umfang dieser Tätigkeiten zu begrenzen, werden Stichprobenprüfungen herangezogen und die Ergebnisse nach statistischen Methoden ausgewertet.

Auf den so erhaltenen Informationen baut die Qualitätslenkung auf. Sie umfaßt die vorbeugenden, überwachenden und korrigierenden Tätigkeiten innerhalb der QS. Hierbei handelt es sich vornehmlich um den Aufbau prozeßnaher, reaktionsschneller Regelkreise wie z. B. der statistischen Prozeßregelung "SPC" (Statistical Process Control) [9-5].

Mit Hilfe solcher Einrichtungen werden sich anbahnende Qualitätseinbrüche an jeder Stelle im Produktionsprozeß rechtzeitig sichtbar gemacht und durch sofortige gegensteuernde Maßnahmen - z. B. des Maschinenbedieners - abgefangen, so daß eine Produktion von Ausschußteilen vermieden wird. Zusätzlich kann über die mitgeführten Dokumentationen die Qualitätsfähigkeit der benutzten Maschinen und Fertigungsabläufe gegenüber dem Kunden nachgewiesen werden.

In der dritten und vorläufig letzten QS-Entwicklungsstufe kommen wesentliche Erweiterungen neu hinzu:

Das Tätigkeitsfeld der QS wird vom reinen Fertigungsprozeß auf alle Phasen des Produktentstehungszyklus ausgeweitet. Damit wird dem Umstand Rechnung getragen, daß die Ursache vieler in der Fertigung oder auch während der Nutzungsphase entdeckten Fehler auf Mängel im Bereich der Konzeption, Entwicklung, Planung und Steuerung zurückzuführen ist [9-6].

Die einzelnen Phasen und Tätigkeiten bei der Produkterstellung, angefangen von der Marktforschung bis hin zum Anwendungsservice, greifen auch unter Qualitäts-Gesichtspunkten wie eine Kette ineinander. Die bei der Nutzung des Produkts gesammelten Daten (z. B. aus der Service-Abteilung oder aus Reklamationen) werden ausgewertet und dienen in der Entwicklung sowie in der Marktforschung als wertvolle Hinweise für eine weitere Produktverbesserung. Auf diese Weise wird die Qualitätskette zum

Qualitätskreis geschlossen, der unter Einbeziehung des Kunden/Anwenders die gegenseitigen Abhängigkeiten anschaulich wiedergibt, <u>Bild 9-5</u>.

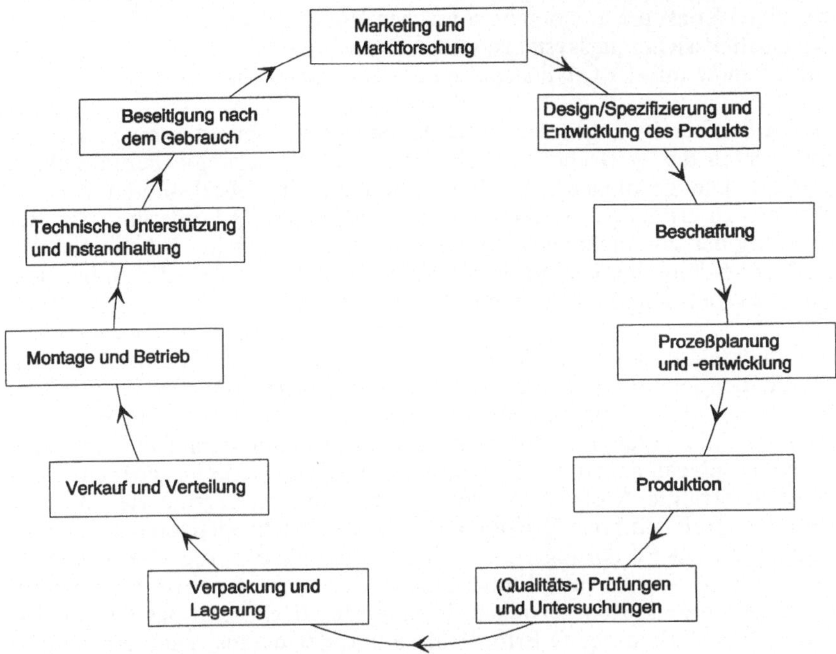

Bild 9-5: Qualitätskreis mit Qualitätselementen [9-2].

Die Qualitätssicherung enthält jetzt für jede Produktentstehungsphase die Tätigkeitsbereiche Q-Lenkung, Q-Prüfung und die neu hinzukommende Q-Planung. Diese beinhaltet die Auswahl qualitätsbestimmender Merkmale und deren Spezifikation im Hinblick auf die durch den Zweck der Einheit gegebenen (realisierbaren) Erfordernisse auf das vorgesehene Anspruchsniveau.

Daneben werden Q-Planung und Q-Lenkung jetzt auch übergreifend für den gesamten Produktentstehungszyklus eingesetzt. Für die Planungstätigkeit werden ständig zahlreiche Informationen über das Fertigungsgeschehen zur Anpassung der Prüfpläne an die aktuelle Fertigungssituation benötigt. Die Q-Lenkung soll durch gezielte Schwachstellenanalysen die notwendigen Ansatzpunkte für Qualitätsverbesserungen aufzeigen bzw. die Verbesserung einzelner Herstellungsschritte und damit eine effizientere Erfüllung der Qualitätsforderungen ermöglichen.

All diese Aufgaben führen zu der Forderung nach einer integrierten, d. h. bereichsübergreifend organisierten Qualitätssicherung, die auch mit dem Begriff TQC (Total Quality Control) gekennzeichnet wird. Die dazu notwendigen Konzepte und organisatorischen Voraussetzungen sind Bestandteil des Qualitätssicherungssystems, welches vom Qualitätsmanagement in Übereinstimmung mit der Qualitätspolitik des Unternehmens zu erstellen ist.

Neben den bereits angesprochenen Qualitätsgesichtspunkten muß an dieser Stelle auch die Wirtschaftlichkeit der neuen QS-Strategie berücksichtigt werden. Die gewünschte Qualität innerhalb eines bestimmten Kostenrahmens zu erreichen, ist ebenso eine zu erfüllende Q-Forderung. Zur Beurteilung der unternehmensinternen Aspekte hilft hier die Erkenntnis, daß die Vermeidung von Fehlern in der Regel billiger ist als Fehler zu machen, später zu suchen und schließlich zu beseitigen [9-6].

Die unternehmensexternen Aspekte beziehen sich auf den Kunden bzw. den Markt, der letztendlich über die Qualitätserfordernisse für ein Produkt entscheidet. Es ist Aufgabe des Managements, das anzuzielende Marktsegment für die erzeugten Produkte festzulegen und daraufhin eine dem Anspruchsniveau angepaßte Qualitätsstrategie zu entwickeln. Jeder aus Kundensicht erfolgte Abstrich an der Qualität führt zu verringerter Wettbewerbsfähigkeit. Zu hohe Q-Kosten - auch durch nicht sachgerechte Übererfüllung der Q-Forderungen - beeinträchtigt ebenso die Wettbewerbsfähigkeit; der Kunde oder Endverbraucher ist normalerweise nicht bereit, derartige Zusatzkosten zu tragen. Produktspezifisch kann das Anspruchsniveau hinsichtlich der Q-Erfordernisse und der daraus resultierenden Q-Kosten sehr unterschiedlich sein; diesbezüglich unterscheiden sich Sicherheitsteile signifikant von z. B. einfacheren Verbrauchsgütern.

Ein eingeführtes und "aktives" QS-System bietet für ein Unternehmen ein hohes - auch strategisches - Wettbewerbspotential. Die Möglichkeit, hiermit das Kundenvertrauen in die Fähigkeit des Unternehmens zu stärken, die Sicherheit zu geben, daß jederzeit ein gleichmäßiger und hoher Qualitätsstandard erreicht wird, hat einen hohen Stellenwert. Daneben ist ein effizientes QS-System auch eine Voraussetzung für "Just-in-time"-Lieferungen.

9.3 Qualitätssicherung mit EDV-Unterstützung

9.3.1 Grundsätzliche Gesichtspunkte

Die heutige moderne Qualitätssicherung beruht auf den drei Säulen Qualitätsplanung, Qualitätsprüfung und Qualitätslenkung, <u>Bild 9-6</u>.

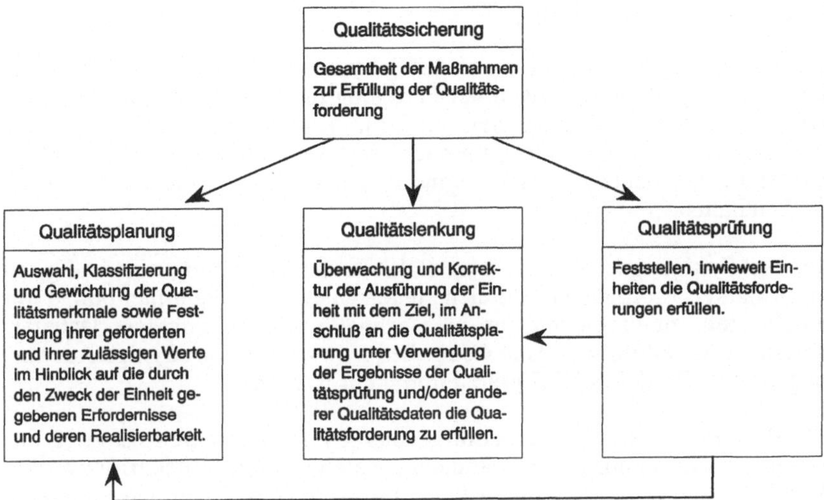

Bild 9-6: Säulen der Qualitätssicherung [9-7].

Innerhalb der Q-Lenkung besteht ein wachsender Bedarf an umfassenden qualitätsbeschreibenden Daten aus dem gesamten Produktplanungs- und Fertigungsgeschehen des Unternehmens. Aber auch in der Q-Planung werden solche Daten für Aktualisierungs- und Korrekturzwecke benötigt. Die primäre und umfangreichste Quelle für diese Informationen ist die Q-Prüfung. In ihrem Bereich werden relevante Istdaten in großem Umfang erfaßt, kurzfristig verdichtet und ausgewertet.

Viele dieser Tätigkeiten sind rechnergestützt schneller und wirtschaftlicher durchzuführen oder werden damit überhaupt erst realisierbar [9-8, 9-9, 9-10].

Die EDV-Systeme für die QS werden unter dem Begriff CAQ (Computer Aided Quality Assurance) zusammengefaßt, der sinngemäß für "rechnerunterstützte Qualitätssicherung" steht. Sie sind unverzichtbare Werkzeuge für die ständig wachsenden Bereiche der Prüfdatenerfassung, -verarbeitung und -darstellung. Daneben decken die umfangreicheren CAQ-Systeme aufgrund ihrer internen Ablaufstrukturen bereits einzelne Bereiche von komplexen Qualitätssicherungssystemen ab. Für die Zukunft ist zu erwarten, daß hier eine Vergrößerung des Anwendungsbereichs auf weitere Elemente des QS-Systems stattfindet.

9.3.2 Anforderungen an CAQ-Systeme

Der Anwendungsschwerpunkt von CAQ-Systemen liegt heute eindeutig in der Q-Prüfung für den Bereich der Fertigung und des Wareneingangs. Die dazu gehörenden wesentlichen Anforderungen sollen im folgenden beschrieben werden. Weiterführende Vorstellungen und eine bewertete Auflistung der heute am Markt erhältlichen CAQ-Systeme sind z. B. in [9-7] enthalten.

Auf der Fertigungsebene ist es im Rahmen der Q-Prüfung notwendig, an ausgewählten Prüfplätzen zahlreiche unterschiedliche Meßmittel online mit dem System zu verbinden, um eine schnelle und reibungslose Datenerfassung zu gewährleisten. Daneben sollen hier vor Ort kurzfristige Auswertungen z. B. für den SPC-Einsatz ermöglicht werden.

Für den Planungsbereich benötigt das System direkten Zugriff auf wiederkehrend benötigte Stammdaten, Kataloge und Vorschriftenwerke. Alle Prüfpläne (auftragsneutrale Pläne für Q-Prüfungen) zu den Produkten sollen unter Verwendung dieser Daten zentral erstellt, gepflegt und verwaltet werden.

Bei der Prüfauftragserstellung bilden die auftragsunabhängigen Prüfplanungsdaten zusammen mit den auftragsspezifischen Daten wie z. B. Losgröße, Fertigungsauftragsnummer oder Wareneingangsnummer den Prüfauftrag, nach dessen Vorgaben die Prüfungen auf der Fertigungsebene durchgeführt werden. Die erfaßten Istdaten sind dem Prüfauftrag zugeordnet und können daher jederzeit identifiziert werden.

Sämtliche Planungsdaten, erfaßten Istdaten und ausgewerteten Ergebnisdaten sollen in einer Datenbank zusammengefaßt werden, die einen durchgängigen Zugriff auf diese Informationen gewährleistet und Abfragen nach beliebigen Kriterien zuläßt. Auf diese Art kann die notwendige Transparenz über die aktuelle Qualitätslage erreicht werden.

Durch die verschiedenartigen Anforderungen ist die Aufgabenstellung mit einem einheitlichen Rechnersystem nicht optimal zu erfüllen. Vielfach werden daher die Planungsbereiche und die Datenbank auf einem größeren Leitrechner gehalten. Die Datenerfassung einschließlich der prozeßnahen Kurzzeitauswertungen erfolgt über PC-gestützte Arbeitsplätze, die mit dem Leitrechner über ein Netzwerk verbunden sind.

Ebenso wie die QS selbst darf auch das CAQ-System zur optimalen Erfüllung seiner Aufgabe kein in sich abgeschlossenes System innerhalb des Unternehmens bleiben. Es muß vielmehr - in Bezug auf den Datenaustausch
mit anderen rechnergestützten Bereichen - eingebunden werden in die vorhandene DV-Landschaft. Unter den einzelnen CIM-Komponenten fällt dem
CAQ-System dabei eine Schlüsselrolle in Form der durchgängigen,
übergreifenden Erfassung einer Vielzahl von einzelnen Qualitätsinformatio-
nen und Bereitstellung von ausgewerteten und verdichteten Qualitätsdaten
zu. Eine Übersicht der internen Struktur heutiger CAQ-Systeme und deren
Verknüpfung mit weiteren CIM-Bausteinen ist in Bild 9-7 dargestellt.

Eine Voraussetzung für die schnelle Reaktion eines CAQ-Systems auf die
jeweiligen Anforderungen des Benutzers ist die ständige Verfügbarkeit
aller aktuellen Planungsdaten. Falls die Zentral-EDV den jederzeitigen
Zugriff auf benötigte Stammdaten nicht gewährleistet, können diese Daten
parallel im CAQ-System gehalten und von der Zentral-EDV zyklisch
aktualisiert werden.

Zur Systematisierung der Prüfplanung werden neben den Stammdaten noch
weitere Kataloge mit für diese Aufgabe relevanten Daten erstellt (z. B.
Merkmalskataloge, Prüfmittelkataloge, Fehlerkataloge, Vorschriftenwerke
usw.). Aus den genannten Bausteinen werden die Prüfpläne im Grundauf-
bau zusammengestellt. Aus dem CAD-System werden Merkmale mit den
zugehörigen Spezifikationen und eventuell ganze Zeichnungen übernommen.

Für die spätere automatische Prüfauftragsgenerierung müssen die im Fertigungsplan enthaltenen Arbeitsfolgenummern zu den einzelnen Prüfschrit-
ten den entsprechenden Prüfplanabschnitten zur Identifikation vorangestellt
werden.

Die Prüfauftragssteuerung dient CAQ-intern zur Generierung, Überwachung und Verwaltung der Prüfaufträge. Über die externe Schnittstelle zu
anderen CIM-Komponenten kann die Generierung von Prüfaufträgen initiiert werden und es können Rückmeldungen über deren Abarbeitungszustand
erfolgen. Diese Schnittstelle ermöglicht eine direkte Kommunikation der
verschiedenen rechnergestützten Systeme ohne weitere manuelle Eingriffe.

Die bei der Prüfdurchführung gesammelten Istdaten werden zu aussage-
kräftigen Qualitätsdaten verdichtet, welche zur Unterstützung und Optimierung der Planung innerhalb der anderen rechnergestützten Systeme
heranzuziehen sind.

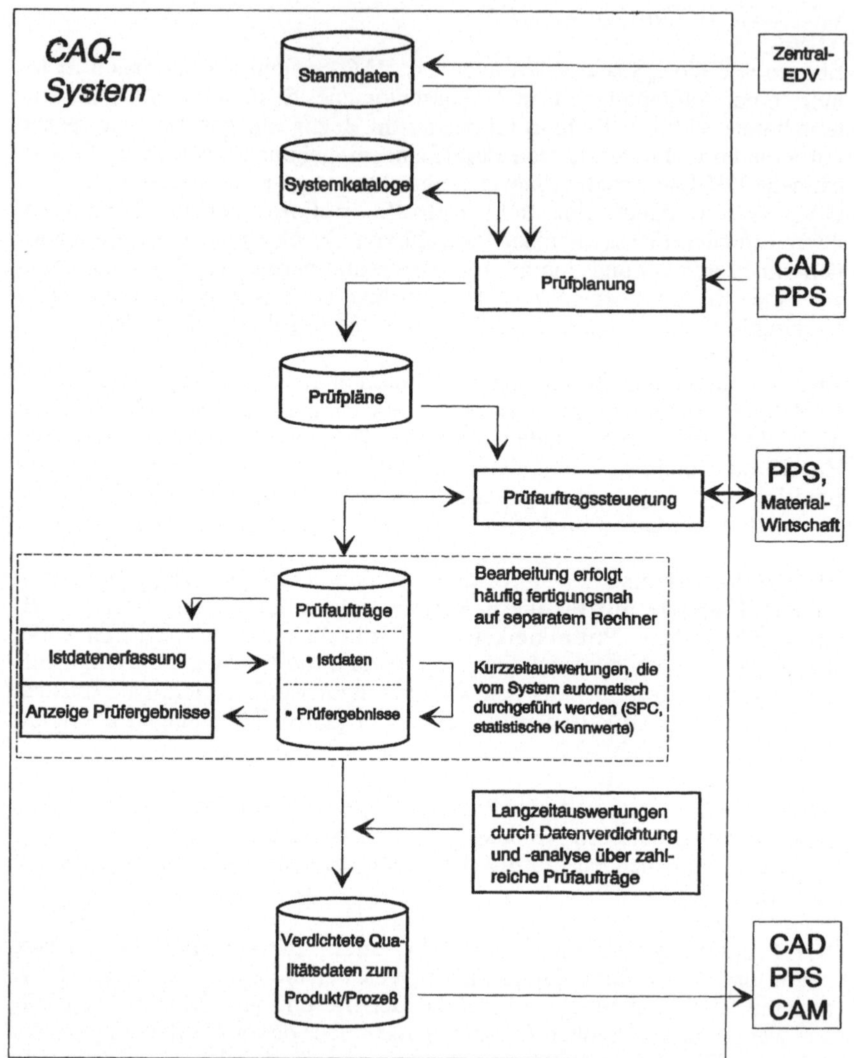

Bild 9-7: Interne Struktur eines CAQ-Systems und Schnittstellen zu anderen rechnergestützten Systemen.

9.4 Beispiel: Planung zur Einführung eines CAQ-Systems

In diesem Abschnitt soll die durchgeführte Planung für den Einsatz eines CAQ-Systems in einem Fertigungsbetrieb für dauermagnetische Bauteile vorgestellt werden.

9.4.1 Erläuterungen zum Produkt

Dauermagnete werden überwiegend pulvermetallurgisch durch Formpressen und Sintern hergestellt. Im Anschluß daran erfolgt ein Wärmebehandlungszyklus, in dessen Verlauf sich die optimalen dauermagnetischen Eigenschaften ausbilden. Die geometrische Endform wird - sofern sie nicht über die direkte Formgebung erzielt werden kann - durch eine abschließende Hartbearbeitung (Schleifen, Trennen) erreicht. Der verfahrenstechnische Ablauf ist in <u>Bild 9-8</u> aufgezeigt.

Das Fertigungsspektrum umfaßt ca. 3.000 aktuelle, meist kundenspezifische Typen, die sich auf etwa 1.000 Kunden verteilen. Die Fertigungslose liegen in der Größe von 1.000 und 150.000 Teilen.

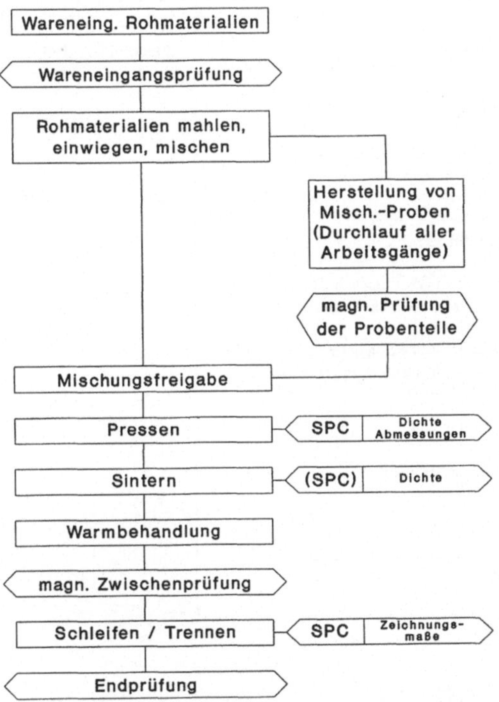

Bild 9-8: Grobübersicht zum Herstellungsverfahren von Dauermagneten.

9.4.2 Vorgehensweise bei der Planung

Für die Planungsarbeiten wurde ein Mitarbeiter als Projektleiter vollständig freigestellt. Die betrieblichen Führungskräfte der einzelnen Fachdisziplinen wurden an den zahlreichen Besprechungen je nach Themenstellung zur Einbringung ihrer Fachkentnisse beteiligt.

Die Bedarfsanalyse wurde in der Endphase mit Unterstützung einer Unternehmensberatung unter Beachtung der Rahmenbedingungen eines QS-Systems nach DIN ISO 9001 durchgeführt. Mit Hilfe der Bedarfsanalyse wurden Zielvorstellungen und Randbedingungen für das CAQ-System und dessen späteren Einsatz erfaßt und dokumentiert. Desweiteren wurde daraus der Anforderungskatalog an das CAQ-System entwickelt, Bild 9-9.

Für die oben beschriebenen Planungsschritte wurde insgesamt ein Zeitraum von eineinhalb Jahren benötigt.

KRUPP WIDIA GMBH	Seite: 4
Pflichtenheft CAQ für Magnetbetrieb: Anforderungsprofil	Stand: 11.06.1990

4.	**Datenerfassung und -Verarbeitung** **zu einem Prüfauftrag in Bearbeitung**	
4.1	Meß- und Prozeßdatenerfassung	
4.1.1	manuelle Erfassung über Tastatur	+
4.1.2	automatische Erfassung über angeschlossene Prüfmittel	+
4.1.3	formelmäßige Umsetzung der Meßdaten	+
4.1.4	Merkmalsverknüpfungen	+
4.1.5	Festlegung der Reihenfolge bei der Abarbeitung von mehreren, voneinander unabhängigen Merkmalen in einem Prüfauftrag durch den Werker. (Alle Merkmale zu einem Teil, dabei Reihenfolge der Merkmale nach Vorgabe im Prüfplan - oder alle Teile zu einem Merkmal mit wählbarer Reihenfolge der Merkmale)	+
4.2	Erfassen von Ereigniscodes zu Meßwerten	
4.2.1	ein einzelner Wert aus Katalog	+
4.2.2	mehrere Werte unabhängig voneinander aus Katalog	+
4.2.3	freier Text zusätzlich eingebbar	+
4.3	Erfassung von Zusatzinformationen in kundenspezifischen Feldern zu jedem Prüfauftrag	
4.3.1	aus Katalog	+
4.3.2	freier Text zusätzlich	

Bild 9-9: CAQ-System Krupp Widia Magnettechnik - Anforderungskatalog (Auszug).

In Bild 9-10 ist die Struktur des Gesamtsystems aufgezeigt. Aus ihr wird der geplante hierarchische Aufbau ersichtlich. Neben der groben Aufteilung in einen Planungs- und einen Erfassungsbereich ist eine mittlere Ebene zur Verknüpfung dieser beiden Komponenten eingefügt. Hier sollen Leitstandsfunktionen für jeweils eine Fertigungsstufe realisiert werden. Da-

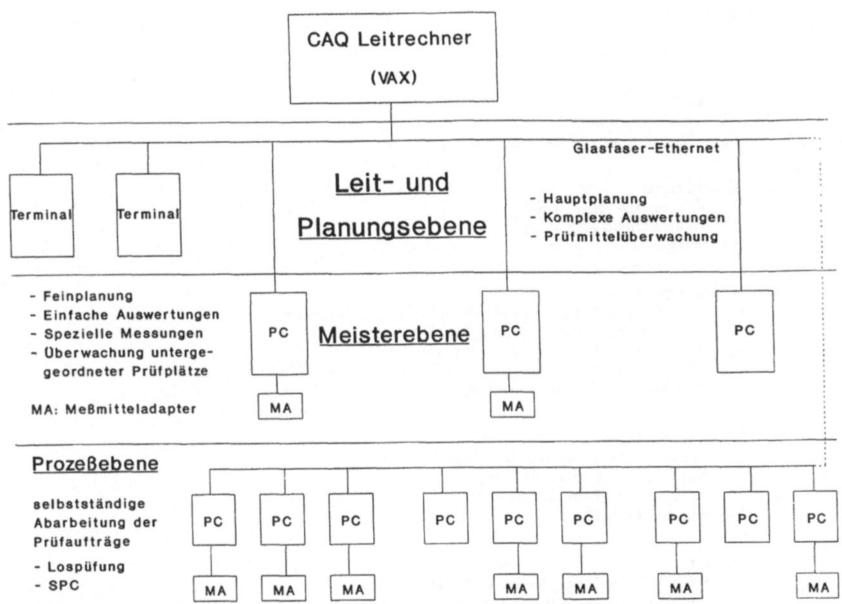

Bild 9-10: CAQ-System Krupp Widia Magnettechnik - Aufgliederung in die drei Hierarchie-Ebenen.

neben wird es von hier aus möglich sein, sich auf eine beliebige untergeordnete Station aufzuschalten und so online den dort vorliegenden aktuellen Qualitätsstand abzurufen.

Eine Auflistung aller Arbeitsgänge, bei denen qualitätsrelevante Daten erfaßt werden müssen, zeigt <u>Bild 9-11</u>. In <u>Bild 9-12</u> ist stichpunktartig der Einsatz- und Aufgabenbereich des CAQ-Systems dargestellt.

Es sind insgesamt 45 CAQ-Bildschirmarbeitsplätze geplant, die direkt an den einzelnen Maschinengruppen, in den Meisterbüros und im Planungsbereich (Arbeitsvorbereitung, Q-Wesen) installiert werden. Die auf den Arbeitsplatz bezogenen Dateneingaben, -anzeigen und abzuspeichernden Daten sowie zusätzliche Informationen sind auszugsweise in <u>Bild 9-13</u> ablesbar.

1 **Fertigungsauftrag**
  11   Auftragseingabe
  12   Vorgaben

2 **Prüfauftrag**
  21   Prüfplanauswahl
  22   Vorgaben über Fertigungsauftrag hinaus

3 **Wareneingang**
  31   Wareneingangserfassung
  32   Wareneingangsprüfung
  33   Freigabe

4 **Mischungsfertigung**
  41   Mischungsfertigung Prozeßbegleitdaten und Vorgaben
  42   Mischungszusammenstellung, Mahlen
  43   Mischungsprüfung (mech./ chem. Größen)
        (Mischungszusammenstellung aus Rohstoffen, alten Mischungen,
        Rücklaufstoffen und Vormischungen)

5 **Pressen / Spritzen**
  51   Pressen / Spritzen Prozeßbegleitdaten u. Vorgaben
  52   Spritzen Prozeßdatenerfassung
  53   Pressen / Spritzen Fertigungsteile (SPC-Prüfung)
  54   Pressen Freigabe

6 **Sintern**
  61   Sintern Prozeßbegleitdaten u. Vorgaben
  62   Sinterling Dichteprüfung (statist. Prozeßanalyse)
  63   Sinterling Abmessungsprüfung (statist. Prozeßanalyse)
  64   Ofenüberwachung: Dichteprüf. an gesinterten Mischungsproben
  65   Freigabe Sintern

7 **Homogenisieren**
  71   Homogenisierung Prozeßbegleitdaten

8 **Anlassen**
  81   Anlaßbehandlung Prozeßbegleitdaten

9 **Magn. Zwischenprüfung**
  91   Magn. Prüfung Fertigungsteile (statist. Prozeßanalyse)
  92   Magn. Prüfung fertigbehand. Mischungsproben (Losprüfung)
  93   Magn. Prüfung Referenzteile aus Endprüfung (Losprüfung)
  94   Freigabe Fertigungsteile
  95   Freigabe Mischung

10 **Trennen / Schleifen**
  101   Trennen / Schleifen Prozeßbegleitdaten u. Vorgaben
  102   Trennen / Schleifen (SPC-Prüfung)
  103   Freigabe Trennen / Schleifen
        (alle Punkte für jeden Fertigungsteilschritt getrennt)

11 **Warenausgang**
  111   Losprüfung Begleitdaten u. Vorgaben
  112   Losprüfung dimensionell
  113   Losprüfung magnetisch
  114   Losprüfung Oberfläche
  115   Losprüfung mech. Festigkeit
  116   Gesamtfreigabe

Bild 9-11: Fertigungsschritte für den CAQ-Einsatz bei Krupp Widia Magnettechnik.

- **Prüfplanung**

Datenbankunterstützte Prüfplanerstellung mit den Möglichkeiten einer schnellen, systematischen Ausarbeitung unter Verwendung standardisierter Elemente. Dazu kommen einfache Änderungs- und umfangreiche Kopiermöglichkeiten.

- **Prüfauftragssteuerung**

Durch manuelle Eingabe oder vom übergeordneten PPS-System werden Fertigungsaufträge in das CAQ-System eingegeben. Daraufhin werden aufgrund der vorhandenen Prüfplanungsdaten automatisch die entsprechenden Prüfaufträge für die enzelnen Fertigungsstufen erstellt und an die vorgegebenen Prüfstationen zur Abarbeitung verteilt.

- **Wareneingangsprüfung**

Erfassung der Wareneingänge und Vergleich der Liefer-Zertifikate (chem. Analysen) mit den Bestellvorschriften. In Sonderfällen erfolgt auch die Erfassung von zusätzlichen Analysedaten.

- **Fertigungsprüfung**

Für jeden Fertigungsschritt werden rechnergestützte Meß- und Auswertestationen bereitgestellt, die anhand der eingegebenen Werte vor Ort eine Darstellung des jüngeren Qualitätsdaten-Verlaufs einschließlich des aktuellen Standes ermöglichen. Prozeßdaten werden, sofern sie für die Interpretation der Meßdaten notwendig sind, ebenfalls mit aufgezeichnet. Bezüglich der Auswertung lassen sich drei Gruppen unterscheiden:

- SPC in der Fertigung für Prozeßschritte mit serieller Bearbeitung der Fertigungsteile. Dabei muß der Prozeß Eingriffsmöglichkeiten des Bedieners für eine möglichst direkte Beeinflussung des jeweils untersuchten Merkmals zulassen.

- Statistische Verfahren zur Prozeßbeobachtung und -verfolgung bei jenen Fertigungsschritten, die für den SPC-Einsatz aufgrund geringer Eingriffsmöglichkeiten nicht oder nur bedingt geeignet sind (z.B. bestimmte Merkmale beim Pressen und Spritzen).

- Losprüfung im Wareneingang, Warenausgang und bei allen Fertigungsschritten mit paralleler Bearbeitung der Fertigungsteile (z.B. Sinterung und Warmbehandlung im Batchbetrieb).

- **Qualitätsdatenverwaltung**

Die erfaßten Daten werden zunächst vor Ort zwischengespeichert, um eine kurzfristig autarke Betriebsweise der einzelnen Stationen zu gewährleisten. Danach erfolgt zyklisch und für den Bediener unbemerkt die Übertragung der Daten zum Leitrechner, wo sie in die zentrale Datenbank eingelesen werden.

- **Datensicherung**

Die Datensicherung und -auslagerung alter Bestände (Archivierung) erfolgt zentral vom Leitrechner.

Bild 9-12: CAQ-System Krupp Widia Magnettechnik - Stichwortartige Darstellung des Einsatz- und Aufgabenbereichs (Auszug).

lfd. Nr.	Arbeitsschritt/ Prüfschritt	Eingabe-platz	Hierar-chie	Eingabe Produktionsdaten ♀ : Schlüsselfelder	Eingabe Prüfdaten * : Gliederungszeichen	Anzeige Vorgabedaten (ü) = überschreibbar (e) = aus früheren Eingaben	Anzeige Auswahlliste (l) = aus bestehenden Listen (p) = aus Prüfplan	Bemerkungen
5	Sintern (Ofenzyklus)	29	M	♀ Prüfauftrags-Nr. * Betriebsmittel-Nr. * Sinter-Datum * lfd Nr. Sinterfahrt * Sinter-Index * Prog.-Nr. Sinterablauf * Kommentar (unformatiert)			* Prüfauftrags-Nr. (Sinterofen) e Fertigungsauftrags-Nr. Fertigungslos-Nr. Zeichnungs-Nr. Fertigungsstufe * Betriebsmittel-Nrn. mit Text l * Progr.-Nrn. Sinterablauf l mit Text	
6	Sintern Begleitdaten	29	M	♀ Prüfauftrags-Nr. * Mischungs-Nr. * Betriebsmittel-Nr. * Stations-Nr. * Nr. Sinterfahrt * Kommentar (unformatiert)			* Prüfauftrags-Nr. (Sintern) e Fertigungsauftrags-Nr. Fertigungslos-Nr. Zeichnungs-Nr. Fertigungsstufe * Betriebsmittel-Nrn. mit Text l * Stations-Nrn. mit Text l	
7	Sintern	29	W	♀ Prüfauftrags-Nr. * Kommentar (unformatiert)	* SPC: Dichte (berechnet aus Gewicht in Luft und Wasser) * SPC: Abmessungen Sinterling	* Prüfplan Sintern p Merkmal Dichte Prüfmittel-Nr. ü Prüfanweisung Merkmal dim. Abmessungen Prüfmittel-Nr. Prüfanweisung * Mischungs-Nr.	* Prüfauftrags-Nr. (Sintern) e Fertigungsauftrags-Nr. Fertigungslos-Nr. Zeichnungs-Nr. Fertigungsstufe * Komm.-Nrn. für Einträge l in Regelkarte mit Text	Für jedem Dichte-Meßwert ist die Lage des Sinterlings im Ofen aufzuzeichnen Wegen der fehlenden direk-ten Eingriffsmöglichkeit in den Prozeß wird das SPC-Ver-fahren nur zur Analyse des Sinterprozesses eingesetzt.
8	Los-Verwendungs-Entscheid	29	M	♀ Prüfauftrags-Nr. * Verwendungscode-Nr. * Stückzahl Fertigungseinheit * Kommentar (unformatiert)		* Mischungs-Nr. e	* Prüfauftrags-Nr. (Sintern) e Fertigungsauftrags-Nr. Fertigungslos-Nr. Zeichnungs-Nr. Fertigungsstufe * Verw.-Code-Nrn. mit Text l	

Bild 9-13: CAQ-System Krupp Widia Magnettechnik - Arbeitsplatzbezogene Dateneingabe, Anzeige und Abspeicherung (Auszug).

9.4.3 Systemauswahl

Zum Zeitpunkt der Auswahl existierten ca. 100 CAQ-Systeme am Markt. Allerdings befanden sich darunter nur fünf Systeme, die die beiden aufgestellten Festforderungen - relationale Datenbank, Betriebssystem Unix oder VMS auf dem Leitrechner - erfüllen konnten (siehe auch [9-11]).

Von diesen fünf Systemen gelangten drei in die engere Auswahl. Systemvorführungen, Gespräche mit Anwendern und das Studium der erhaltenen Produktbeschreibungen vermittelten erste Eindrücke. Anschließend erfolgte anhand des erarbeiteten Anforderungskatalogs die Ermittlung des Abdekkungsgrades. Hier lagen alle drei Systemen bei ca. 80 %. In einem letzten Schritt schlossen neben den rein anwendungsbezogenen Anforderungen die weiteren Auswahlkriterien:

- Anbieterbeurteilung,
- Integration von Leitrechner/Betriebssystem in vorhandene DV-Landschaft,
- eigene Einflußnahme auf weitere Entwicklung des Standards,
- verwendete Datenbank

das Verfahren zugunsten eines Anbieters ab.

Zur Zeit ist das ausgewählte CAQ-Systems in einer Testkonfiguration installiert. Sie dient zur Einarbeitung in die Bedienung und Systemstruktur. Parallel dazu wird in Zusammenarbeit mit dem Anbieter das Lastenheft für die benötigten firmenspezifischen Erweiterungen erstellt. Diese Phase ist Anfang 1991 abgeschlossen worden. Die Inbetriebnahme des Systems im ausgewählten Pilotbereich ist für Sommer 1991 vorgesehen. Die Anbindung des CAQ-Systems an das vorhandene PPS-System ist in einem weiteren, daran anschließenden Schritt geplant.

9.4.4 Wirtschaftlichkeitsbetrachtung

Die wirtschaftliche Beurteilung von Investitionen für die Einführung von CIM-Bausteinen ist mit den klassischen Methoden nicht ausreichend durchzuführen [9-12]. In dieser Aussage spiegelt sich ganz offensichtlich die Meinung wieder, daß Investitionsrechnungen einer dynamischen Fortentwicklung zu wenig Rechnung tragen und daß sie insbesondere die quantitativ schwer erfaßbaren strategischen Vorteile nicht genügend bewerten. Wie sollen z. B. die Faktoren Qualitätsniveau/Qualitätsimage objektiv in Investitionsrechnungszahlen umgesetzt werden? An dieser Stelle ist es daher Aufgabe des Investitionsanforderers, durch detaillierte Analysen eventuell unter Einschluß von Sensitivitätsbetrachtungen die Plausibilität seiner Annahmen gegenüber dem Controller nachzuweisen.

Für das geschilderte Anwendungsbeispiel ist bei den Qualitätskosten ein Absenkungspotential von ca. 30 % ermittelt worden. Der konventionelle, eher statische Investitionsrechnungsansatz führte zu einer Amortisationszeit von 3,5 Jahren. Die zusätzlich durchgeführten Sensitivitätsbetrachtungen unter Einschluß der erreichbaren strategischen Wettbewerbsvorteile zeigen auf, daß noch eine merkliche Verbesserung gegenüber der nach konventionellem Verfahren ermittelten Wirtschaftlichkeit erreichbar ist.

Diese Ergebnisse stehen in Übereinstimmung mit entsprechenden Daten aus der Literatur. Dort wird die Bandbreite der Armortisationszeiten für CAQ-Systeme mit dreieinhalb bis vier Jahren angegeben [9-13].

In Bild 9-14 wird nahezu unabhängig von der Unternehmensgröße eine Senkung der Qualitätskosten um ca. 1,5 % der Herstellkosten über einen Zeitraum von vier Jahren (1988-1992) als erreichbar angesehen. Bei dieser Betrachtung ist neben dem CAQ-Einsatz auch die Anwendung der anderen CIM-Komponenten innerhalb einer integrierten Gesamtlösung mit einbezogen worden.

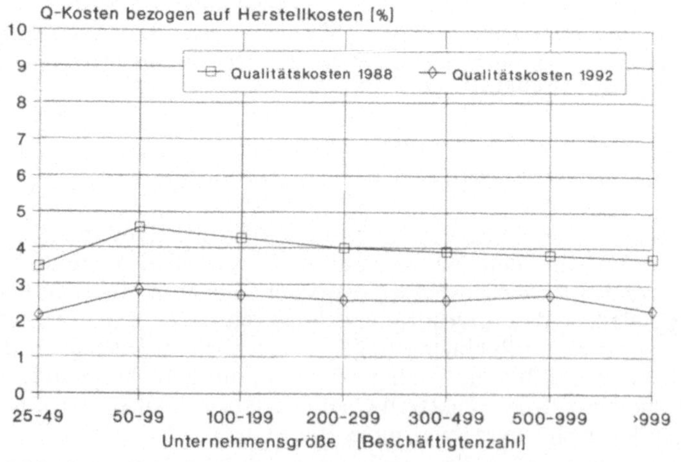

Bild 9-14: Anteil der Qualitätskosten an den Herstellkosten für 1988 und prognostizierte Kostenanteile unter Anwendung von CIM-Technologien für 1992 [9-14].

168

10 Bedeutung neuer Technologien für die flexible Fertigung

Dr. rer. nat. Bernd Schönwald

10.1 Einleitung

In keinem anderen Bereich eines Unternehmens hat sich der Einfluß von Informationstechnik und Mikroelektronik bisher so ausgeprägt entwickeln können wie in der Fertigung. Es besteht daher kaum ein Zweifel, die Fabrik der Zukunft wird zum überwiegenden Teil eine rechnergestützte Fabrik sein.

Drei große Innovationswellen kennzeichnen den industriellen Strukturwandel der letzten 200 Jahre. Mit der Entwicklung der Dampfmaschine folgte der erste Impuls, es begann die Mechanisierung. Der Einsatz von Kraft und Energie war durch die Verwendung der Dampfmaschine ortsungebunden. Später kam dann als weitere neue Innovationskraft der Motor, insbesondere der Elektromotor hinzu. Damit setzte vor etwa 100 Jahren ein zusätzlicher enormer Industrialisierungsschub ein. Dieser ermöglichte eine Vervielfachung menschlicher Arbeitskraft und Produktivität. Zur Zeit befinden wir uns in der dritten Phase, die wir allgemein als Informationszeitalter bezeichnen. Informationstechnik ist heute essentieller Bestandteil der Fertigung und ist gekennzeichnet durch den Einsatz von Elektronik, Mikroprozessoren und Software, <u>Bild 10-1</u>.

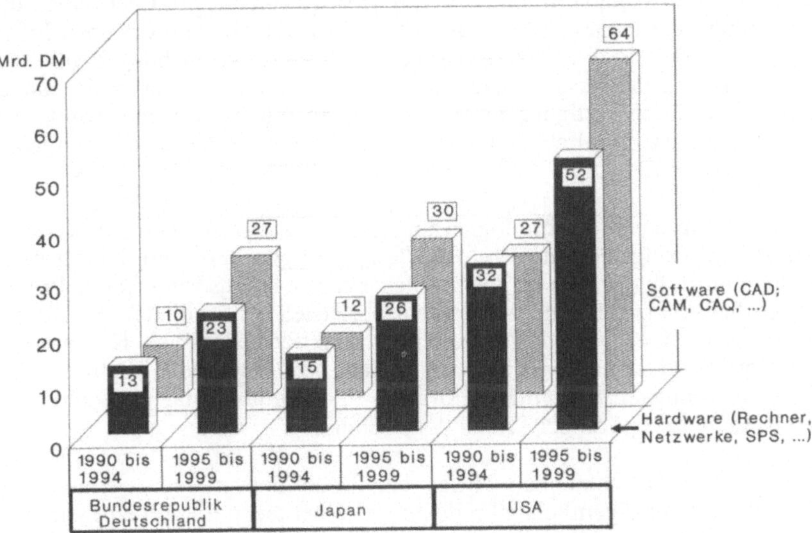

Bild 10-1: Markt für CIM-Komponenten und integrierte Systeme der Fabrikautomation. Quelle: Prognos

Informationstechnik als Querschnittstechnologie hat sich in allen Bereichen der Automatisierung und Mechanisierung durchgesetzt. Das beginnt mit einem intelligenten Sensor und endet bei der automatisierten Maschine. Darüber hinaus verbindet Software unterschiedliche Maschinen und vernetzt Produktion, Einkauf und Administration [10-1].

Die elektronischen Steuerungen und Sensoren erlauben eine bisher ungeahnte Flexibilität, ermöglicht durch die Dezentralität des Einsatzes von Energie und Information. Diese Technologien gaben die Grundlagen, um die notwendigen Produktivitätssteigerungen der letzten Jahrzehnte zu erreichen, Bild 10-2.

Taylor vollzog zu Beginn dieses Jahrhunderts den Übergang in der Fertigungsorganisation von der handwerklichen Fertigung zur mechanisierten Großindustrie. Davon profitierten zu der damaligen Zeit insbesondere die Automobilhersteller. Taylor schrieb 1911: "Bisher stand die Persönlichkeit an erster Stelle, in Zukunft werden die Organisation und das System an die erste Stelle treten". Durch die Anwendung neuer Formen der Produktion und der Arbeitsorganisation reduzierte Ford bereits im August 1913 die Montage-Taktzeiten für ein Auto von 514 auf 2,3 Minuten (Model T). Diese Zeit wurde durch das bewegliche Montageband wenige Monate später noch einmal auf 1,19 Minuten verringert [10-2].

Die zunehmende Industrialisierung der Produktion, die sich insbesondere durch vermehrten Einsatz von Kapital und Betriebsmitteln auszeichnete, erforderte neue Arbeitsformen. Der Taylorismus hatte seine Grenzen in der Flexibilität, die heute weltweit gefordert wird. Zunehmend erlauben Informationstechnik und Mikroelektronik einen Produktionsbetrieb mit den Merkmalen eines Dienstleistungsbetriebes zu versehen und damit das umzusetzen, was durch Fertigungstechnologievorgaben und aus Kundenwünschen umzusetzen ist, nämlich verkürzte Produktlebenszyklen sowie steigende Variantenvielfalt [10-3].

Die Nutzung neuer Technologien und die damit verbundene Zunahme an Flexibilität bringt es mit sich, daß die eigentliche Fertigung häufig nicht mehr unmittelbarer Hauptzweck eines Unternehmens sein kann. Produzieren heißt, Produkte bedarfsgerecht herzustellen. Produzieren wird zunehmend zu einer Dienstleistung, denn Produktionstechnik als Hardware ist für Unternehmen überwiegend zum Zukaufteil geworden. Wettbewerbsdifferenzierung erfolgt über Flexibilität und Produktivität und damit aus der Systemkonzeption der Produktionstechnik.

Gerade beim Maschinenbau verliert der Produktionsprozeß gegenüber der Komplexität des eigentlichen Produktes in seiner technologischen Tiefe häufig an Bedeutung. Mit zunehmender kostenbedingter technischer Spezi-

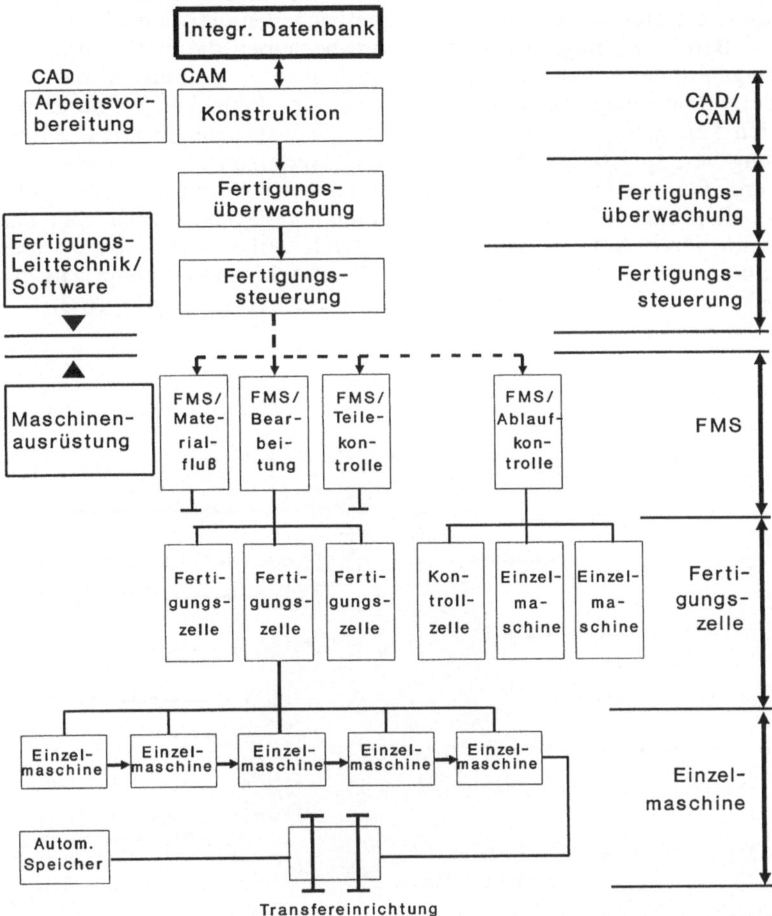

Bild 10-2: Ebenen der Fabrikautomation, von der Einzelmaschine bis zur Konstruktion. Quelle: Göhren

alisierung erfolgte eine Produktionsverlagerung zum Zulieferanten. Flexibilität wiederum sichert die heute geforderte Form der Produktivität. Diese Flexibilität wird selbst bei Massenprodukten wie dem Pkw gefordert, der in seinen zahlreichen Varianten die Vielfalt der Kundenwünsche widerspiegelt. Ob Hersteller von komplexen Serienprodukten oder technisch anspruchsvollen Produkten der Investitionsgüterindustrie, Informationstechnik und Mikroelektronik sind die Antriebsräder der flexiblen Fertigung [10-7].

In den letzten 20 Jahren hat sich der Markt zunehmend vom Anbieter- zum Käufermarkt gewandelt. Damit verbunden ist der Zwang, daß Industrieunternehmen verstärkt auf Kundenwünsche eingehen. Die dazu notwendige Technologie wurde insbesondere in den vergangenen vier Jahrzehnten entwickelt. Bereits zu Beginn der 50er Jahre begannen die ersten Strukturänderungen in der Fertigungstechnik. Damals wurden zum ersten Mal NC-gesteuerte Maschinen eingesetzt. Ende der 60er Jahre kamen die ersten flexiblen Fertigungssysteme zum Einsatz, die insbesondere mit der Entwicklung von speicherprogrammierbaren Steuerungen ihren Aufschwung erfuhren. Flexible Fertigungszentren kamen zur Anwendung mit zunehmender elektronischer Intelligenz in Sensoren und begannen etwa Mitte der 70er Jahre ihren Aufschwung, begleitet durch verbesserte Antriebs- und Regelungstechnik. Die damals beginnende Maschinenintelligenz gab die Möglichkeit zunehmender Flexibilisierung in der Fertigung, <u>Bild 10-3</u>.

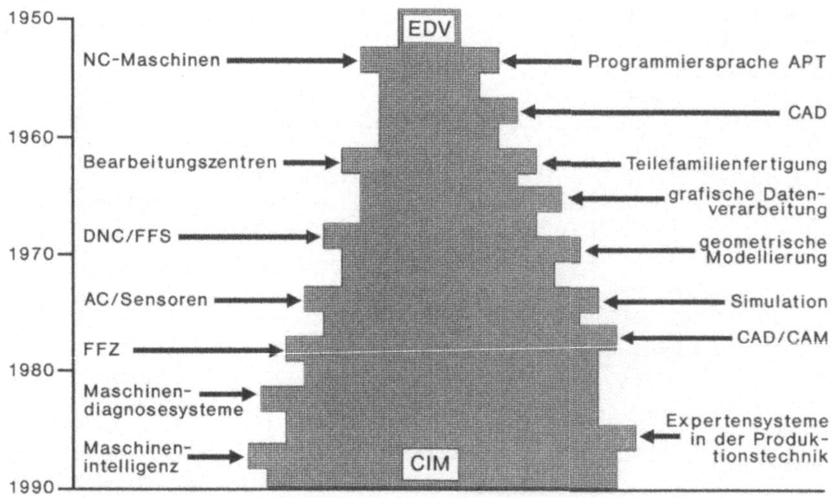

Bild 10-3: Von der elektronischen Datenverarbeitung zum Computer Integrated Manufacturing; Entwicklungen von Hard- und Software. Quelle: Siemens

Hand in Hand mit der Verbesserung der Hardware entstanden auch neue Software-Produkte. Erste Programmiersprachen kamen in den 50er Jahren als Maschinenprogrammiersprachen auf. Auch für CAD begann die erste Profilierung bereits Mitte der 50er Jahre. Mit der Verbesserung der Hardware folgte die erweiterte Möglichkeit der grafischen Darstellung. Zu Beginn der 70er Jahre beschleunigte sich die Entwicklung von Simulationsverfahren und der geometrischen Modellierung. Ebenfalls Mitte der

172

70er Jahre wurden die ersten erfolgreichen CAD/CAM-Verbindungen eingesetzt. Treibende Kraft in diesem evolutionären Prozeß war der exponentielle Anstieg in Computerkapazität und Rechengeschwindigkeit, der insbesondere im Maschinenbau wesentliche Anregungen gab, begleitet durch einen dramatischen Preisverfall der Hardware, der den breitenwirksamen Einsatz von Rechnertechnologie erst ermöglichte. Mit der Zunahme preiswerter Speicherkapazität und der Entwicklung neuer Programmiersprachen entstand neue Software, häufig als anspruchsvolle Standard-Software, aber zum Teil auch individueller als Expertensysteme. Expertensysteme sind heutzutage fast Stand der Technik in der Produktion bzw. zur Unterstützung der Produktion und werden wesentlicher Bestandteil für den Einsatz Künstlicher Intelligenz in den 90er Jahren sein.

Diese Schlaglichter auf Entwicklungen der letzten 30 - 40 Jahre sind im Sinne das, was wir heute unter dem Schlagwort CIM zusammengefaßt haben, auch wenn in CIM mehr der philosophische Ansatz einer Evolution zu sehen ist und seine Umsetzung bisher häufig nur in der Addition einzelner Insellösungen besteht.

Die Diskussion um CIM hat wesentliche Erkenntnisse gebracht, insbesondere auch in der Bedeutung neuer Technologien, wie der flexiblen Fertigung. Sie hat gezeigt, daß das alleinige Aufpfropfen von DV-Technologien auf bestehende Arbeitsabläufe wenig sinnvoll ist und hat belegt, daß mit alten Kleidern keine neue Mode zu machen ist, denn die alleinige Investition in Hard- und Software führte häufig nur zu einer Kostenlawine. Der Rationalisierungseffekt war zum Teil minimal [10-4].

CIM hebt die kostenoptimale Verteilung von Information in einem Unternehmen hervor. Es geht primär darum, ein mehrfaches und damit unwirtschaftliches Erfassen und Verwalten gleicher Daten in unterschiedlichen Funktionsbereichen eines Unternehmens zu vermeiden. CIM betont den integrativen Ansatz in der organisatorischen und technischen Zusammenführung von historisch entstandenen DV-Insellösungen in einem Unternehmen.

10.2 Von der Einzelmaschine zur flexiblen Fertigung

Es ist eine bemerkenswerte Tatsache, daß Maschinen z. T. nur geringe Änderungen in den letzten 50 oder sogar 100 Jahren zu verzeichnen hatten. Die Drehmaschine als Beispiel und isoliert gesehen sieht heute ähnlich aus wie vor 100 Jahren. Eine Druckmaschine dagegen - betrachtet in der gleichen Zeiteinheit - hat viele Änderungen durchlaufen. Vom Bleisatz in der Vergangenheit folgte der Übergang in den letzten 10 - 20 Jahren in die elektronische Drucksetzung. Damit verbunden war auch eine große

Beeinflussung der beruflichen Ausbildung und Spezialisierung. Hier wirkte der Einsatz von Informationstechnologie geradezu revolutionär, <u>Bild 10-4</u>.

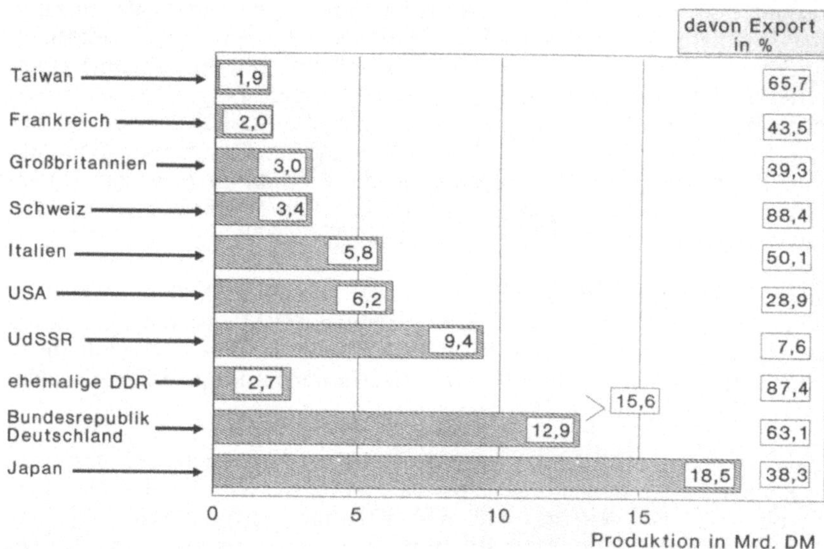

Bild 10-4: Die größten Werkzeugmaschinen produzierenden Länder (Zahlen von 1989). Quelle: VDW/VDI

Elektronik ermöglichte ganz andere Konstruktionskonzepte, wie am Beispiel der Handhabungssysteme zu sehen ist. Die Kombination von Sensorik und neuen elektronischen Antrieben hat komplexe und multifunktionale Maschinen kreiert. Diese Verbindung ergab höhere Genauigkeiten bei der mechanischen Bearbeitung von Werkstücken und ließ ein quasi kontinuierliches Arbeiten zu. Sichtbar vollzieht sich diese Entwicklung zum Beispiel bei Palettierkonzepten an flexiblen Fertigungszentren oder Montagesystemen.

Vom mechanischen Grundprinzip betrachtet, hat der Maschinenbau vielfach nur relativ moderate Änderungen vollzogen. So zum Beispiel durch den Einsatz neuer Werkstoffe, die mechanische Verbesserungen ermöglichten und Steigerungen des Leistungs-zu-Gewichtsquotienten zuließen. Die Produktivitätssteigerung als solche wurde jedoch überwiegend durch den Einsatz von Informationstechnologie und Elektronik erreicht. Dezentralisierung von Bearbeitungsschritten im gleichen Maschinensystem wurde nur durch neues Design und neue Maschinenkonzepte möglich. Bei flexiblen Fertigungssystemen umfaßt dieses Design vielfach ganze Werkshallen, <u>Bild 10-5</u>.

174

Bild 10-5: Beispiel eines flexiblen Fertigungssystems. Quelle: Heller

Nicht alle computergestützten Automatisierungstechnologien haben den gleichen Einfluß auf die Produktion und Produktivität. Es sind mehr die den Kreativprozeß unterstützenden CA-Techniken, die im Vordergrund stehen, wie CAD oder CAP und weniger die hardwareorientierten Systeme, wie flexible Fertigungssysteme, Roboter oder Lagersysteme, die stärker spezialisiert sind in ihrem Einsatz. Die Ursache liegt darin, daß in der vernetzenden Nutzbarkeit von CAD oder CAP ein Multiplikatoreffekt in einem Unternehmen liegt, während Maschinen - wie flexible Fertigungssysteme - im Grunde nur punktuelle, periphere Verbesserungen bringen. Es darf allerdings nicht übersehen werden, daß Kreativität in den planenden Bereichen und Produktivität in der Fertigung miteinander wechselwirken, <u>Bild 10-6</u>.

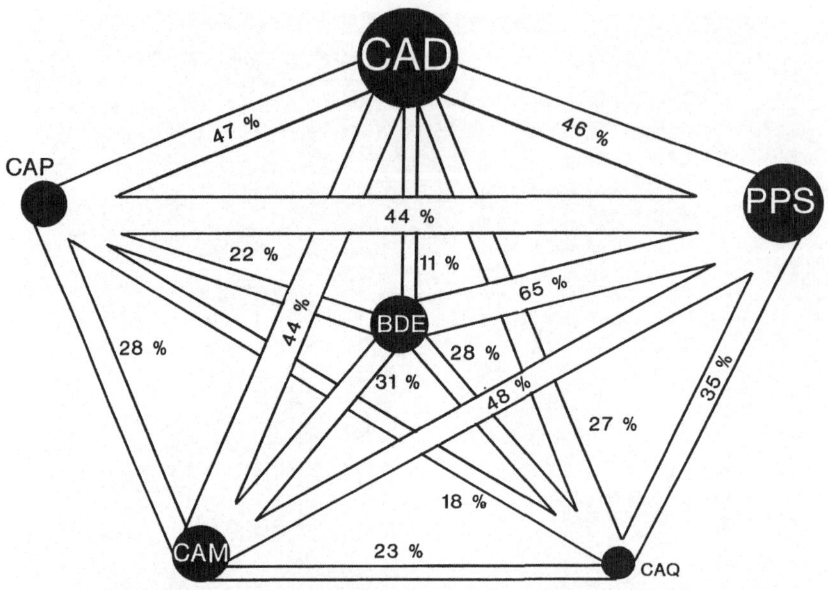

Bild 10-6: Schwerpunkte im CIM-Netz. Quelle: VDLN

10.2.1 Werkzeugmaschinen und flexible Fertigungssysteme

Die Werkzeugmaschine war eine der ersten Maschinen, die mit NC-Technologie ausgerüstet wurde. Etwa 30 % der Werkzeugmaschinen werden in der Maschinenbauindustrie direkt eingesetzt, gefolgt von der Automobilindustrie und der Elektroindustrie mit jeweils 20 % [10-6]. Damit zeigt sich auch die sehr starke Abhängigkeit der Werkzeugmaschinenindustrie vom generellen ökonomischen Klima. Nur der bedingungslose Einsatz von NC-Technologie brachte die Werkzeugmaschinenindustrie in die Lage, die Produktivitätszuwachsanforderungen der Kunden zu erfüllen.

Es ist zu erwarten, daß in den nächsten Jahren der quantitative Einfluß neuer Technologien, insbesondere neuer Konstruktionen oder neuer Werkstoffe, in der Werkzeugmaschinenindustrie im allgemeinen und in der spanabhebenden Industrie relativ klein sein wird im Vergleich zum Einfluß von Elektronik und Informationstechnologie. Wesentliche Änderungen werden nur in sehr spezifischen Feldern stattfinden, wie z. B. bei Hochgeschwindigkeits-Fräsmaschinen.

Zunehmender Einsatz von Elektronik hat aber auch einen direkten Einfluß auf die Komponenten-Industrie als Zulieferindustrie für den Maschinenbau. So wurde z. B. durch die Verwendung von Elektronik die Anzahl der Ge-

176

triebekomponenten in Werkzeugmaschinen um über 50 % reduziert. Als Resümee ist zu ziehen, daß mit jedem Technologiesprung die Produktivität zunimmt und damit der Markt für Werkzeugmaschinen wahrscheinlich stagnieren wird, <u>Bild 10-7</u>.

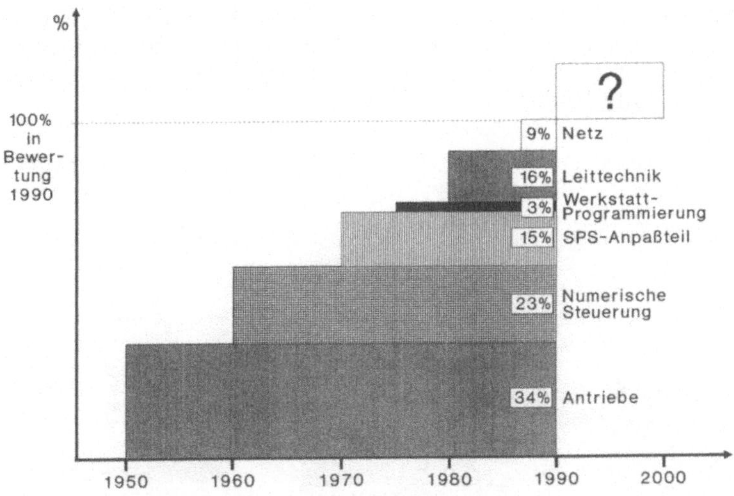

Bild 10-7: Automatisierungssprünge in der Entwicklung der Werkzeugmaschine.
Quelle: Siemens

Etwa alle 10 Jahre führt die Anwendung von Elektrik, Elektronik und Informations-Technologie zu wesentlichen Technologiesprüngen bzw. Technologieverbesserungen. Etwa 1950 begann die Nutzung elektronischer Antriebe, und mit den 60er Jahren begann der verstärkte Einsatz der numerischen Steuerung. Anfang der 70er Jahre erfolgte die Integration speicherprogrammierbarer Steuerungen und brachte die Möglichkeit der Werkstattprogrammierung. Elektronische Steuerungen und Netzwerke haben mit Beginn der 80er Jahre die nächsten Fortschritte bewirkt. Diese Entwicklung wird sich bis in die 90er Jahre hinein verstärkt vollziehen und durch Einsatz von Expertensystemen und Künstlicher Intelligenz in diesem Jahrzehnt den nächsten Prozeß der Entwicklung einleiten. Die Anwendung von Mikroelektronik steigt jährlich um etwa 60 %. Verglichen mit einem Anstieg der CNC-Technik von etwa 25 % p. a. ist das ein außerordentlich hoher Prozentsatz, Bild 10-6.

Neben der technischen Entwicklung muß man auch die Preis- und Maschinenstrukturentwicklung betrachten. 1970 betrugen die eigentlichen Maschinenkosten noch rund 75 % des Maschinenwertes, Steuerungen und elektronische Hardware machten netto 25 % aus. Zu Beginn der 80er Jahre verteilten sich die Werte bereits auf 66 % zu 34 %, und in den 90er

Jahren erwartet man, daß eine neue Aufteilung beginnt. Dann werden etwa 33 % des Maschinenwertes der eigentliche Mechanteil sein und Hard- und Software im elektronischen Sinne ebenfalls 1/3 des Gesamtwertes ausmachen. Aufgrund der Komplexität der Maschinen erwartet der Kunde vom Maschinenhersteller einen erweiterten Leistungsumfang. Das letzte Drittel des Lieferwertes ist daher neuen Leistungsfeldern wie Beratung, Service und Wartung zuzuordnen. Der Maschinenbauer muß somit zusätzliche Aufgaben übernehmen und den Lebens- und Ertragszyklus seines Produktes neu definieren, <u>Bild 10-8</u>.

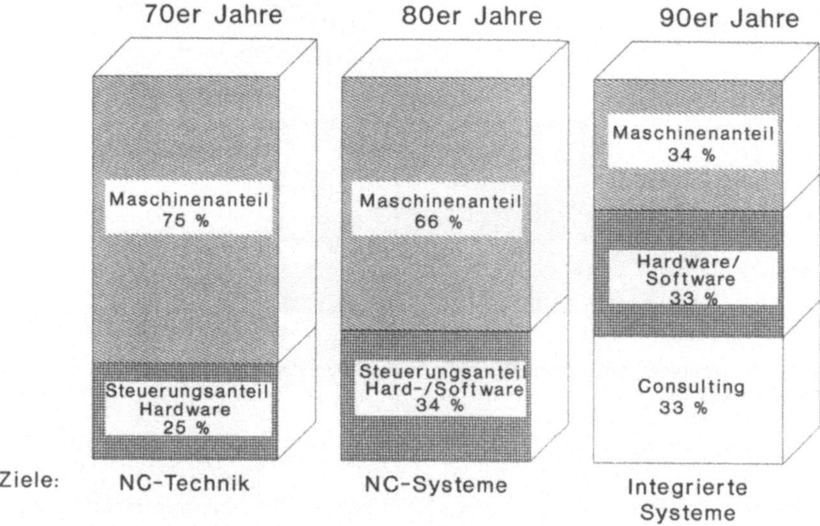

Bild 10-8: Von der NC-Technik zu integrierten Systemen. Anpassung der Angebotsstruktur bei Werkzeugmaschinenherstellern. Quelle: Deckel

Dieser Trend zur Hochtechnologie und Komplexität hat auch das Geschäft der deutschen Werkzeugmaschinenhersteller stark beeinflußt. Während 1960 noch ein Volumengeschäft mit Maschinen mittlerer Technologie stattfand, wurde Ende der 80er Jahre das Geschäft im wesentlichen im High-Tech-Bereich gemacht, wobei eine Konzentration hinsichtlich des europäischen bzw. des US-Marktes stattfand [10-5].

10.2.2 Flexible Werkzeugsysteme

Werkzeuge und Werkzeugsysteme, insbesondere in der spanenden Bearbeitung, mußten sich den Technologievorgaben der Werkzeugmaschinenhersteller anpassen. Vielfach wäre auch eine Ausnutzung der Möglichkeiten

178

dieser technologisch hoch anspruchsvollen Werkzeugmaschinen ohne den
Einsatz von neuen Werkzeugen und insbesondere auch neuen Werkstoffen
gar nicht möglich gewesen, <u>Bild 10-9</u>.

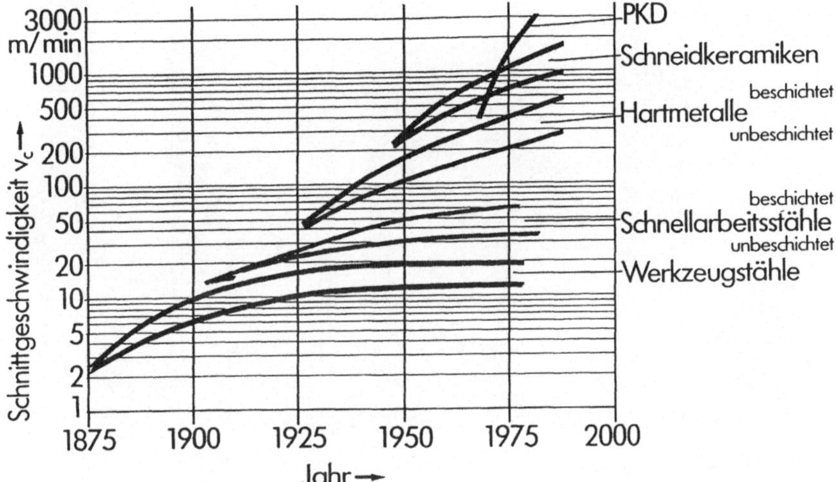

Bild 10-9: Steigerung der Schnittgeschwindigkeiten durch moderne Schneidstoffe.
Quelle: Krupp Widia

Die NC-Technik hatte den Weg freigemacht für automatische Werkzeug-
wechsel- und -versorgungs-Systeme. Die Forderung lautet, das richtige
Werkzeug am richtigen Platz zur richtigen Zeit für die richtige Operation
zu haben. Hierfür werden neue Werkzeugkonzepte mit neuen Werkzeug-
haltern sowie neuen Speicher- und Handhabungssystemen benötigt. Zur Zeit
hat fast jeder Werkzeughersteller sein eigenes Wechselsystem entwickelt,
was darauf hinweist, daß eine Standardisierung unbedingt notwendig ist,
<u>Bilder 10-10</u> und <u>10-11</u>.

Steigende Automatisierung in den 90er Jahren wird zum verstärkten Einsatz von flexiblen Werkzeugsystemen führen. Universalsysteme werden sich
vermutlich durchsetzen, die mit dem gleichen Werkzeug sowohl auf CNC-
Drehmaschinen als auch auf Maschinenzentren arbeiten können. Das Vor-
halten von maschinenspezifischen Werkzeugen wird durch die Menge der
notwendigen Werkzeuge zu teuer. Die Automatisierung von Werkzeugen
bzw. Werkzeugwechselsystemen bringt auch die Notwendigkeit vermehrter
Kontrolle. Der Bruch von Werkzeugen ist immer noch eine der Haupt-
ursachen für Stillstandszeiten. Kontinuierliche Überwachung von Werkzeugen ist daher ein ganz wesentlicher Punkt. In Anbetracht der hohen
Investitionskosten für flexible Fertigungssysteme ist es unbedingt notwendig, daß Stillstandszeiten auf ein Minimum reduziert werden. Auf diesem

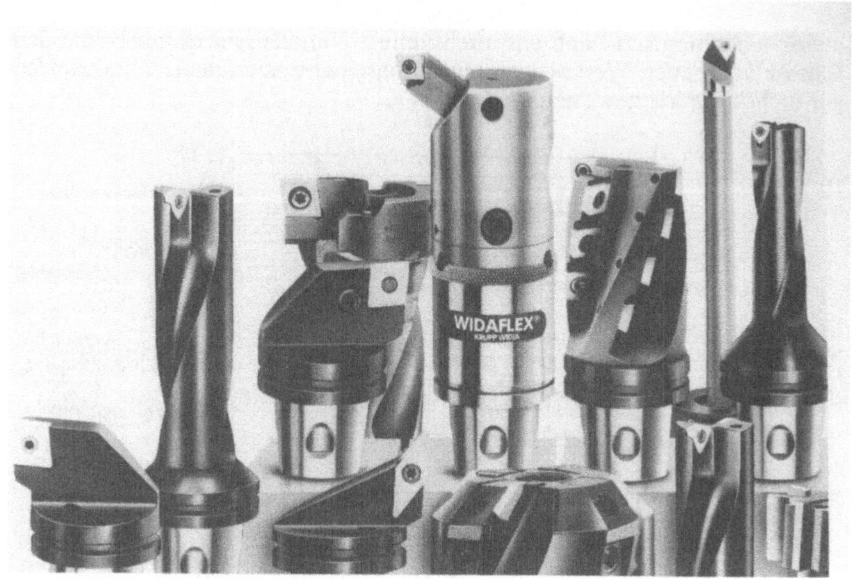

Bild 10-10: WIDAFLEX als universelles Werkzeug zum Drehen, Bohren, Fräsen.

Bild 10-11: WIDAX Fräswerkzeuge.

180

Sektor können neue Sensorentwicklungen und Überwachungsstrategien in den 90er Jahren wesentliche Verbesserungen bringen. Gleichzeitig werden neue Werkstoffe den Verschleiß reduzieren und die Gefahr des Werkzeugbruches minimieren. Ergänzend stellen kodierte Werkzeugträger sicher, daß keine falschen Werkzeuge zum Einsatz kommen.

10.3 Handhabungssysteme

Automatisierung in der Fertigung ist eng verbunden mit der Entwicklung von Handhabungssystemen und Robotern. Die Technologie der Handhabungssysteme ist eine Form industrieller Automatisierung. Bereits 1959 wurde von der Planet Corporation in den USA der erste Roboter kommerziell eingesetzt. In den letzten 30 Jahren vollzog sich eine imposante Entwicklung.

Roboter haben eine Vielzahl von Einsatzmöglichkeiten. Insbesondere die Kfz-Industrie hat in den letzten 20 Jahren Robotern bzw. Handhabungssystemen zum Durchbruch verholfen. Man kann wohl sagen, daß der Zuwachs an Produktivität, der in der Kfz-Industrie notwendig war, nur durch den Einsatz von Robotern erreicht werden konnte. Hier ist z. T. bereits Sättigung eingetreten, so daß in den Bereichen Schweißen oder Farbspritzen der Zuwachs von Handhabungssystemen stagnieren bzw. sogar zurückgehen wird. Zuwachsraten werden in der Werkzeughandhabung, in der Montage und auch in der Qualitätssicherung zu verzeichnen sein, <u>Bild 10-12</u>.

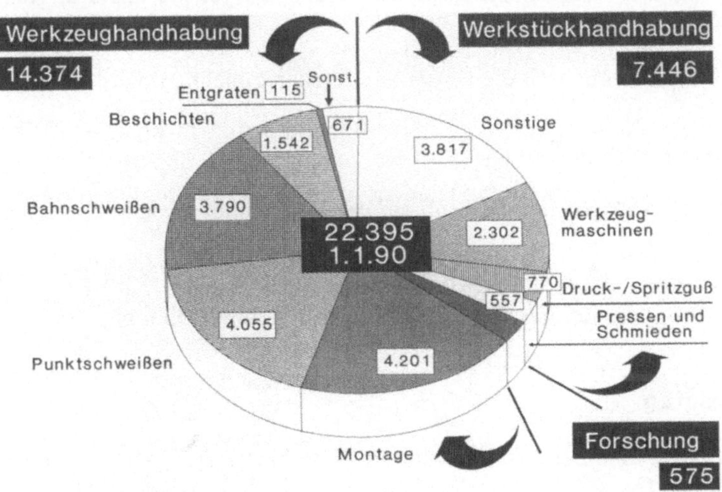

Bild 10-12: Einsatz von Industrierobotern zur Werkzeug- bzw. Werkstückhandhabung in der Bundesrepublik Deutschland zum Stichtag 1.1.1990. Quelle: IPA/VDI-N

Während man früher den Roboter quasi flexibel wie einen Menschen einsetzen wollte, hat man heute erkannt, daß die Einsatzbreite oder der Nutzen eher dort zu sehen ist, wo ein ganz spezifisches Einsatzfeld vorhanden ist. Wichtig ist, daß die Kinematik des Roboters an den Prozeß angepaßt wird. Damit wird häufig eine Reduzierung der notwendigen Achsen erreicht, ohne die Mobilität einzuschränken. So hat sich zum Beispiel der maschinenintegrierte Einsatz von Robotern bei der Beladung von Drehmaschinen gegenüber einer Beschickung von außen als vorteilhaft herausgestellt. Weitere Verbesserungen sind zu erwarten durch Direktantrieb oder Herstellung der Roboterarme in Leichtbauweise aus faserverstärkten Kunststoffen.

Die Einsatzbreite des Roboters, gerade in der flexiblen Fertigung, hängt im wesentlichen von der Verfügbarkeit passender Sensoren ab. Dabei hat die Anwendung optischer Sensoren inzwischen die Nutzung taktiler Sensoren überholt, da mit dem optischen Sensor auch eine automatische Bildverarbeitung und damit größere Flexibilität möglich ist.

Neben den aufgeführten Anwendungsfällen werden Roboter auch zunehmend dort eingesetzt, wo eine gefährliche Umgebung den Einsatz von Menschen in Frage stellt. Beispiele sind Arbeiten unter Wasser oder im Weltraum. Hier ergeben sich zahlreiche Einsatzfälle für Zukunftstechnologien, die dann später auch im Rahmen der Verwendung von Robotern in der Fertigungstechnologie genutzt werden könnten. Es wird erwartet, daß insbesondere die Integration von Künstlicher Intelligenz die Robotertechnologie in den 90er Jahren weiter voranbringen wird. In der flexiblen Fertigung werden wahrscheinlich mobile Transportsysteme Hand in Hand mit Robotern arbeiten.

Für die 90er Jahre gilt, daß die Einsatzbreite dann zunehmen wird, wenn

- es gelingt, Roboter mit hoher Verfügbarkeit und in kostengünstigeı modularer Bauweise zu bauen,

- Sensoren, Antriebe und Selbstdiagnose der Roboter wesentlich verbes· sert werden,

- entsprechend ausgebildetes Personal in hinreichender Zahl für Ferti gung, Programmierung, Service und Wartung zur Verfügung steht.

10.4 Sensoren

Sensoren haben eine Schlüsselfunktion im Maschinenbau. Dazu gibt es fol gende Gründe:

-   Sensoren legen die Geschwindigkeit für die Durchdringung der Automatisierung fest. Sie haben ihre wesentlichen Anwendungen in der Verfahrens- und Fertigungsindustrie.

-   Mikroelektronik und Sensoren sind häufig Grundbestandteile für Produktinnovationen.

-   Sensoren sind die treibende Kraft hinsichtlich der Integration von Information und Kommunikationstechnologie in spezifischen Bereichen.

Sensoren spielen eine wesentliche Rolle in der Verbindung von Arbeitsschritten im Maschinenbau. Von einfachen Näherungssensoren bis zu komplexen dreidimensionalen Erkennungssystemen werden sie für den modernen Maschinenbau immer wichtiger, <u>Bild 10-13</u>.

Bild 10-13: Einsatz von elektronischer Bildverarbeitung bei der Qualitätssicherung von Wendeschneidplatten.

Eine sinnvolle und erfolgreiche Prozeßüberwachung ist nur dadurch möglich, daß eine hinreichende Datenversorgung besteht, die entspechend verarbeitet wird, vor Fehlern schützt und damit den Fertigungsprozeß wesentlich verbessert. Komprimierte Ausgangsdaten von Sensoren geben einen guten Überblick über den Produktionsprozeß, wobei durch entsprechende Signale Aktuatoren gesteuert werden und so den Gesamtprozeß regeln.

Für die Lösung zukünftiger Probleme im Maschinenbau als auch der Fertigungsindustrie ist der zunehmende Einsatz von Sensoren signifikant. Mustererkennnungssysteme, die den direkten Zugang zum Werkzeug oder zum Werkstück ermöglichen, werden in der Entwicklung flexibler Fertigungssysteme eine wesentliche Rolle spielen.

Aus technischer Sicht stehen folgende Sensortechnologien im Vordergrund:

-   Integrierte Optik,
-   Fiberoptik,
-   Halbleitersensoren,
-   Keramik und
-   Mikromechanik.

Dazu kommen Querschnittstechnologien wie die Beschichtungstechnologie, zum Teil als Sensor oder zum Schutz von Sensoren. Im Falle der Halbleitersensoren ist Silizium auch weiterhin, soweit absehbar, das Hauptmaterial. Integrierte Technologie macht es möglich, Sensor und Mikroelektronik auf dem gleichen Siliziumchip zu integrieren. Weltweit wird mit großem Aufwand daran gearbeitet, um durch Einsatz von Sensoren die Flexibilität von Industrierobotern und Werkzeugmaschinen ansteigen zu lassen. Ein Problem sind auch weiterhin die hohen Kosten, insbesondere für spezifische Sensoren.

10.5 Laser

Obwohl Laser auch 25 Jahre nach ihrer Einführung zum Teil noch in einem recht frühen Zustand des kommerziellen Einsatzes sind, haben sie bereits zahlreiche Produkte innoviert. Laserkomponenten und -systeme waren auf folgenden Gebieten erfolgreich:

-   in der Fertigungstechnik,
-   in der Lasermeßtechnik und -analytik,
-   in der Medizintechnik,
-   in der Kommunikations- und Informationstechnologie,
-   in der Energieforschung und
-   in der Grundlagenforschung, Bild 10-14.

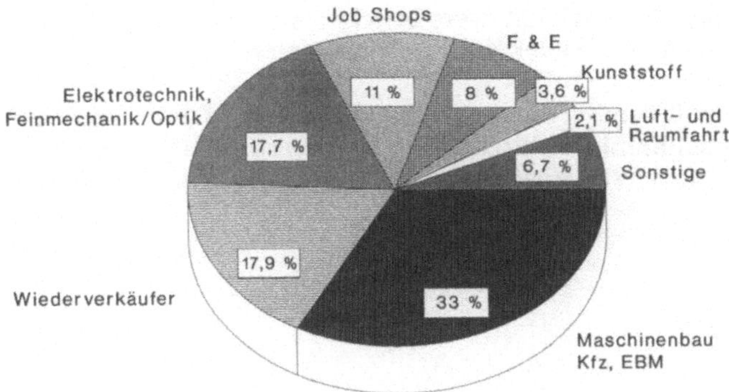

Bild 10-14: Absatz der deutschen Laserindustrie 1988 nach Branchen. Quelle: VDMA

In der konventionellen Fertigungsindustrie wird die komplette Bearbeitung eines Werkstückes häufig beeinflußt durch den sequentiellen Einsatz von Dreh-, Bohr- oder Fräsmaschinen. Bei flexiblen Fertigungszentren erfolgen diese unterschiedlichen Arbeitsfolgen zum Teil schon in einer Einheit. Der Laser, der kontaktlose Energieübertragung erlaubt, ermöglicht eine hohe Flexibilität in der Fertigung. Damit wäre er ideal für den Einsatz in einer flexiblen Fertigung und um einen Fertigungsprozeß vollständig zu bearbeiten. Inzwischen gibt es erste Maschinen auf dem Markt. Zur Zeit werden diese Maschinen noch für sehr spezifischen Einsatz genutzt, z. B. in der Fertigung für den Formenbau. Außerdem sind die Anwendungen zum Teil dadurch stark beeinträchtigt, daß die Einkopplung der Laserstrahlenergie in das Werkstück schlecht zu steuern ist. Aber die Anwendungsbreite wird sicherlich weiterhin zunehmen.

Durchgesetzt hat sich der Laser beim flexiblen Bearbeiten von Blechen. Dabei ist es nicht unbedingt die Geschwindigkeit des Lasers, die im Vordergrund steht, sondern die Möglichkeit, die ehemals erforderliche Werkzeugmenge wesentlich zu reduzieren. Früher mußten Magazine mit bis zu 300 Werkzeugen versorgt werden.

10.6 Ausblick

Die 90er Jahre werden wahrscheinlich eine Dekade sein, die durch die Umsetzung von Entwicklungen aus den 70er und 80er Jahren in den Produktionsprozeß geprägt sein wird. Die Informationstechnologie kann Integrationstendenzen unterstützen. Die wesentliche Wertschöpfung erfolgt aus der Konfiguration von Systemen. Der internationale Wettbewerb ist auch weiterhin Antrieb der Innovationsgeschwindigkeit. Rationalisierung und Steigerung der Produktivität werden weiterhin der Impuls für den Einsatz neuer Technologien in der flexiblen Fertigung sein.

Die Ausbildung muß dem Rechnung tragen und den Mitarbeiter verstärkt zu Systemkonzepten hinführen. Produktion als Dienstleistung verlangt ein geändertes Verständnis und eine ausgeprägte Beziehung zu Produkt und Kundennutzen.

11 Expertensysteme in der rechnerintegrierten Produktion

Dr.-Ing. Thomas Siepmann

11.1 Einleitung

Wissensverarbeitung ist in einer Zeit immer kürzerer Innovations- und Produktlebenszyklen eine wesentliche Voraussetzung für unternehmerischen Erfolg [11-1]. Mitarbeiter aller Organisationsbereiche müssen sich dabei mit einem exponentiell anwachsenden technologischen Wissen auseinandersetzen. Die Umsetzung und Pflege dieses sowohl extern wie auch im Unternehmen ständig neu hinzukommenden Wissens werden in Zukunft nicht mehr ohne Rechnerunterstützung möglich sein. Die Anwendungen reichen von der Wissensstrukturierung und -dokumentation bis hin zu Systemen, die Lösungen für komplexe Probleme innerhalb ihres Anwendungsgebietes finden.

Die Entwicklung neuer informationstechnischer Ansätze und Methoden sowie die vor kurzem noch unvorstellbare Leistungsfähigkeit dezentraler Hardware ermöglichen heute den Einsatz wissensbasierter Systeme auch in der betrieblichen Praxis.

11.2 Expertensysteme in der betrieblichen Praxis

Die Qualität von CIM-Lösungen läßt sich an der Flexibilität messen, mit der diese sich an neue Produkte, Prozesse und Strategien des Unternehmens anpassen lassen. Um sich mit Innovationen im Wettbewerb behaupten zu können, d. h. ein neues Produkt erfolgreich auf den Markt zu bringen, muß trotz steigendem Entwicklungsaufwand die Entwicklungsdauer verkürzt werden. Ein höherer Personaleinsatz kann selbst bei Vernachlässigung der Kosten wegen des überproportional steigenden Kommunikationsaufwands keine langfristige Lösung sein. Eine wirkungsvolle Unterstützung durch den Rechner bedeutet hier

- eine konsistente, unter Mitwirkung der Fachexperten erarbeitete Wissensbasis der firmenrelevanten Technologien,

- Bereitstellung von abteilungsübergreifendem, jederzeit abrufbarem Expertenwissen,

- Dokumentation des im Unternehmen vorhandenen Expertenwissens sowie

-   schnelle und reproduzierbare Bearbeitung komplexer Probleme.

Bei der Verarbeitung von Wissen unterschiedlichster Struktur stößt man
mit den bisherigen Programmiermethoden sehr schnell an Grenzen. Hier
bietet sich ein aus dem Forschungsgebiet der Künstlichen Intelligenz (KI)
hervorgegangener Ansatz zur Entwicklung von Softwaresystemen an, der
in den letzten Jahren unter dem Begriff Wissensbasierung wachsende
Bedeutung für die Praxis erlangt hat. Wissensbasierte Systeme oder
"Expertensysteme" können daher einen wesentlichen Beitrag zur
Realisierung von CIM leisten.

Die folgenden Ausführungen sollen Entscheidungskriterien für den Einsatz
von Expertensystemen in der betrieblichen Praxis liefern.

11.2.1 Künstliche Intelligenz

Aufgrund der neuen Möglichkeiten, die Elektronenrechner in den frühen
fünfziger Jahren boten, begann damals eine intensive Forschungstätigkeit
auf diesem Gebiet. Der Begriff "artificial intelligence" wurde 1956 auf der
Summer Conference in Dartmouth von McCarthy, Minsky, Rochester und
Shannon geprägt. Ziel der Forschung war ein allgemeiner Problemlösungs-
algorithmus ("general problem solver"). Man ging davon aus, daß
menschliches Verhalten bei der Lösung der verschiedensten Probleme auf
einer einzigen Lösungsstrategie, die man auf Rechner übertragen kann,
basiert. Ende der sechziger Jahre sah man ein, daß diese Annahme falsch ist
und gab diesen Ansatz wieder auf. Der Durchbruch gelang Mitte der
siebziger Jahre durch die Beschränkung der Lösungskompetenz des Rechners auf Teilbereiche menschlichen Wissens. Man nannte die so entstandenen Programme Expertensysteme, da sie Entscheidungen innerhalb eines
eng begrenzten Fachgebiets treffen konnten. Sie stützten sich im wesentlichen auf einen Schlußfolgerungsmechanismus, der die zu einem Wissens-
gebiet eingegebenen Regeln interpretiert, und auf die Objektstruktur von
Wissensbasen, die alle für den jeweiligen Teilaspekt wichtigen Informationen und Algorithmen zusammenfassen. Nachdem die ersten, wirtschaftlich
einsetzbaren Software-Werkzeuge zur Entwicklung von Expertensystemen
auf den Markt kamen, begannen 1983 auch Unternehmen in der Bundesrepublik Deutschland mit der Realisierung eigener Expertensysteme. Diese
sind Ausprägungen der zur Zeit am weitesten fortgeschrittenen Software-
technik innerhalb der KI.

Die heutige Forschung auf dem Gebiet der Künstlichen Intelligenz umfaßt
außer den Expertensystemen verschiedene Aspekte der Übertragung
menschlichen Problemlösungsverhaltens auf rechnergestützte Systeme.

Beispiele hierfür sind natürlichsprachliche Kommunikation, automatisches Beweisen, intelligente Recherche, Bildverstehen oder Robotersteuerung.

Langfristiges Forschungsziel aus heutiger Sicht ist die Verknüpfung der in den einzelnen Teildisziplinen gewonnenen Methoden und Erkenntnisse zu autonomen Systemen, die selbständig Informationen über ihre Umwelt einholen und flexibel auf neue Situationen reagieren können.

11.2.2 Vorteile der KI-Methoden

Wissen wird auf verschiedene Art und Weise abgebildet, zum Beipiel durch geometrische Form und Gestalt, durch neuronale Netze oder durch Symbole.

So enthält die geometrische Form eines Schlüssels das Wissen darüber, wie ein bestimmtes Schloß zu öffnen ist, Bild 11-1. Die symbolische Repräsentation (z. B. Mathematik, Sprache) erlaubt jedoch die kompakteste und übersichtlichste Darstellung von Wissen. Diese Eigenschaften sind die Voraussetzung für eine effiziente Wissensverarbeitung. Dabei kommt es darauf an, die das Wissen repräsentierenden Modelle zu erzeugen und zu manipulieren. Intelligentes Problemlösen erfordert nämlich ein brauchbares Modell der Wirklichkeit sowie die Fähigkeit, dieses Modell neuen Situationen anpassen zu können, bzw. ein neues, besser passendes Modell zu erzeugen.

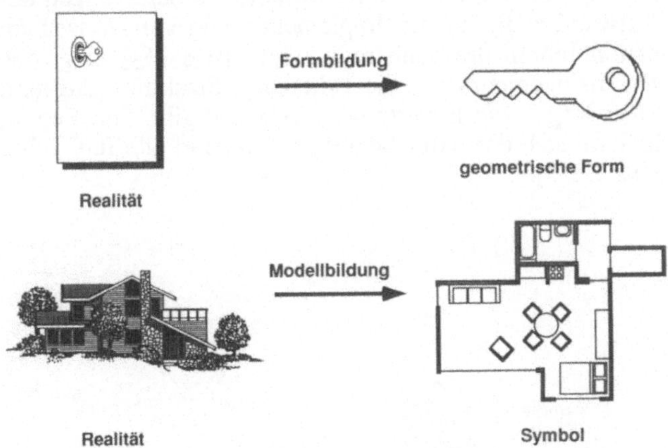

Bild 11-1: Abbildung von Wissen.

Dabei ist ein Modell grundsätzlich dann brauchbar, wenn es ermöglicht, sich in der Realität richtig zu verhalten, Bild 11-2, . Das wirklich Neue an den Methoden der KI ist also die Modellierung von logischem Wissen und die Bereitstellung von entsprechenden Abarbeitungsmechanismen [11-2].

Bild 11-2: Intelligenz ist die Fähigkeit zur Manipulation von Modellen.

KI-Methoden stützen sich weitgehend auf Symbolverarbeitung und stellen dafür effiziente Programmiersprachen und Software-Techniken bereit. Das für intelligente Problemlösungen notwendige Hintergrundwissen läßt sich damit kompakt und übersichtlich abbilden. Ein Vergleich des Entwicklungsaufwands für die Realisierung eines Expertensystems mit verschiedenen Software-Techniken, Bild 11-3, zeigt die Überlegenheit von KI-Software-Werkzeugen (LISP, KEE, Goldworks) gegenüber konventioneller Datenverarbeitung (FORTRAN, Datenbank). Gegen den Einsatz der letztgenannten Methoden spricht zusätzlich noch die äußerst aufwendige und komplizierte Wartung und Pflege eines z. B. in FORTRAN programmierten Expertensystems. Dagegen ließ sich durch weitere Verbesserungen der KI-Software der Aufwand z. B. für die Implementierung von Wissen im Rechner in den letzten Jahren drastisch reduzieren. Bild 11-4 zeigt den Aufwand eines Wissensingenieurs für die Erhebung, Strukturierung und Implementierung einer Regel, die Expertenwissen wiedergibt. Seit Beginn der 70er Jahre reduzierte sich der dafür benötigte Aufwand alle fünf Jahre um eine Zehnerpotenz [11-3].

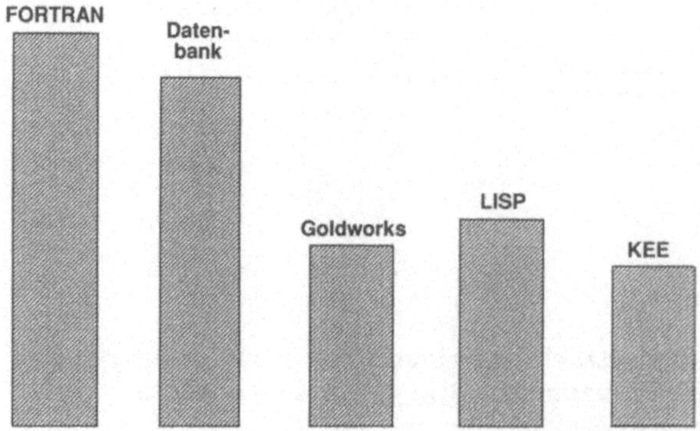

Bild 11-3: Entwicklungsaufwand bei Verwendung verschiedener Entwicklungswerkzeuge

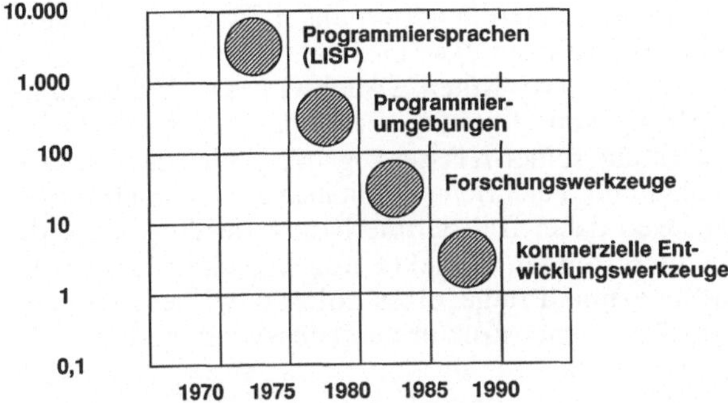

Bild 11-4: Verringerung des Implementierungsaufwandes (in Stunden pro Regel) durch moderne Entwicklungswerkzeuge [11-15].

Entsprechend <u>Bild 11-5</u> führten die genannten Vorteile daher seit Mitte der achtziger Jahre zu einer großen Zahl neuer Expertensystem-Entwicklungsprojekte in der Bundesrepublik Deutschland.

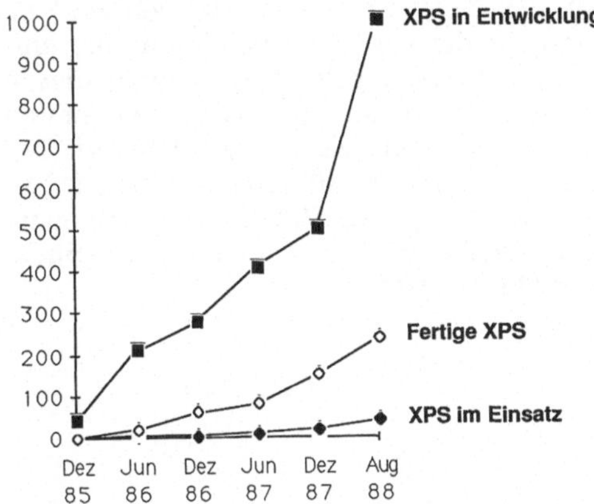

Bild 11-5: Expertensysteme in der Bundesrepublik Deutschland [11-16].

11.3 Der wissensbasierte Ansatz

Expertensysteme bieten gegenüber der konventionellen EDV den Vorteil der übersichtlicheren Abbildung von komplexen Zusammenhängen und der einfachen Anpassung an neue Gegebenheiten. Neben der Möglichkeit, allgemein formulierbare Beziehungen in Wenn-dann-Regeln zu kleiden und die daraus gewonnenen Schlußfolgerungen vom System erklären zu lassen, kann man mit Hilfe der objektorientierten Programmierung das Wissen modular in das Gesamtsystem einbinden [11-4]. Dadurch ist es möglich, alle

191

zum Verstehen einer bestimmten Situation notwendigen Zusammenhänge in Form von Fakten, Regeln, Algorithmen usw. unabhängig vom Datentyp im Expertensystem abzulegen und zu verwalten. Dabei wird das Wissen in einer hierarchischen Anordnung von Objekten abgebildet. Jedes Objekt besitzt Eigenschaften, die sich aus seiner Klassenzugehörigkeit ergeben. Darüber hinaus können Objekte über Nachrichten miteinander kommunizieren. Bestimmte Nachrichten lösen dabei frei definierbare Prozeduren aus, die als Eigenschaften des betreffenden Objekts abgespeichert sind. Der Aufwand für die Erstellung und Pflege eines solchen wissensbasierten Systems ist wegen der flexiblen Datenstruktur vergleichsweise gering.

11.3.1 Aufbau eines Expertensystems

Die Trennung zwischen dem Expertenwissen und der Wissensverarbeitung, Bild 11-6, bewirkt eine größere Übersichtlichkeit und leichte Erweiterbarkeit des Systems. Fakten werden als Objektstrukturen innerhalb der Wissensbasis gespeichert, während allgemein faßbares Wissen in Regeln abgelegt werden kann. Die in der Software-Umgebung vorhandene Schlußfolgerungskomponente sorgt für die korrekte Abarbeitung der eingegebenen Regeln. Mit sogenannten Meta-Regeln kann man in diesen Prozeß eingreifen und zum Beispiel in Abhängigkeit von bestimmten Voraussetzungen Regelklassen aktivieren oder deaktivieren. Über die bekannten Ein- und Ausgabemedien, zum Beispiel Bildschirm, Maus, Drukker, kann man die für Expertensysteme typische Erklärungskomponente nutzen, um sich die Schlußfolgerungsketten anzusehen, die zu einem bestimmten Ergebnis geführt haben [11-5, 11-6].

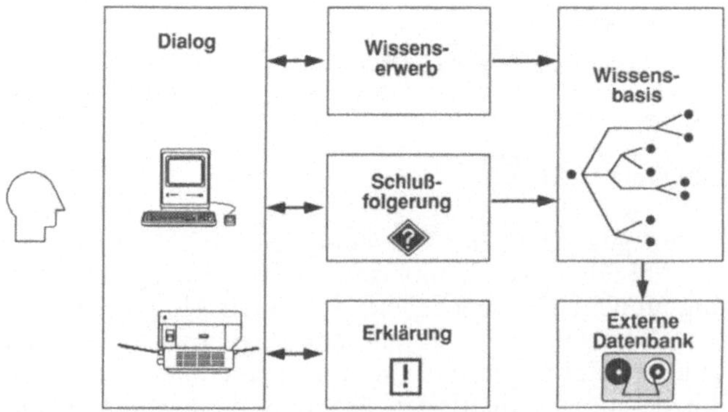

Bild 11-6: Aufbau eines Expertensystems.

Für die betriebliche Nutzung ist meist die Kopplung des Expertensystems an die im Unternehmen vorhandenen Datenbanken erforderlich. Die hier vorhandenen Datenbestände können auf diese Weise mit in den Entscheidungsprozeß einbezogen werden.

11.3.2 Wissensverarbeitung

Grundlage für die Regel-Interpretation und die daraus abgeleiteten Schlußfolgerungen sind die seit langem bekannten Verfahren der klassischen Logik. In der Wissensverarbeitung ist man jedoch oft darauf angewiesen, die Voraussetzungen für bestimmte Regeln zunächst probeweise anzunehmen und im weiteren Verlauf der Schlußfolgerungen zu prüfen, ob die vorher angenommenen Voraussetzungen noch gelten. Ist dies an einer bestimmten Stelle nicht mehr der Fall, so muß die gesamte Schlußfolgerungskette zurückgenommen und mit neuen Voraussetzungen noch einmal begonnen werden. Man spricht bei diesem Verfahren von Nichtmonotoner Logik [11-7]. Die Überwachung der Gültigkeit von Voraussetzungen übernimmt ein Assumption-based Truth Maintenance System (ATMS), das bei manchen Expertensystem-Entwicklungsumgebungen bereits mitgeliefert wird.

In vielen Fällen ist es notwendig, zusätzlich auf Programmiersprachen zurückzugreifen. Hier erweist sich LISP mit seinem funktionalen Aufbau und der Fähigkeit von LISP-Programmen, sich selbst zu manipulieren, prozeduralen Sprachen wie FORTRAN oder PASCAL als überlegen. PROLOG basiert auf Aussagen- und Prädikatenlogik und bietet daher die Möglichkeit, direkt Regeln zu formulieren.

11.4 Realisierung von Expertensystemen

11.4.1 Analyse und Zieldefinition

Expertensystem-Projekte erfordern eine sorgfältige Zieldefinition. Bei der Festlegung der angestrebten Lösungskompetenz des Systems ist unbedingt auf eine Trennung zwischen dem bereits im Unternehmen vorhandenen Wissen und den von den Fachexperten selbst bisher noch nicht gelösten Problemen zu achten. Auf keinen Fall sollten Forschungsaktivitäten des Fachgebietes auf das Expertensystem-Projekt verlagert werden.

Eine Kosten-Nutzen-Analyse gestaltet sich meist schwierig, da der langfristige Nutzen des Expertensystems in der Regel nicht genau beziffert werden kann. Die Entscheidung wird zusätzlich erschwert durch den Mangel an Referenzen für betrieblich genutzte Expertensysteme. Ein früher Einstieg

in die Expertensystem-Technik schafft jedoch wichtige Wettbewerbsvorteile
[11-8] z. B. durch Unterstützung des Vertriebs bei der technischen
Angebotserstellung, <u>Bild 11-7</u>. Die bisher notwendige abteilungsübergreifende Bearbeitung von Kundenanfragen kann dann weitestgehend von den
Vertriebsmitarbeitern übernommen werden, was zu einer erheblich kürzeren Reaktionszeit gegenüber dem Kunden führt [11-9].

Ist die Entscheidung für die Entwicklung getroffen worden, muß das
Management gerade wegen der hohen Folgekosten, der Einführung neuer
Rechner und teurer Software voll hinter dem Expertensystem-Projekt stehen. Dies gilt besonders während der unvermeidlich auftretenden Ernüchterungsphasen [11-8, 11-11].

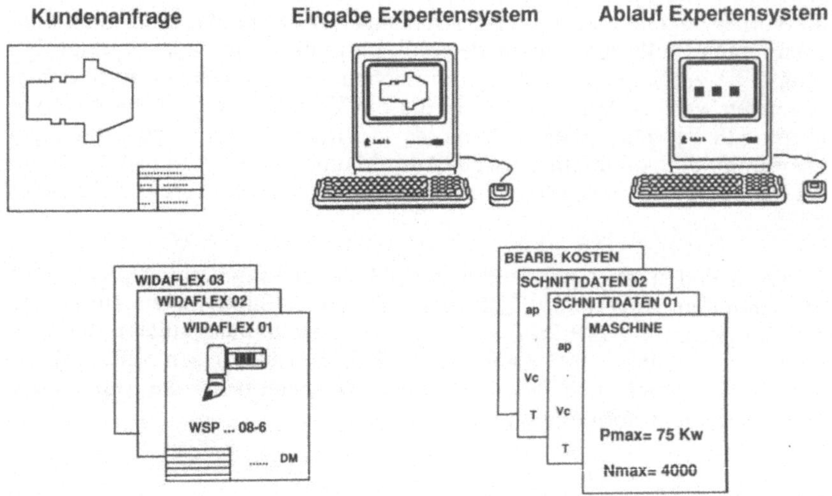

Bild 11-7: Einsatz eines Expertensystems im Vertrieb.

Entsprechend <u>Bild 11-8</u> erfolgt nach der Zieldefinition die Präzisierung
der Anforderungen in Form eines Pflichtenhefts. Bei der Erstellung des
Projektplans muß der Projektverantwortliche die für alle Beteiligten wichtigen Teilprobleme erkennen und entsprechende Teams bilden. Außerdem
sollten spätestens in dieser Phase die Experten benannt werden, auf deren
Wissen bei der Implementierung zurückgegriffen werden kann.

Nach der Einarbeitung in die Thematik wird der mit der Implementierung
beauftragte Wissensingenieur zunächst mit wenig Aufwand einen einfachen,
aber lauffähigen Prototyp aufbauen (rapid prototyping) [11-12] und diesen
dann anwendungsorientiert zu einem Pilotsystem erweitern. Diese Phasen
werden von einem ständigen Erfahrungsaustausch zwischen Fachexperten

194

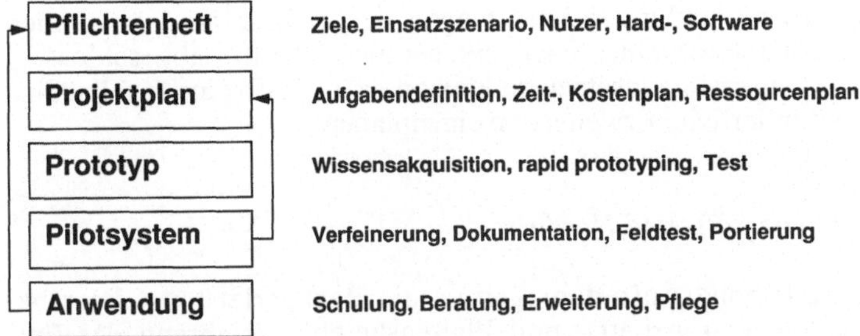

Bild 11-8: Projektphasen bei der Erstellung eines Expertensystems.

und Wissensingenieur begleitet. Bild 11-9 zeigt als Beispiel den prinzipiellen Ablauf eines Expertensystem-Prototyps zur Arbeitsplanerstellung für die Drehbearbeitung.

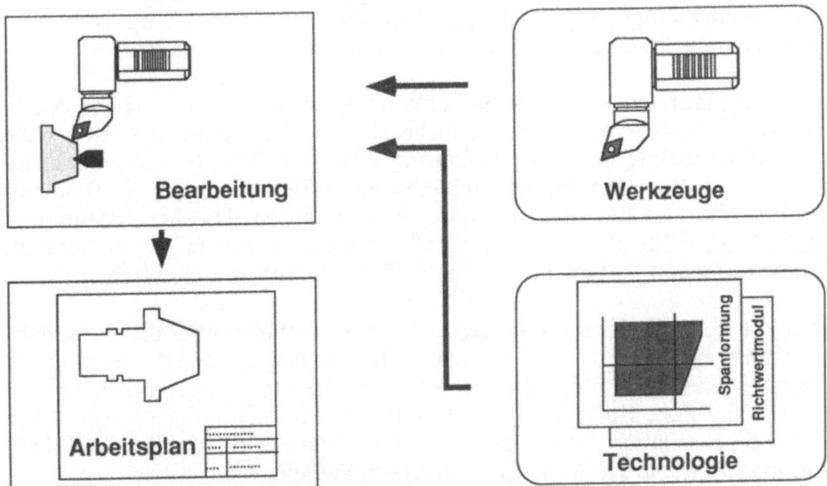

Bild 11-9: Arbeitsweise eines Expertensystems zur Arbeitsplanerstellung.

Der Projektleiter braucht aufgrund seiner fachübergreifenden Funktion starke menschliche Integrationskraft. Das Analysieren von Gruppensituationen sowie die zielgerichtete Gesprächsführung sind weitere wichtige persönliche Voraussetzungen. Die Mitteilung von Erfahrung und Problemlösungsstrategien setzt bei dem Experten einen Bewußtwerdungsprozess voraus, der in der Regel mit Hilfe des Wissensingenieurs in Gang gebracht werden muß. Dazu muß dieser sowohl die Sprache des Experten als auch des Programmierers verstehen und im Dialog eine Brückenfunktion übernehmen können.

Expertensystem-Entwicklungen sind wegen des sich ständig ändernden Wissensstandes innerhalb eines Fachgebietes nie endgültig abgeschlossen. Um ein System langfristig einsetzen zu können, ist deshalb eine regelmäßige Pflege und kontinuierliche Erweiterung einzuplanen.

11.4.2 Auswahl von Soft- und Hardware

KI-Software stellt hohe Anforderungen an die Rechnerleistung. Dies betrifft insbesondere den Arbeits- und Plattenspeicher. Während der Entwicklungsphase setzt man vorteilhaft spezielle KI-Workstations ein, die meist auf die Erstellung und Verarbeitung von LISP-Programmen hin optimiert sind und den Entwicklungsaufwand wesentlich reduzieren. Anschließend muß das System meistens auf eine Ablaufumgebung (z. B. Workstation, Personalcomputer) portiert werden, die in das betriebliche Umfeld paßt. Die Voraussetzung für diese Vorgehensweise ist jedoch, daß die Entwicklungsumgebung auch auf dem Zielrechner lauffähig ist. Diese Frage ist unbedingt schon bei der Projektplanung zu untersuchen.

Die Akzeptanz eines Expertensystems hängt wesentlich von seiner bedienungsfreundlichen Benutzeroberfläche ab. Der Anwender muß sich ohne lange Einarbeitung und EDV-Erfahrung schnell in dem System zurechtfinden können. Eine flexible und fehlertolerante Benutzerführung erleichtert die Eingabe und die Interpretation der Ergebnisse. Die Menüsteuerung, <u>Bild 11-10</u>, sollte aus den vorliegenden Eingaben selbständig weitere für den betreffenden Fall relevante Eingabedaten erkennen und abfragen.

Während des Ablaufs muß der Benutzer Informationen über die Zwischenergebnisse erhalten und die Möglichkeit haben, in den Ablauf einzugreifen, indem er diese Werte entsprechend seiner eigenen Vorstellungen ändert. Ein Hilfesystem, <u>Bild 11-11</u>, sollte unter Berücksichtigung dynamischer Systemeigenschaften die für den Benutzer in diesem Augenblick wichtigen Informationen und Hinweise zur Verfügung stellen.

11.4.3 Problemfelder

56% der Fehler bei der Systementwicklung lassen sich auf Versäumnisse bei der Definition der Anforderungen zurückführen. Dort investiert man durchschnittlich 6% des Aufwandes, während die dort begründeten Fehler 80% der Kosten für Fehlerbehebung ausmachen [11-13]. Der wichtigste Partner bei der Anforderungsdefinition ist deshalb der spätere Anwender.

Die schwierigste Aufgabe bei der Entwicklung eines Expertensystems stellt in der Regel die Wissensakquisition dar. Oft sind dem Fachexperten die ei-

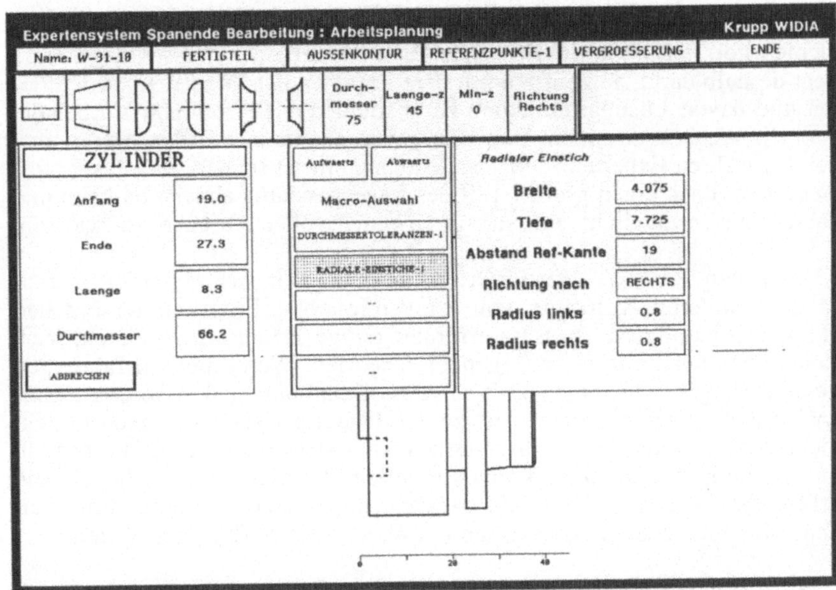

Bild 11-10: Wissensbasierte Dateneingabe.

Expertensystem Spanende Bearbeitung : Arbeitsplanung   Krupp WIDIA
| Werkstueckeingabe | Bearbeitung | [Arbeitsplan] | Hilfe | Ende |

```
Bearbeitung
Zurueck in Hauptmenue
Definieren
Aendern
Loeschen
Drucken
Angebotserstellung        ▸
Arbeitsvorbereitung       ▸
Bearbeitungsarten festlegen▸
```

Technologieplanung fuer
Werkstueck W-7-12-8

Es liegen 2 Exapt-Konturzuege vor.

Sie koennen Schnittfolgen,
Werkzeuge und Schnittdaten definieren.
Die Bearbeitung kann
anschliessend simuliert werden.

Es wird die Funktion
TEI>START-ANGEBOTSERSTELLUNG
ausgefuehrt.

Bild 11-11: Kontextabhängige, dynamische Hilfefunktion.

genen Lösungsansätze nicht bewußt. Er entscheidet bei komplexen Problemen normalerweise intuitiv. Die Hauptaufgabe des Wissensingenieurs liegt deshalb darin, gemeinsam mit dem Experten das Wissen zu strukturieren und davon Lösungsstrategien zu abstrahieren. Persönliche Vorbehalte oder die Angst, von einem Expertensystem ersetzt zu werden, findet man bei den wahren Experten selten. Sie erkennen meist schnell, daß das Expertensystem ihnen einen großen Teil des Tagesgeschäfts abnehmen kann und daß es ihnen ermöglicht, sich stärker anspruchsvollen Aufgaben zu widmen.

KI-Sprachen wie LISP oder PROLOG unterscheiden sich durch ihre grundsätzlich anderen Konzepte von konventionellen Programmiersprachen [11-14]. Ihr optimaler Einsatz erfordert einige Erfahrung sowie ein Verstehen der ihnen zugrunde liegenden Theorien. Wenn diese Erfahrungen nicht vorliegen und wenig Zeit für eine Einarbeitung des Software-Entwicklers zur Verfügung steht, ist zu überlegen, ob das betreffende Projekt nicht doch auf herkömmliche Weise realisiert werden kann: "Lieber ein gutes Programm in einer konventionellen Programmiersprache als ein schlechtes Expertensystem". Zu berücksichtigen sind bei dieser Entscheidung aber die höheren Folgekosten für Wartung und Pflege des Systems.

Noch wichtiger als bei der Entwicklung mit herkömmlichen Programmiermethoden, bei denen von Anfang an das Pflichtenheft und die Schnittstellen genau spezifiziert sind, ist bei der Entwicklung von Expertensystemen die Dokumentation der Software. Meist ergeben sich während der Entwicklung neue Gesichtspunkte und Lösungsansätze, die im Systemkonzept nicht berücksichtigt wurden. Hier ist eine einwandfreie Dokumentation parallel zu den Programmierarbeiten die Grundvoraussetzung für eine spätere Pflege.

Die langfristige Anwendung eines Expertensystems setzt eine kontinuierliche Aktualisierung und Erweiterung des gespeicherten Wissens voraus. Der Aufwand für das Strukturieren und Einbringen neuer Erkenntnisse sowie das Anpassen der Software an neue Einsatzfelder darf bei der Planung nicht vernachlässigt werden. Man schätzt den dafür notwendigen Personaleinsatz auf ungefähr ein Drittel des während der Entwicklung benötigten Aufwands [11-8].

11.5 Zusammenfassung

Der frühe Einstieg in die Expertensystem-Technik schafft wichtige Wettbewerbsvorteile.

KI-Methoden stützen sich weitgehend auf Symbolverarbeitung und stellen dafür effiziente Programmiersprachen und Software-Techniken bereit. Das für Problemlösungen durch Expertensysteme notwendige Hintergrundwissen läßt sich damit kompakt und konsistent abbilden. Die Trennung zwischen dem Expertenwissen und der Wissensverarbeitung bewirkt eine größere Übersichtlichkeit und leichte Erweiterbarkeit des Systems.

KI-Software stellt hohe Anforderungen an die Rechnerleistung. Während der Entwicklungsphase setzt man vorteilhaft spezielle KI-Workstations ein, die den Entwicklungsaufwand wesentlich reduzieren. Anschließend wird das System auf eine Ablaufumgebung (z. B. Personalcomputer, CAD-Workstation) portiert, die in das betriebliche Umfeld paßt.

Expertensystem-Entwicklungen sind wegen des sich ständig ändernden Wissensstandes über ein Fachgebiet nie endgültig abgeschlossen. Um ein System langfristig einsetzen zu können, ist eine regelmäßige Pflege und kontinuierliche Erweiterung einzuplanen.

12 Auswirkungen neuer Technologien auf Mitarbeiterqualifikation und Organisationsstruktur

Dipl.-Ing. Peter Rinza

12.1 Einleitung

Soziale, ökonomische und technische Entwicklungen gehen regelmäßig mit neuen Arbeitsformen, Denkmustern und Verhaltensweisen einher und beeinflussen das Wirtschaftsleben grundlegend. Solche Veränderungen erfordern auf allen Mitarbeiterebenen von Unternehmen eine ständige Bereitschaft zur Reaktion und ein hohes Maß an Lern- und Anpassungsfähigkeit, um im Wettbewerb erfolgreich bestehen zu können. In Zukunft werden die Unternehmen noch flexibler und dynamischer auf technische Entwicklungen, marktliche Veränderungen und neue Kundenwünsche reagieren müssen. So setzt sich weiterhin der Trend fort zu kürzeren Produktlebenszyklen, kleineren Losgrößen bei hoher Variantenvielfalt und wachsenden Kundenforderungen in Bezug auf Qualität und Termintreue. Erfolgreiche Unternehmen zeichnen sich dadurch aus, daß sie

- einerseits die Weiterentwicklung und Integration der vorhandenen Informations- und Automatisierungssysteme forcieren hin zum sogenannten Computer Integrated Manufacturing (CIM), der rechnergestützten Fabrik [12-1] und

- andererseits eine neuartige, verbesserte, alle Ebenen betreffende Unternehmenskultur entwickeln, die den einzelnen Mitarbeiter wieder als 'Humankapital' begreift, das es zu wecken und nutzbar zu machen gilt.

Daß CIM-Lösungen bisher kaum optimal genutzt werden konnten, lag auch an den Qualifikationsdefiziten der Mitarbeiter sowie an Organisations- und Führungsproblemen. Um den Zielerreichungsgrad steigern und Ergebnisse der neuen CIM-Technologie besser nutzen zu können, bedarf es einer Neuorientierung und Integration der vier Parameter:

- Moderne Technologie
- Führungsstil
- Organisation
- Qualifizierung der Mitarbeiter

Je nahtloser diese vier Teilbereiche des CIM-Systems miteinander korrespondieren, um so effektiver ist der Arbeitsprozeß gestaltbar. Denn durch

Veränderungen oder gar Vernachlässigung auch nur einer dieser Aspekte kann der Unternehmenserfolg empfindlich beeinträchtigt werden.

<u>Bild 12-1</u> zeigt das Spannungsfeld, in dem die Einführung und Anwendung von CIM abläuft. Eine ganzheitliche Betrachtungs- und Vorgehensweise erfordert es, der neu eingeführten Technik veränderte Führungsstrukturen anzupassen, die organisatorischen Abläufe zu optimieren, die betroffenen Mitarbeiter entsprechend zu qualifizieren, damit sie in der Lage und bereit sind, am Einführungsprozeß engagiert und verantwortlich mitzuarbeiten, so daß die neuartige Technik kosteneffizient nutzbar wird.

Für die Personalabteilung bedeuten diese Erkenntnisse neue Aufgabenstellungen:

- Beschaffung und Auswahl geeigneter Mitarbeiter und deren weitere Qualifizierung,

- Erarbeitung neuer Konzeptionen und Anwendung motivationssteigernder Beurteilungs- und Anreizsysteme,

- Nutzung effizienter Personalentwicklungsmaßnahmen,

- Steuerung der beruflichen Ausbildung sowie

- Mitarbeit bei Einführung neuer Führungs- und Organisationsstrukturen.

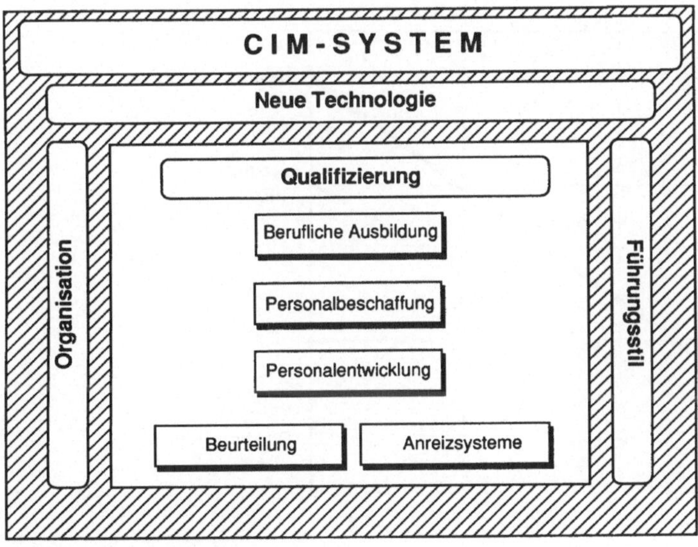

Bild 12-1: Das CIM-System.

Der Einsatzerfolg moderner Technologien ist entscheidend abhängig von der Qualifikation und Einsatzbereitschaft der Mitarbeiter. Die Unternehmen, denen es gelingt, ihre Führungskräfte, ihre Angestellten und Facharbeiter besser auszubilden und zu motivieren als der Wettbewerb, haben beste Voraussetzungen für Erfolge auf dem Markt [12-1]. Daher müssen personalbezogene Aspekte künftig in weitaus stärkerem Ausmaß als früher Bestandteil der Unternehmensstrategie werden [12-2], d. h. daß dem Mitarbeiter in einer insgesamt menschlich-positiven, harmonischen Arbeitsatmosphäre Sinn und Inhalt von Unternehmenszielen vermittelt wird, um das so notwendige Motivations- und Identifizierungsverhältnis erwachsen zu lassen.

12.2 Auswirkungen neuer Technologien auf das Personalwesen

Neue Technologien erfordern ein höheres Qualifikationsniveau der Mitarbeiter: In der Fertigung werden manuelle Tätigkeiten, vor allem solche mit körperlicher Beanspruchung, in den Hintergrund treten und Arbeiten mit mehr abstrakten, systematischen, dispositiven und planerischen Komponenten, die das Verständnis für komplexe Zusammenhänge erfordern, zunehmen, Bild 12-2. Die Planungs-, Fertigungs- und Kontrollaufgaben können in der Weise zusammengefaßt werden, daß der einzelne Mitarbeiter eine größere Anzahl unterschiedlicher Arbeitsvorgänge ausführt und beispielsweise für die Qualitätsüberwachung seiner Arbeit, die Einrichtung seiner Maschine und deren Instandhaltung selbst verantwortlich ist [12-3].

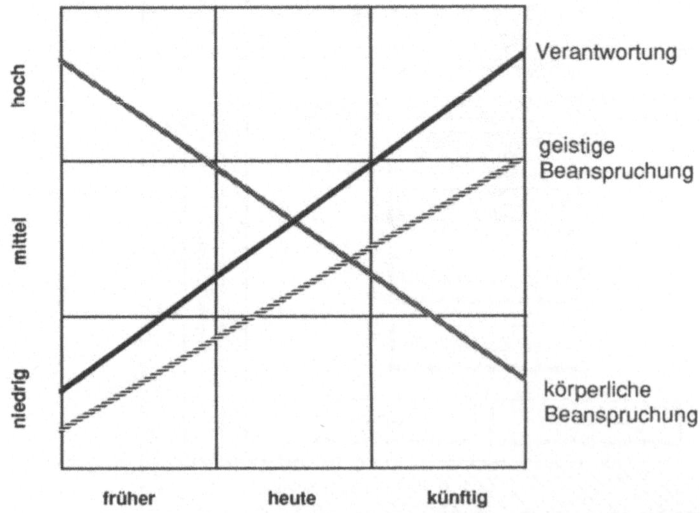

Bild 12-2: Veränderung der beruflichen Beanspruchung in der Fertigung.

202

Die Führungskräfte werden von dispositiven Aufgaben entlastet und müssen dafür koordinierende und beratende Aufgaben übernehmen. Außerdem wird die Schulung der Mitarbeiter zu einer Kernfunktion [12-3].

Bild 12-3 zeigt, wie sich die Kompetenzschwerpunkte bei Führungskräften verlagern werden: Während früher das Hauptgewicht bei der Auswahl von Führungskräften auf dem Fachwissen lag, wird dieser Schwerpunkt zugunsten fachübergreifenden Wissens und sozialer Kompetenz abnehmen.

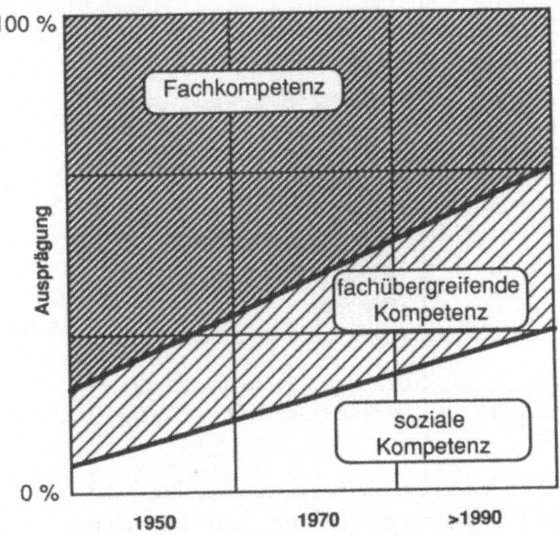

Bild 12-3: Veränderung der Qualifikationsstruktur von Führungskräften.

In den kommenden Jahren werden sich die Arbeitsinhalte und -anforderungen insgesamt verschieben: Der Anteil der Routinetätigkeit vermindert sich, selbständiges Denken, verantwortliches Entscheiden, Risikobereitschaft und Zivilcourage nehmen zu. Neben der rein fachspezifischen Qualifikation werden zusätzlich berufsübergreifende Qualifikationen und Schlüsselqualifikationen gefordert [12-4], s. auch Bild 12-4:

- Fachspezifische Qualifikation:
  Anstelle arbeitsteiliger Vorgangsbearbeitung tritt die Bearbeitung von Vorgangsfolgen, so daß hohe Fachqualifikation, gepaart mit Verantwortungsbewußtsein gefordert werden. Voraussetzung hierfür ist die Bereitschaft zur ständigen Fortbildung.

- Fachübergreifende Qualifikation:
  Reines Fachwissen muß durch berufsübergreifende Befähigungen ergänzt werden. Hierzu zählen z. B. bei einem Maschinenbauingenieur elektro-

	früher	**heute**
fachliche Qualifikation	- Spezialisierung auf einen relativ schmalen Sektor - geringe Verantwortung - mit dem Abschluß der Berufsausbildung kaum weitere Fortbildung - geringes Ansehen des Sachbearbeiters	- Bearbeitung eines breiten Fachgebietes - zunehmende Verantwortung - Bereitschaft zu lebenslangem Lernen - deutliche Aufwertung des Sachbearbeiters
fachübergreifende Qualifikation	Durch die Zerteilung der Arbeitsinhalte wurden fachübergreifende Qualifikationen in geringem Umfang nur bei Führungskräften erwartet.	Fachübergreifendes Wissen ist vermehrt gefordert; z. B. müssen Mitarbeiter der Mechanischen Fertigung oder Maschinenbauingenieure Kenntnisse haben über: - Elektrotechnik - Meß-, Steuer-, Regeltechnik - EDV-Kenntnisse - betriebswirtschaftliche Grundkenntnisse
Schlüsselqualifikation	Schlüsselqualifikationen sind lediglich von Mitarbeitern der oberen Führungsebene verlangt	Schlüsselqualifikationen werden von jedem Sachbearbeiter erwartet

Bild 12-4: Veränderung der Qualifikation durch die Einführung neuer Technologien.

technische Grundkenntnisse, Prinzipien der Steuer-, Meß- und Regeltechnik sowie EDV-Kenntnisse, die über die Anwendung der fachspezifischen Erfordernisse hinausgehen. [12-1].

- Schlüsselqualifikationen:
Die Veränderung der Arbeitsabläufe, die Übernahme von mehr Verantwortung und die Zuständigkeit für ein breiteres Aufgabengebiet bedingen eine Neuorientierung des Verhältnisses von Vorgesetzten zu Mitarbeitern. Gruppenarbeit muß verstärkt praktiziert werden, d. h., es muß zu gegenseitiger sozialer Anerkennung kommen, denn mehr denn je ist der Vorgesetzte auf seine Mitarbeiter angewiesen. Jeder einzelne der Gruppe muß flexibel, kreativ und lernfähig sowie in der Lage sein, aufgabengerecht zu kommunizieren, auftretende Probleme zu analysieren, in Systemen zu denken und Konflikte in der Gruppe tolerant zu lösen [12-4].

Aufgabenschwerpunkt künftiger Personalarbeit wird sein, Einfluß auf das Qualifizierungsniveau der Belegschaft zu nehmen. Entsprechend Bild 12-1 bestehen Möglichkeiten bei der beruflichen Ausbildung, der Personalbeschaffung und der Personalentwicklung, die neben der Förderung der Fähigkeiten geeignete Beurteilungs- und Anreizsysteme schaffen soll.

Tiefgehende Veränderungen werden sich in Büro und Fertigung durch die neuen Technologien auch in den Mitarbeiterstrukturen der Unternehmen vollziehen:

- Der Anteil der angelernten Arbeiter wird erheblich zurückgehen, da die routinemäßigen, relativ anspruchslosen Tätigkeiten weitgehend entfallen werden.

- Der Prozentsatz der Hoch- und Fachhochschulabsolventen wird sich erheblich vergrößern.

- Der Anteil der Facharbeiter wird sich deutlich erhöhen.

- Bei den Angestellten wird die Zahl der Mitarbeiter in den höheren Tarifgruppen wachsen.

- Während früher auf zwei Arbeiter ein Angestellter kam, wird künftig das Verhältnis von Arbeitern zu Angestellten nahezu gleich sein.

Insgesamt erscheint die heutige Unterscheidung zwischen Angestellten und Arbeitern dann kaum noch vertretbar, weil unter dem Gesichtspunkt der neuen Technologien

- die berufliche Erstausbildung für Arbeiter zum größten Teil anspruchsvoller ist als die der Angestelltenberufe,

- die Anforderungen an die Weiterbildung von Arbeitern, die mit neuen Technologien umgehen, oft höher sein werden, als die von Angestellten der meisten technischen oder kaufmännischen Berufe,

- die Verantwortung unter Berücksichtigung der hohen Investitionen, der verlangten Verfügbarkeiten, der hohen Qualitätsansprüche an die Produkte, die ein Arbeiter einer Fertigungsinsel zu tragen hat, in der Regel höher sind als die der meisten Angestellten.

Viele Unternehmen haben dieser Tatsache bereits Rechnung getragen, indem sie die Arbeiter den Angestellten tariflich und sozial gleichgestellt haben. Bei einigen Betrieben wurde auch die von manchen als herabsetzend angesehene Bezeichnung "Arbeiter" ersetzt durch "Mitarbeiter", wodurch die Wertsteigerung des Einzelnen akzentuiert und seine Bedeutung für das Gelingen des Produktionsprozesses zum Ausdruck gebracht werden soll.

12.2.1 Berufliche Ausbildung

Die Veränderungen am Arbeitsplatz bedingen neue Qualitäten in der beruflichen Ausbildung. Während zu Beginn der industriellen Berufsausbildung im Vordergrund die Vermittlung von Arbeitstugenden sowie von Fertigkeiten und Kenntnissen standen und das Lernprinzip nachahmendes Üben bis zur Geläufigkeit war, werden durch beschleunigte Innovationszyklen bei neuen Technologien und veränderten Werkstoffen zusätzliche Ansprüche gestellt werden; so muß beispielsweise der Mitarbeiter, der ein flexibles Fertigungssystem bedient, neben Kenntnissen über Drehen, Bohren und Fräsen auch über Fachwissen aus der Elektro-Werkstatt und Steuerungstechnik verfügen [12-1]. Die Neuordnung der Metall- und Elektroberufe versucht, diesen Forderungen gerecht zu werden, indem die Schwerpunkte zugunsten der Schlüsselqualifikation und der berufsübergreifenden Befähigungen verlagert werden, <u>Bild 12-5</u>. Dieses Ausbildungskonzept muß von den Betrieben unterstützt werden, da die neben dem Fachwissen erforderlichen Qualifikationen wie Flexibilität, Kreativität, Teamarbeit und Lernfähigkeit am wirksamsten nur durch eigene Erfahrung der Auszubildenden gefördert werden können. Um seinen Stellenwert im Arbeitsablauf zu spüren, sollte den Auszubildenden immer wieder Gelegenheit gegeben werden, Erfolge erleben zu können und Spaß am Mitmachen zu haben. Die gesamte betriebliche Ausbildung muß in der Weise umgestellt werden, daß die Vermittlung des reinen Fachwissens, der fachübergreifenden Kenntnisse und der Schlüsselqualifikationen methodisch miteinander verknüpft werden [12-4].

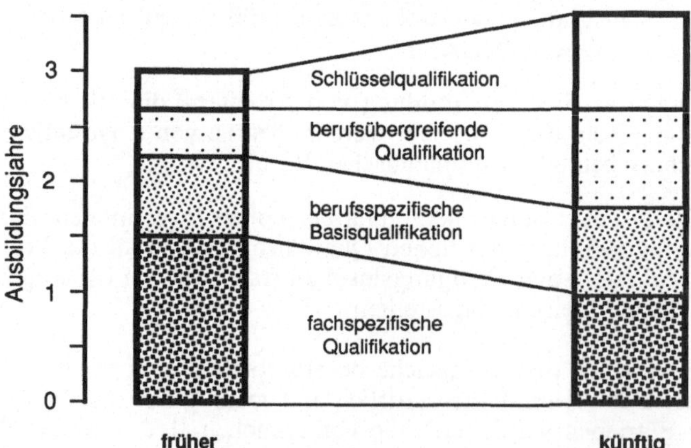

Bild 12-5: Veränderung der Schwerpunktsetzung in der beruflichen Ausbildung [12-1].

Dies impliziert Veränderungen für die Ausbildung: Wenn den Auszubildenden mehr Selbständigkeit und Eigeninitiative vermittelt werden soll, müssen die Ausbilder dafür Sorge tragen, daß die bisherigen Verhaltens-

muster des "aktiven Ausbilders" und des "passiven Auszubildenden" [12-4]
überarbeitet werden. Der Ausbilder muß das "Selberlernen" zulassen und in
die Rolle eines Moderators zurücktreten, der motivieren und begeistern
kann, Interesse weckt und wachhält, zu Eigenständigkeit ermutigt, zu
Verbesserungen anregt und Lösungen der Gruppe überläßt. Er sollte Lob
und Anerkennung zollen, um Selbstvertrauen und Wertgefühl zu fördern,
als Voraussetzung für erfolgreichen, persönlichen und betrieblichen
Werdegang.

Mit Nachdruck soll an dieser Stelle auch auf die Bedeutung einer frühzeiti-
gen breitgefächerten Ausbildung hingewiesen werden, da Fähigkeiten und
Bereitschaft, Neues zu erlernen bei jüngeren Mitarbeitern höher sind.

12.2.2 Personalbeschaffung

Bedenkt man die vielfältigen Qualitäten, die dem neuen Mitarbeitertypus
abverlangt werden, dann erkennt man unschwer, welche Bedeutung der
Personalbeschaffung zukommt.

Mit der Einstellung neuer Mitarbeiter für CIM ist unter dem Gesichtspunkt
des höheren Schulungsaufwandes und der hohen Investition, für die der
Mitarbeiter Verantwortung tragen soll, ein erhebliches Risiko verbunden.
Dies gilt gleichermaßen für das Unternehmen wie auch für den Bewerber
selber; ein ungeeigneter Mitarbeiter am vorgesehenen Arbeitsplatz führt zu
betrieblichen wie persönlichen Belastungen mit negativen Folgen. Die speziellen Auswahlverfahren bei Neueinstellungen müssen daher profunde
Aussagen gewährleisten.

Bis heute dominieren bei der Bewerberauswahl die Auswertung der Bewer-
bungsunterlagen und das Vorstellungsgespräch. Die Bewerbungsdokumente
liefern jedoch fast ausschließlich Informationen über die fachliche Eignung
und die berufliche Erfahrung, jedoch sind andere Kompetenzen von großer
und zunehmender Bedeutung:

- Lernfähigkeit zu pflegen und zu erhalten,

- die Fähigkeit, erworbenes Wissen auf unbekannte neue Situationen anzuwenden,

- Teamfähigkeit zu beweisen,

- Fähigkeit zu abstraktem Denken zu besitzen und zu trainieren sowie

- geistige Beweglichkeit zu bewahren.

Diese Persönlichkeitsmerkmale resultieren aus drei Basisgrundlagen, über die ein Bewerber verfügen muß: emotionale Eigenschaften, geistige Fähigkeiten und soziale Kompetenz.

In **Bild 12-6** sind diese Persönlichkeitsbereiche in Kriterien [12-5] aufgeteilt, und es wurde der Versuch unternommen, sie nach ihren Voraussetzungen und ihrer Entwickelbarkeit zu bewerten. Man erkennt, daß viele der genannten Persönlichkeitsstrukturen durch Bildungsmaßnahmen entwickelt werden können, daß es aber auch solche Merkmale gibt, deren Entwicklung nur sehr schwer möglich ist.

		Voraussetzung	Entwickelbarkeit
Emotion	Energie- und Leistungsehrgeiz	unabdingbar	nein
	Toleranz	gute Basis erforderlich	möglich
	Einfühlungsvermögen	gute Basis sollte vorhanden sein	bedingt
	Selbstvertrauen	gute Basis sollte vorhanden sein	bedingt
Geistige Fähigkeiten	Abstraktes Denken	gute Basis erforderlich	kaum
	Systematisches Denken	gute Basis erforderlich	kaum
	Lernfähigkeit	Basis erforderlich	bedingt
	Kreativität	Basis erforderlich	bedingt
	Problemlösefähigkeit	nein	ja
Soziale Kompetenz	Fähigkeit zur Kommunikation	nein	ja
	Teamfähigkeit	Basis sollte vorhanden sein	ja
	Übernahme von Verantwortung	Basis erforderlich	meist

Bild 12-6: Möglichkeiten der Entwicklung wichtiger Persönlichkeitsmerkmale [12-5].

Es ist daher besonders wichtig, daß diese Kriterien bei der Bewerberauswahl Berücksichtigung finden, d. h., das heute übliche Bewerbergespräch muß durch strukturierte Interviews und/oder Tests ergänzt werden. Besonders empfehlenswert für die Beurteilung des Bewerbers sind die Assessment-Center-Methoden, bei denen in einer systematischen Vorgehensweise Verhaltensleistungen und -defizite durch mehrere Beobachter weitgehend objektiv festgestellt werden können.

Trotz des größeren Angebotes an schulisch besser ausgebildeten Bewerbern auf dem Arbeitsmarkt wird der Wettbewerb um qualifizierten Nachwuchs zunehmen, da der Bedarf an Hochqualifizierten besonders stark steigt [12-1]. Auch oder vor allem Frauen werden daher in Zukunft verbesserte Chancen auf qualifizierte Arbeitsplätze erhalten, insbesondere deshalb, weil ihnen vermutlich die geforderte Harmonisierung der Persönlichkeitseigenschaften aus emotionalen Eigenschaften, kognitiven Fähigkeiten und sozialer Kompetenz häufiger gelingt als männlichen Bewerbern [12-6].

12.2.3 Personalentwicklung

In der Bundesrepublik Deutschland, einem Land ohne nennenswerte natürliche Ressourcen, kann der erreichte hohe Lebensstandard nur gesichert werden, wenn in 'Know-how', also in Aus- und vor allem in Weiterbildung investiert wird [12-7].

Je schneller und intensiver modernste Technologien in den Unternehmen Fuß fassen und veränderte Arbeitsbedingungen zusätzliche Weiterbildungsmaßnahmen der Mitarbeiter erfordern, um so mehr gewinnt Personalentwicklung im Rahmen der Personalplanung an Bedeutung.

Mehr und mehr werden die rechtzeitige Anpassung und Aufwertung des Qualifikationsniveaus der Mitarbeiter an die Erfordernisse von CIM zu einer Existenzfrage für das Unternehmen. Sie ist für das Unternehmen Voraussetzung für die Nutzung der neuen Technologie, für den Mitarbeiter ist sie ein Teil seiner beruflichen und sozialen Sicherung [12-8].

Ohne bestmöglich ausgebildete Mitarbeiter ist die Anwendung neuer Technologien im Unternehmen nicht möglich. Die Vorbereitungs- und Einführungsphase muß daher mit umfangreichen Maßnahmen zur Verbesserung des Qualifikationsniveaus verbunden sein. Es müssen Mitarbeiter ausgebildet werden, die

- ein Bewußtsein dafür haben, daß mit dem Abschluß der Berufsausbildung erst die Basis für "lebenslanges Lernen" gelegt ist,

- neuen Technologien interessiert gegenüberstehen und bereit sind, an ihrer Einführung und Gestaltung mitzuwirken.

Es muß ein Ziel der Führungskräfteentwicklung sein, neben der Vermittlung der neuen Führungstechniken auch die Ziele moderner Organisationsgestaltung einzubringen.

Im gewerblichen Bereich muß eine Abkehr von derzeitigen Verfahren der Mitarbeiterqualifizierung stattfinden, die das "Vormachen-Nachmachen" betonen und auf das intellektuelle Verstehen des zu Erlernenden geringen Wert legen, weil diese Vorgehensweise für die Einführung von CIM allerhöchstens punktuell geeignet ist. Wichtig ist hier die Erarbeitung von Betriebsmittel- und Verfahrenskenntnissen, der Erwerb einer systematischen Arbeitsmethodik und die Entwicklung von Problemlösetechniken für den jeweiligen Arbeitsbereich [12-9].

Aufgabe der Personalentwicklung wird es sein, mit der betrieblichen Qualifizierungsarbeit nach Möglichkeit sehr frühzeitig in der Planungs- und Installationsphase eines Projekts zu beginnen, damit bei Inbetriebnahme qualifiziert ausgebildete Mitarbeiter zur Verfügung stehen und mit der Produktion unverzüglich begonnen werden kann. Hierdurch können auch die sehr hohen Anlaufkosten der Anlage minimiert werden [12-10].

In der Planungs- und Installationsphase sollten sowohl die fachübergreifenden Grundlagenkenntnisse als auch die sozialen Fähigkeiten geschult werden, während die arbeitsplatzgebundenen Bildungsmaßnahmen im allgemeinen erst nach dem Produktionsbeginn erfolgen können.

Für derartige Schulungsmaßnahmen zur Qualifizierung der Mitarbeiter muß mit Kosten gerechnet werden, die zwischen 5 % und 10 % des Investitionsvolumens der Anlage liegen [12-11]. Dieser Aufwand kann jedoch durch Steigerung der Systemnutzung relativ schnell kompensiert werden, da die Qualifikation der Mitarbeiter großen Einfluß auf die Verfügbarkeit der Anlage hat. D. h., je umfassender der Mitarbeiter ausgebildet ist, um alle anfallenden Arbeiten auszuführen, um so besser wird die Gesamtverfügbarkeit und damit die Wirtschaftlichkeit der Anlage. Neben diesen Vorteilen trägt der höher qualifizierte Mitarbeiter durch Reduzierung von Ausschuß und Nacharbeit aufgrund besserer Systemüberwachung, durch höhere Arbeitszufriedenheit, unter Umständen auch durch geringere Abwesenheits- und Krankheitszeiten, weiter zur Verbesserung der Gesamtwirtschaftlichkeit bei.

Wie wichtig derartige Personalentwicklungsmaßnahmen allseits eingestuft werden, zeigt der Abschluß des Lohn- und Gehaltsrahmentarifvertrages zwischen den Metall-Arbeitgebern und der IG-Metall in Nord-

Württemberg/Nord-Baden, der Qualifizierungsmaßnahmen für die Beschäftigten festschreibt. Hiernach ist vorgesehen, daß der Arbeitgeber jährlich den Bildungsbedarf feststellt und ihn mit dem Betriebsrat berät, der bei der Auswahl der Arbeitnehmer mitbestimmt. Wenn die erworbene höhere Qualifikation entgegen der ursprünglichen Planung vom Unternehmen nicht genutzt wird, muß zeitlich befristet ein Lohnzuschlag von 3 % gezahlt werden.

12.2.3.1 Beurteilungssystem

Die Beurteilung und Eignungsüberprüfung der Mitarbeiter ist als Führungshilfe unbedingt erforderlich, weil das Unternehmen nur so in der Lage ist, das Leistungsniveau und die Entwicklung der Mitarbeiter zu erkennen, zu steuern und auch die Weiterbildung gezielt zu fördern. Damit die Ergebnisse der Bewertung auch positiv genutzt werden, muß sich im Unternehmen aber verstärkt die Erkenntnis durchsetzen, daß jeder Mitarbeiter über Stärken und Schwächen verfügt und daß die meisten Schwachpunkte durch gezielte Personalführung und -entwicklung ausgeglichen werden können.

Das Beurteilungssystem muß folgende Forderungen erfüllen [12-12]:

- Die Anforderungen des Arbeitsplatzes müssen möglichst vollständig widergespiegelt werden.

- Der Bewertungsvorgang muß transparent d. h., auch Außenstehenden verständlich sein.

- Das Verfahren muß leicht handhabbar sein.

- Aus der Bewertung müssen eventuell notwendige Entwicklungsmaßnahmen leicht ableitbar sein.

Diese Bedingungen werden am besten von den Verfahren erfüllt, bei denen Bewertungskriterien definiert werden, die gewichtet werden und bei denen dann für jeden Mitarbeiter ermittelt werden kann, wie gut er die einzelnen Kriterien erfüllt. Analog zu den unter 12.2. genannten Anforderungen und den im Abschnitt 12.2.2 genannten Einstellungskriterien könnte ein solcher Beurteilungskatalog für Führungskräfte für die fach- und fachübergreifende Qualifikation sowie die Schlüsselqualifikation, wie in <u>Bild 12-7</u> und <u>Bild 12-8</u> beispielhaft dargestellt, aussehen. Diese Kriterien müssen natürlich arbeitsplatzspezifisch für jedes Unternehmen neu entwickelt werden.

Fachliche und fachübergreifende Qualifikation		
Name: Herr Muster Dienstrang: Abt.Ltr. Alter: 37 J Betriebszugehörigkeit: 5 J		

	mangelhaft	ausreichend	befriedigend	gut	sehr gut	Bewertung
						3,8
Verfügt über differenzierte Kenntnisse auf seinem Fachgebiet und erkennt neue Entwicklungstrends.						**4,4**
Wird als Fachautorität von den eigenen Mitarbeitern, sowie im Kreise seiner Kollegen anerkannt und versteht sein Wissen weiterzugeben.						**4,2**
Hält sein Fachwissen auf neuestem Stand und nutzt neue Forschungsergebnisse für seine Arbeit.						**4,7**
Sorgt dafür, daß die Entwicklungen in seinem Bereich immer auf dem neuesten Stand der Technik sind, um der Konkurrenz überlegen zu sein.						**3,5**
Berücksichtigt bei der Entwicklung die ökonomische Realisierbarkeit.						**2,5**
Entscheidet kostenbewußt unter Berücksichtigung des angestrebten Erfolgs.						**3,1**
Kontrolliert die Entwicklung seines Forschungsbudgets und überzieht dieses nicht.						**2,2**
Plant, überwacht und steuert seine Vorhaben mit modernen Methoden des Projektmanagements.						**4,3**
Verfügt über interdisziplinäres Wissen und hat eine qualifizierte Meinung zu Themen, die außerhalb seines Fachgebietes liegen.						**4,8**
Berücksichtigt bei seiner Arbeit auch die Belange der anderen Bereiche und denkt nicht nur in seiner eigenen Kostenstelle.						**4,0**

Bild 12-7: Ermittlung der Ausprägung der fach- und der fachübergreifenden Qualifikation bei Führungskräften.

<table>
<tr><td colspan="7" align="center">Schlüsselqualifikation</td></tr>
<tr><td colspan="7">Name: Herr Muster   Dienstrang: Abt.Ltr.   Alter: 37 J Betriebszugehörigkeit: 5 J</td></tr>
<tr><td></td><td>mangelhaft</td><td>ausreichend</td><td>befriedigend</td><td>gut</td><td>sehr gut</td><td>Bewertung
3,9</td></tr>
<tr><td>Besitzt die Fähigkeit zu abstraktem Denken.</td><td colspan="5"></td><td>4,3</td></tr>
<tr><td>Verfügt über einen systematischen, vorausschauenden Arbeitsstil.</td><td colspan="5"></td><td>3,6</td></tr>
<tr><td>Ist lernfähig und besitzt die Fähigkeit, erworbenes Wissen auf neue Situationen anzuwenden.</td><td colspan="5"></td><td>3,8</td></tr>
<tr><td>Übernimmt Verantwortung bereitwillig und steht dafür ein.</td><td colspan="5"></td><td>4,5</td></tr>
<tr><td>Verfügt über hohe Toleranz und ist in der Lage, Fehler konstruktiv zu kritisieren.</td><td colspan="5"></td><td>3,1</td></tr>
<tr><td>Besitzt Kreativität und ist neuen Ideen gegenüber aufgeschlossen.</td><td colspan="5"></td><td>3,6</td></tr>
<tr><td>Erhält Akzeptanz im Kreise seiner Kollegen und von seinen Mitarbeitern und ist für die Geschäftsführung ein geschätzter Ansprechpartner.</td><td colspan="5"></td><td>4,3</td></tr>
<tr><td>Erkennt gute Leistungen seiner Mitarbeiter an, kritisiert konstruktiv und kontrolliert Arbeitsergebnisse.</td><td colspan="5"></td><td>3,2</td></tr>
<tr><td>Ist ein guter Kommunikator, argumentationsstark, kann sich differenziert ausdrücken und trifft den richtigen Ton.</td><td colspan="5"></td><td>4,5</td></tr>
<tr><td>Erkennt Probleme frühzeitig und ist in der Lage, sie richtig zu analysieren und geschickt zu lösen.</td><td colspan="5"></td><td>4,0</td></tr>
</table>

Bild 12-8: Ermittlung der Ausprägung der Schlüsselqualifikationen bei Führungskräften.

Für jeden Mitarbeiter ist dann ein solches Formblatt auszufüllen, wobei der Durchschnittswert die Ausprägung für die fachliche und fachübergreifende Qualifikation bzw. die Schlüsselqualifikation ergibt [12-12].

Diese Ergebnisse können in einem Mitarbeiter-Portfolio dargestellt werden. Dieses ist ein auf das spezielle Unternehmen abgestimmtes Instrument für die differenzierte Analyse und Abbildung der Qualifikation der Mitarbeiter. Bild 12-9 zeigt ein solches Mitarbeiter-Portfolio. Beispielhaft ist hier der "Ist-Wert" eines Mitarbeiters eingetragen; es ist nun Aufgabe der Personalabteilung, Maßnahmen zur gezielten Förderung vorzuschlagen.

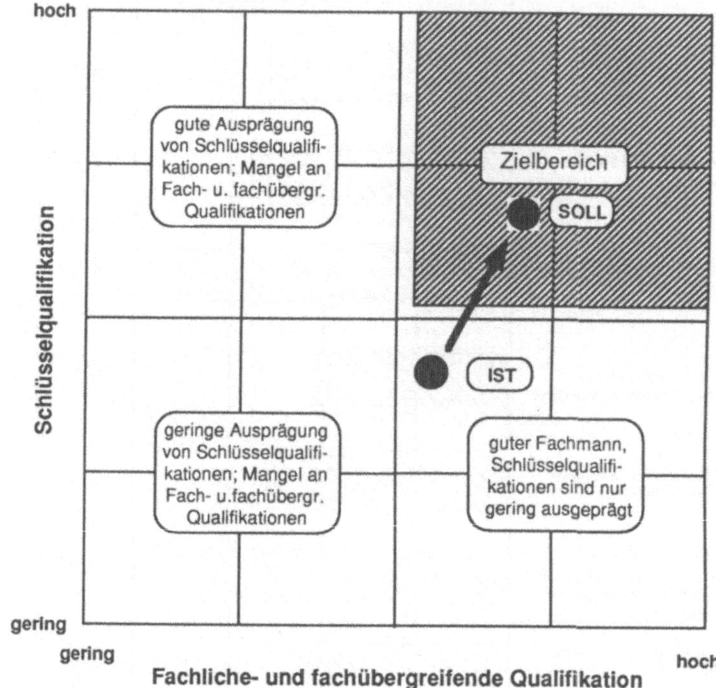

Bild 12-9: Mitarbeiter-Portfolio [12-12].

12.2.3.2 Anreizsysteme

In der konventionellen Fertigung konnte der Facharbeiter 80 % der verfügbaren Zeit durch handwerkliche Geschicklichkeit persönlich beeinflussen, so daß seine Bezahlung nach zeitabhängigen Stücklohnsystemen die logische Folge war. Mit zunehmender Automatisierung hat sich der Schwerpunkt der Arbeit jedoch von den handwerklichen Fähigkeiten zu mehr

214

kognitiven Anforderungen verschoben. So wird z. B. der Maschinenführer
eines Fertigungszentrums neben der Ausbringung an Gutstückzahlen, an der
Maschinennutzung, der Qualitätsverbesserung, dem flexiblen Einsatz
innerhalb der Arbeitsgruppe, der Einhaltung von Durchlaufzeiten usw.
gemessen, so daß diese Kriterien mehr als bisher zum Maßstab für die Entlohnung werden müssen [12-13].

Das Entgeltsystem muß grundsätzlich so konzipiert sein, daß eine gute
Leistung für den Kunden mit bestem wirtschaftlichem Ergebnis für das
Unternehmen selbst gefördert wird. Dabei muß der vom Mitarbeiter selbst
bestimmbare Leistungsanteil die Entlohnungsgrundlage darstellen und die
Vielseitigkeit der oben aufgeführten Kriterien miteinbezogen werden
[12-3].

Das bedeutet, daß sich bei der Entlohnungsform ein Wandel vollziehen
wird, <u>Bild 12-10</u>, der eine Abkehr von dem reinen Akkordlohn hin zum
Zeit- bzw. Leistungslohn mit sich bringen wird. Um die Gruppenarbeit zu
fördern, wird der Einzellohn bedeutungsmäßig zugunsten des
Gruppenlohns zurücktreten, wobei folgende Prämien vorstellbar sind:

- Qualitätsprämien, um die Qualität zu steigern,
- Nutzungsprämien, um die Stillstandszeiten zu minimieren,
- Terminprämien, um hohe Termintreue zu erreichen sowie
- Ersparnisprämien, um Materialverbrauch und Ausschuß zu minimieren.

Die genannten Prämien lassen sich in beliebiger Weise miteinander kombinieren.

	Einzelperson		Gruppe	
	ohne Prämie	mit Prämie	ohne Prämie	mit Prämie bzw. individ. Leistungszul.
Akkordlohn	↘	—	→	—
Zeitlohn	↘	↗	↗	↗
Leistungslohn	↗	↗	↗	↑

Bild 12-10: Entwicklungstendenzen bei Entlohnungssystemen.

Den Vorgesetzten sollte ein zusätzliches Führungsinstrument an die Hand gegeben werden in Form einer individuellen Leistungszulage, bei der nicht-quantifizierbare Leistungs- und Verhaltenskriterien, wie z. B. Zusammenarbeit, Flexibilität, Lernbereitschaft etc. berücksichtigt werden. Neben der objektiven Leistungsermittlung können mit einem solchen Instrument weitere Anreize mit positiver Motivationswirkung erreicht werden.

12.3 Führungsstil

Die Veränderung der Führung im Unternehmen soll im Zeitablauf dargestellt werden, <u>Bild 12-11</u>. Die neuen Technologien werden sich zunächst in einer Verbesserung der Kommunikation im Unternehmen auswirken: In den fünfziger Jahren wurde unter Einhaltung streng hierarchischer Dienstwege kommuniziert, wobei Anweisungen von oben nach unten erfolgten, während entgegenlaufend die betrieblichen Informationen, die für die Entscheidungsfindung erforderlich sind, in Form eines Berichtswesens gesammelt wurden.

Um dem härter werdenden Wettbewerb begegnen zu können, mußten in den siebziger Jahren die Reaktions- und Entscheidungszeiten verkürzt

	1950	1970	1990
Kommunikation			
Führungsebenen	3 - 4	4 - 5	2 - 3
Führungsleitbild	autoritär	partizipativ	mitbestimmend-partizipativ
Führungsverhalten	Anweisungen		Zielvereinbarungen mit der Gruppe
Führungskompetenz	hohe fachliche Kompetenz		gleiche fachliche Kompetenz ; hohe Kompetenz in Schlüsselqualifikationen
Delegation von Aufgaben	kleine Arbeitspakete an Mitarbeiter	kleinste Teilaufgaben an Mitarbeiter	komplexe, umfangreiche Arbeitspakete in Arbeitsgruppen
Delegation von Verantwortung	auf Führungskräfte der mittleren und unteren Ebene	auf Führungskräfte der höheren Ebene	in Gruppen

Bild 12-11: Wandel der Führung im Unternehmen [12-1].

216

werden. Die "Dienstweg-Kommunikation" wurde durch Kooperation zwischen gleichgestellten bzw. parallelen Funktionsbereichen ergänzt [12-1].

In den Unternehmen der neunziger Jahre, die idealerweise nur noch über zwei bis drei Führungsebenen verfügen, werden alle Unternehmensebenen die für sie notwendigen Informationen über mehrere Aggregationsstufen aus großen Datenbanken entnehmen und dadurch über bessere detaillierte Angaben verfügen können, als es heutzutage der Fall ist.

Durch die weiter verbesserte Kommunikation und Information wird sich ein Wandel des Führungsleitbildes, von einer autoritären Führung zur Partizipation vollziehen, während beim Führungsverhalten die Anweisung der Zielvereinbarung mit der Gruppe weichen wird [12-1].

Der hierarchische Führungsstil wird ersetzt werden müssen durch Dezentralisierung von Entscheidungen und die Delegation von Verantwortung in Gruppen. Die betrieblichen Führungskräfte übernehmen zusätzliche Aufgaben der Koordination, der Motivation und der Betreuung der jeweiligen Arbeitsgruppen. Sie sind hauptverantwortlich für die Produktqualität, die Zusammenarbeitsqualität der Gruppe und die Ausbildungsqualität ihrer Mitarbeiter [12-11].

In den Unternehmen wird eine neue Kommunikationsmoral an die Stelle der alten Arbeitsdisziplin treten. Die Delegation von Verantwortung als eine Quelle der Motivation bietet sich zudem an, den erhöhten Arbeitsanforderungen der Mitarbeiter an die Arbeit entsprechen zu können und das Bedürfnis der Mitarbeiter nach Selbständigkeit zu nutzen [12-10]. Das Ziel sollte sein, Fachkompetenz und Entscheidungskompetenz auf der gleichen Ebene zu konzentrieren.

In Zukunft werden stark arbeitsteilig gegliederte Aufgabenstellungen, <u>Bild 12-12</u>, wie z. B. bei der Auftragsabwicklung, bei der heute häufig Angebotserstellung und Auftragsbearbeitung getrennt in vielen verschiedenen Abteilungen erledigt werden, so zusammengefaßt, daß der gesamte Auftrag vom Angebot bis zur Auftragsabrechnung in je einer Arbeitsgruppe eigenverantwortlich abgewickelt wird. Hierdurch können sich die Mitarbeiter stärker mit der Aufgabe identifizieren, und bei geeigneter Ausgestaltung kann der "Mitarbeiter" zum "Mitunternehmer" gemacht werden [12-11].

Da die Einführung und Anwendung der neuen Technologien immer mit vielen Veränderungen für die Mitarbeiter verbunden sind, müssen diese bei der Gestaltung des CIM-Systems einbezogen werden. Unter CIM-System ist

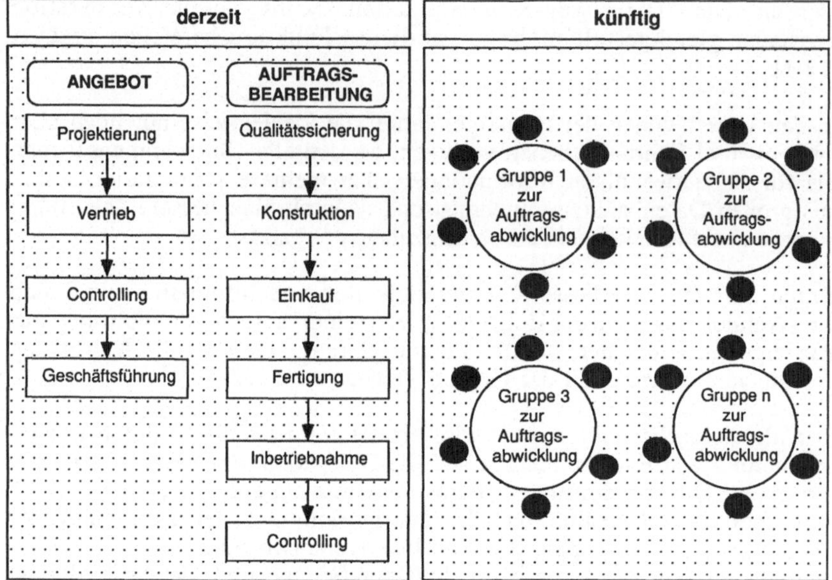

Bild 12-12: Derzeitige und künftige Abwicklung von Aufträgen.

hier, wie bereits weiter oben erläutert, nicht nur die neue Technologie, sondern auch die Organisationsstruktur des Unternehmens, der Führungsstil und die Qualifizierung der Mitarbeiter zu verstehen.

Die Partizipation ist vor allem deshalb unumgänglich, weil hierdurch

- eine höhere Akzeptanz erzielt wird:
  Nur wenn in gemeinsamer Arbeit Lösungen entwickelt werden, in die jeder Beteiligte seine fachliche Kompetenz, seine Erfahrung und seine Vorstellungen einbringen kann, können destruktive Entwicklungen von vornherein verhindert, sowie Ängste und Befürchtungen in Zufriedenheit und Motivation transformiert werden;

- das interne Know-how effektiver genutzt wird:
  Je komplexer das technische System ist, desto stärker ist die Führungskraft auf die Unterstützung der Mitarbeiter angewiesen, denn sie kennen die Anforderungen und Schwachstellen ihrer Tätigkeit am besten;

- die Qualität der Lösung besser wird:
  Durch frühzeitige Einbeziehung der Mitarbeiter werden verbesserte Lern- und Trainingsergebnisse erzielt, Bedienfehler vermindert und die unvollständige Nutzung vorhandener Möglichkeiten aufgrund mangelnder Qualifikation vermieden [12-14].

218

Das Führungsverhalten wird sich künftig wandeln, und zwar von alleiniger Leistungsorientierung, bei der Pflichtbewußtsein, Disziplin, Selbstkontrolle und Genauigkeit zentrale Werte darstellen, hin zur verstärkten Mitarbeiterorientierung, bei der versucht wird, die persönlichen Ziele, Wünsche und Bedürfnisse des Mitarbeiters zu beachten und Arbeit als Lebensbestandteil zu betrachten, die Befriedigung an der eigenen Leistung verschafft. Das Aufeinandertreffen dieser beiden Leistungsethiken verlangt von den Führungskräften neue Verhaltensweisen, Bild 12-13 [12-15]. Um den Mitarbeiter zu hoher Leistung, Kreativität und Initiative führen zu können, bedarf es der persönlichen Kontakte, der zeitlichen und gedanklichen Zuwendung eines positiv-ausstrahlenden Führenden, der sich seinerseits im Team integriert und ein 'Wir-Gefühl' entstehen läßt.

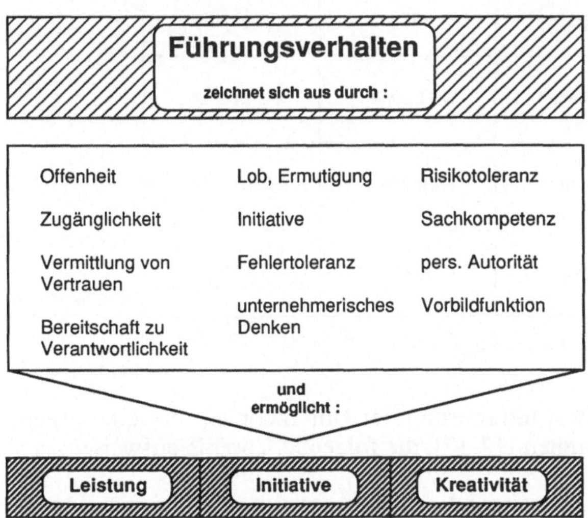

Bild 12-13: Anforderungen an das Führungsverhalten.

12.4 Organisationsstruktur

Bei der rechnerintegrierten Produktion geht es nicht nur um Kommunikations- und Informationstechnologie, um einen durchgängig einwandfrei arbeitenden Datenverbund aufzubauen. Auch die Aufbau- und Ablauforganisation in einem Unternehmen hat entscheidenden Einfluß auf die Effektivität der neuen Technik [12-16].

Während in den fünfziger Jahren hierarchische, jedoch nicht sehr tiefe Organisationsstrukturen vorherrschten, bei denen manuelle Tätigkeiten mit hoher physischer Belastung ausgeführt wurden, wandelte sich dies ab 1970 in tiefgestaffelte hierarchische Organisationen, bei denen die repetitiven

Tätigkeiten zugenommen haben. An die Stelle hoher physischer Belastung, bedingt durch die Automatisierung, ist die monotone einseitig belastende Beanspruchung getreten [12-1].

Die neuen Technologien werden dieses Bild nachhaltig verändern, Bild 12-14. Das Prinzip der Arbeitsteilung nach Taylor wird verlassen, die Hierarchien werden verflachen, weil sich herausgestellt hat, daß die Hauptaufgabe des mittleren Managements in der Aufnahme und Weiterleitung von Informationen besteht, die in Zukunft schneller, unmittelbarer, genauer und vor allem unverfälscht durch den Computer erledigt werden kann.

	1950	1970	>1990
Organisationstiefe	3-4 Ebenen	5-6 Ebenen	2-3 Ebenen
Tätigkeitsstruktur	manuell	repetitiv	interaktiv
Arbeitsteilung	mittel	hoch	gering (z.T. ganzheitl. Arbeitsvollz.)

Bild 12-14: Wandel der betrieblichen Organisation [12-1].

Es wird also zu einer Restrukturierung der Unternehmen in kleine organisatorische Einheiten kommen [12-17], die folgende Vorteile aufweisen:

- sorgfältige Informationsweitergabe und ausgeprägte Kommunikation,
- kurze Entscheidungswege,
- ausgeprägte Problemlösefähigkeit der Vorgesetzten,
- hohe Selbständigkeit der Mitarbeiter,
- Synergiepotentiale des "großen Unternehmens" werden bewußt genutzt.

Die Vorteile solcher mittelständischer Unternehmensstrukturen beruhen nicht darauf, daß alle Positionen durch Spitzenkräfte besetzt sind, sondern eher, daß die Mitarbeiter ihre Potentiale im Sinne der Unternehmensaufgaben bestmöglich entfalten und nutzen, weil sie mit der Aufgabenübertragung angemessene Entfaltungs- und Handlungsspielräume erhalten haben [12-6].

Durch die Delegation geschlossener ganzheitlicher Aufgabenpakete in selbständig agierende Arbeitsgruppen, die über umfangreiche Handlungs- und Entscheidungsfreiheit verfügen, werden die innerbetrieblichen Wege ver-

220

kürzt, die berufliche Qualifikation, die Arbeitszufriedenheit, die Motivation und das Engagement der Mitarbeiter gefördert; Kosten-, Qualitäts- und Leistungsbewußtsein führen zu einer größeren Identifizierung mit Produkt und Unternehmen [12-10], was sich letztlich positiv auf die Effektivität und Rentabilität des Gesamtunternehmens auswirkt.

12.5 Zusammenfassung

Steigende Forderungen an Lieferzeiten, Termintreue und verkürzte Produktlebenszyklen sowie an die Produktqualität lassen die einzelnen Bereiche eines Unternehmens zunehmend zusammenwachsen. Neue Organisationsformen und Informationstechnologien bilden die notwendigen Voraussetzungen für eine Verkürzung der Reaktionszeiten. Im Mittelpunkt steht aber weiterhin der Mensch, der die neuen Kommunikationswerkzeuge - technischer und organisatorischer Art - nutzen muß.

Dies gelingt nur, wenn Technologie, Führungsstil, Organisation und Qualifikation der Mitarbeiter aufeinander abgestimmt werden. Das Personalwesen kann diese Abstimmung entscheidend prägen, indem es

- bei der Personalbeschaffung neben der fachlichen auch die fachübergreifende Qualifikation und vor allem die Schlüsselqualifikation berücksichtigt,

- diese durch Personalentwicklungsmaßnahmen unterstützt und

- Beurteilungs- und Anreizsysteme schafft, die diese Qualifikationen fördern.

13 Neue Methoden des Investitions-Controlling unter besonderer Berücksichtigung von CAD-Vorhaben

Dipl.-Volksw. Burkhard Becker

13.1 Einleitung

Der Einsatz komplexer Technologien stellt mit steigender Tendenz einen wesentlichen Erfolgsfaktor eines fortschrittlichen Unternehmens dar. Dies gilt für flexible Fertigungssysteme in der Produktion ebenso wie für den Einsatz neuer Informationstechnologien in der Konstruktion und im Vertrieb.

Die zunehmende Durchdringung des Herstellungsprozesses mit CAD/CAM-Systemen erfordert jedoch einen hohen Kapitaleinsatz. Damit dieser Kapitaleinsatz letztendlich zur nachhaltigen Verbesserung des wirtschaftlichen Erfolges eines Unternehmens bzw. eines Geschäftsbereiches führt, sind vor Ausgabe dieses Kapitals alle Kosten- und Nutzenelemente einer Wirtschaftlichkeitsbetrachtung zu unterziehen. Die Erfassung und Zurechnung des Nutzens von CAD-Systemen ist im Gegensatz zur Kostenbestimmung durch eine Reihe von Faktoren erschwert, die zum einen in der bereichsübergreifenden Wirkung der CAD-Komponenten, zum anderen in dem aus der Integration einzelner Komponenten entstehenden Synergienutzen bestehen [13-1, 13-2].

Die Investitionsentscheidung zur Einführung komplexer Informationstechnologien muß daher in eine gesamtheitliche Betrachtungsweise fundiert eingebunden werden, d. h. das optimale Investitionsbudget ist aus einer Wettbewerbsanalyse und Analyse der kritischen Erfolgsfaktoren sowie der Rentabilität im jeweiligen Geschäftsfeld (Geschäftsfeldanalyse) und aus einer Betrachtung der durch das CAD-Vorhaben bewirkbaren Veränderung der Kosten- und Leistungsstrukturen (Vorhabenanalyse) mittels zahlungsstromorientierter Wirtschaftlichkeitsrechnung bzw. mit Nutzwertanalyse [13-3] abzuleiten.

Diese mehrstufige Betrachtungsweise ist wesentlicher Bestandteil eines Integrierten (Investitions-)Controlling-Konzeptes.

Die Forderung, CAD- und CIM-Investitionen möglichst auch durch quantitative Wirtschaftlichkeitsrechnungen zu unterlegen, kann inzwischen als allgemein anerkannt gelten, wobei kennzahlenorientierte Nutzenquantifizierungen im Vordergrund stehen [13-1, 13-2, 13-4, 13-5].

Begründet wird diese Forderung insbesondere mit den Chancen (Wettbewerbsposition, Produktivitäts- und Kostenvorteile) und den Risiken (Wahl falscher Technologie, Kapitalkosten) der neuen Technologien. Darüber hinaus wird als Argument genannt, daß mit der Investitionsentscheidung auch ein Großteil der späteren Prozeßkosten festgelegt wird [13-5].

Der folgende Beitrag stellt dar, wie bei Krupp das Investitions-Controlling schlüssig in das im Hause angewandte Integrierte Unternehmens-Controlling-Konzept eingebettet ist, aus welchen Elementen das Investitions-Controlling besteht und welche Leistungsfähigkeit dieses Controlling-Konzept auch für die betriebswirtschaftliche Beurteilung von CAD-Vorhaben hat.

Die Entwicklung der Zahl der CAD-Arbeitsplätze im Krupp-Konzern ist sehr dynamisch verlaufen. Während 1981 erst 12 Arbeitsplätze zur Verfügung standen, waren es 1990 rund 300.

Eine bei Krupp durchgeführte Untersuchung [13-6] über CAD-Investitionsentscheidungen seit Anfang 1980 zeigt, daß die Entscheidung über CAD-Investitionen primär unter dem strategischen Aspekt [13-5] erfolgte, mit der Entwicklung der Arbeitstechniken und der Informationsvernetzung im technischen Bereich Schritt zu halten.

Bei der Auswahl der Systeme standen in vielen Fällen technische Anforderungskriterien im Vordergrund. Vorrangig war die Steigerung der Produktivität durch verbesserte Produktqualität, höhere Flexibilität und kürzere Lieferzeiten.

Heute ist hingegen davon auszugehen, daß CAD/CAM zur Geschäftssicherung unentbehrlich geworden ist [13-7].

Die Auswahl der CAD-Arbeitsplätze schloß teilweise auch Anforderungen ein, die nicht an allen Arbeitsplätzen benötigt wurden. Mit zunehmender Einsatzerfahrung fand daher eine Neugewichtung der Auswahlkriterien statt.

Die Erfahrung hat gezeigt, daß vor der Installation die komplexen Software-Funktionen auf ihre wirtschaftliche Nutzung hin überbewertet wurden. Bild 13-1 zeigt dementsprechend die Veränderung in der Gewichtung der CAD/CAM-Fähigkeiten für den Anwender in Abhängigkeit von der Nutzungsdauer der CAD-Anwendung.

Die für CAD-Vorhaben ermittelten Renditen basierten in der Anfangsphase auf theoretischen Beschleunigungsfaktoren, die allerdings nur bei einzelnen

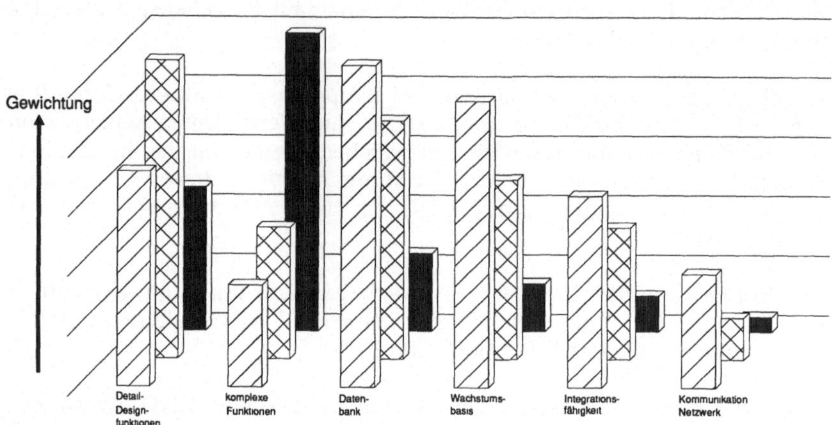

Bild 13-1: Bedeutung der CAD/CAM-Fähigkeiten für den Anwender. Quelle CADCAM Inc.

Anwendungen erreicht wurden. Unter einem Beschleunigungsfaktor versteht man einen Faktor, um den die konventionelle Tätigkeit durch den CAD-Einsatz beschleunigt werden kann. Ableitung und Erfahrungswerte finden sich bei [13-8].

Folgende Aspekte wurden bei der Wirtschaftlichkeitsbetrachtung unterschätzt:

- Notwendigkeit von unternehmensspezifischen Anpassungen und Ergänzung der verfügbaren CAD-Software,

- Umfang der Vorbereitungsarbeiten für die volle produktive Nutzung des CAD-Systems und die Systematisierung der Konstruktionstätigkeiten,

- Notwendigkeit ausreichender Arbeitsvorbereitung in der Konstruktion.

13.2 Das Integrierte Controlling-Konzept

13.2.1 Anforderungen

Das hier skizzierte Controlling-Konzept wird seit zwei Jahren konzernweit bei Krupp angewandt und hat zuvor seine Entwicklung in den Geschäftsfeldern des Unternehmensbereichs Stahl erfahren. Bei der Formulierung des Controlling-Konzeptes wurden folgende Anforderungen zugrunde gelegt:

(1) Ziel- und Maßnahmenorientierung.

(2) Umfassende Anwendbarkeit, d. h. das Konzept gilt

- geschäftsfeldunabhängig in allen strategischen Geschäftseinheiten;
- unternehmensfunktionenunabhängig in allen Bereichen wie z. B. Konstruktion, Produktion, Verwaltung, Vertrieb;
- unabhängig von der jeweiligen Ausgangs-(Ergebnis-)Situation des Geschäftsbereiches.

(3) Geschlossenheit, d. h. das Konzept folgt einem geschlossenen Regelkreis.

Punkt 2 und 3 qualifizieren das Konzept als integriertes Konzept.

(4) Transparenz, d. h. auch für Nicht-Ökonomen leicht verständlich und nachvollziehbar.

(5) a) Basis der unternehmerischen Führung bilden wenige, zentrale Steuerungsgrößen, die allgemein verständlich sind und damit breite Akzeptanz finden.

b) Diese zentralen Steuerungsgrößen sind konzernweit für alle Geschäftseinheiten verbindlich, so daß alle Geschäftseinheiten nach einheitlichen "Spielregeln" handeln und konkurrieren können.

c) Die zentralen Steuerungsgrößen werden in Einflußfaktoren aufgebrochen, über die die Steuerungsgröße im unmittelbaren Wirkungszusammenhang beeinflußt wird. Die zentrale Steuerungsgröße bildet das Ergebnis der Maßnahmen aller Funktionsbereiche entscheidungsbezogen ab.

d) Die zentralen Steuerungsgrößen werden um notwendige, geschäftsfeldbezogene Kennzahlen ergänzt.

13.2.2 Bausteine des Integrierten Controlling-Konzeptes

Die Aufgabenstellung des Controlling ist in einem einfach formulierten Denkschema zusammengefaßt:

"Controlling ist das Überbrücken der Ergebnislücke zwischen einem
Ausgangszustand und einem vorher definierten Zielzustand durch Maßnahmen", <u>Bild 13-2</u>.

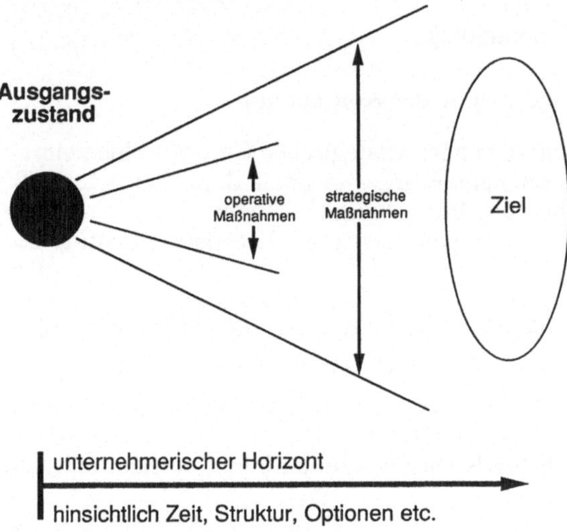

Bild 13-2: Elemente des Controlling.

Vier wesentliche Bestandteile sind in dieser Controlling-Definition enthalten:

-       Zielzustand,
-       Ausgangszustand,
-       Ergebnislücke und
-       Maßnahmen.

Nicht unmittelbar begrifflich sichtbar, jedoch bei vertiefender Beschreibung der Bestandteile erkennbar, soll Controlling alle operativen und
strategischen Elemente des Handelns umfassen.

13.2.2.1 Zielzustand

Die Zielvereinbarung muß drei Elemente enthalten: Einmal den Zielinhalt,
daneben das Zielausmaß und schließlich den Zeithorizont.

Zentrale Ziel- und Steuerungsgröße ist die Gesamtkapitalrentabilität des
strategischen Geschäftsbereiches. In engem Zusammenhang sind die weiteren Zielgrößen "Ergebnis vor EE-Steuern" und "Umsatzerlöse" zu sehen.

Die Gesamtkapitalrentabilität ist eine aus Ergebnis- und Bilanzgrößen abgeleitete Kennziffer, die pragmatisch wie folgt definiert wird:

(Summe aus: Ergebnis vor EE-Steuern
Zinsaufwand für Fremdkapital
6 % Verzinsung der Pensionsrückstellung)
dividiert durch: (Summe aus: Eigenkapital
Fremdkapital
Pensionsrückstellung)

<u>Bild 13-3</u> veranschaulicht die Ansatzpunkte für die Beeinflussung der Gesamtkapitalrentabilität. Sämtliche Ansatzbereiche des unternehmerischen Handelns auf der Umsatz- und Kostenseite wie aber auch im Bereich der Mittelbindung bei Vorräten und Forderungen schlagen sich unmittelbar in einer Veränderung des Ergebnisses und des Gesamtkapitals nieder.

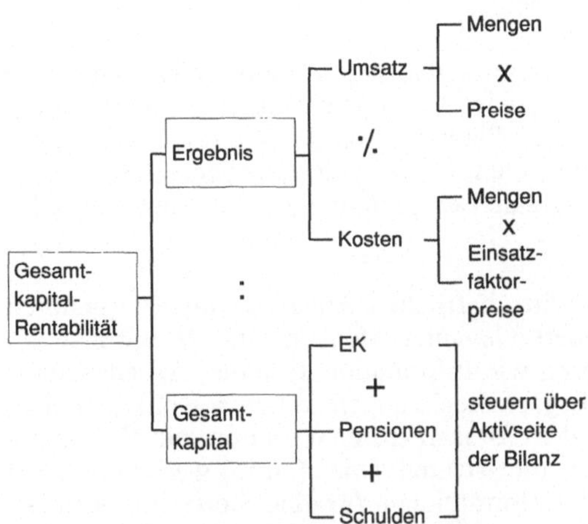

Bild 13-3: Betriebswirtschaftliche Kenngrößen.

Exakte betriebswirtschaftliche Definitionen, die auch das Anzahlungsverhalten u. ä. berücksichtigen, sind insbesondere für praxisbezogene Anwendungen wenig handhabbar. Sie finden nur Anwendung im Sinne einer Überprüfung der unternehmerischen Aussagekraft der pragmatisch definierten Zielgröße.

Die Höhe der erwirtschaftbaren Gesamtkapitalrentabilität richtet sich nach der Wertschöpfung der betrachteten strategischen Geschäftsbereiche. Sie ist für Handelsaktivitäten auf einem anderen Niveau als für Produktionsaktivitäten mit einer jeweils unterschiedlich hohen Verarbeitungstiefe.

Bei der Vorgabe einer Ziel-Gesamtkapitalrentabilität für einzelne Konzernunternehmen oder Geschäftsbereiche ist die spezifische Wettbewerbssituation und -entwicklung zu berücksichtigen.

13.2.2.2 Ausgangszustand

Zur Beschreibung des wirtschaftlichen Ausgangszustandes unternehmerischer Aktivitäten gehört zunächst die Strukturierung in strategische Führungseinheiten. Eine strategische Führungseinheit ist gekennzeichnet durch ein relativ homogenes Produktprogramm, das in einem Markt mit einem ähnlichen Wettbewerbsverhalten abgesetzt wird. Für die Führungseinheit selbst muß eine spezifische Strategie mit entsprechenden Führungsmodalitäten entwickelt werden können.

In eine umfassende Beschreibung des Ausgangszustandes gehören sowohl operative als auch strategische Aspekte.

Ein wichtiges Merkmal ist weiterhin, daß ausschließlich Ist-Daten zur Beschreibung eines Ausgangszustandes verwendet werden. Vorschaurechnungen als Ausgangszustand der Planung von Maßnahmen vermitteln hingegen die Unsicherheit, die generell von jeder Prognoseunsicherheit ausgeht und sind daher für eine exakte Beschreibung des Ausgangszustandes nicht geeignet.

Zur Erfassung der operativen wirtschaftlichen Ausgangssituation gehören alle das Ergebnis beeinflussenden relevanten Mengen- und Wertgrößen sowie andere Bestimmungsfaktoren wie Informationssysteme, Arbeitsablaufvorschriften u. ä. Periodische Ergebnisrechnungen sollten sowohl nach dem Gesamtkosten- als auch nach dem Umsatzkostenverfahren zur Verfügung stehen. Daneben sollten für die strategische Führungseinheit auch Bilanzdaten erstellt werden, die Informationen für eine Steuerung nach der Gesamtkapitalrentabilität liefern. Die Erstellung von Bilanzdaten stößt immer dort auf Schwierigkeiten, wo für die Geschäftseinheiten keine gesonderten Abrechnungskreise eingerichtet sind. Die Erfahrung zeigt jedoch, daß gerade die saubere Trennung der Geschäftseinheiten nach Abrechnungskreisen offenlegt, ob einzelne Geschäftsbereiche von anderen Geschäftsbereichen subventioniert werden. Bei der Ergebnisdarstellung einzelner Geschäftseinheiten ist darüber hinaus Augenmerk zu legen auf das Ausmaß von Fertigungsverbund bzw. Dienstleistungsverrechnungen zwischen einzelnen Einheiten, da hier besondere Zurechnungsprobleme auftreten können, die die Ergebnisaussagen erheblich verzerren können, wenn keine Verursachungsgerechtigkeit gegeben ist.

Neben den operativen Aspekten gehört zur umfassenden Beschreibung des Ausgangszustandes die Erfassung aller relevanten strategischen Merkmale: Wettbewerbsanalyse, relevante Erfolgsfaktoren im Wettbewerb u. a.

13.2.2.3 Ergebnislücke

Zwischen angestrebtem Zielzustand und vorhandenem Ausgangszustand entsteht eine Lücke, <u>Bild 13-4</u>. Diese Lücke ist zunächst, ausgehend von der Gesamtkapitalrentabilität als universelle Größe, eine Ergebnislücke. Geht man jedoch in der Analyse weiter auf die Bestimmungsfaktoren des Ergebnisses ein, so kann es sich handeln um Lücken von Mengengrößen, von Wertgrößen, unterschieden im Aufbau und dem Entwicklungsgrad von Informations- und Steuerungssystemen. Unterschiede im Grad der Einführung von CAD/CAM- oder CIM-Systemen bezogen auf den Ausgangszustand und den Zielzustand des eigenen strategischen Geschäftsbereiches und im Vergleich zum relevanten Wettbewerb können die Beschreibung einer Lücke sein.

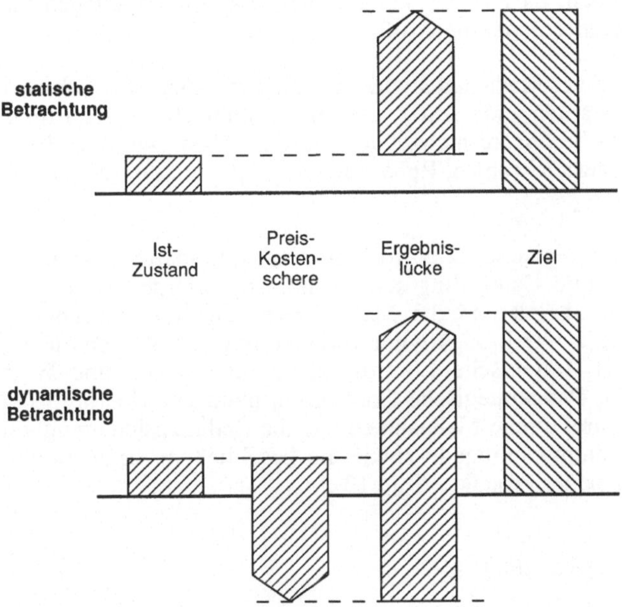

Bild 13-4: Integriertes Controlling-Konzept, Feststellung der Ergebnislücke.

13.2.2.4 Maßnahmen

Die Lücke zwischen Zielzustand und Ausgangszustand soll durch Maßnahmen überbrückt werden. Hierin ist automatisch eine zeitliche

Komponente enthalten, da die Durchführung von Maßnahmen in aller Regel eine mehr oder weniger lange Zeitspanne umfaßt. Bezieht man diese Zeitspanne mit in die Überlegungen ein, so spricht man von einer dynamischen Ergebnislücke. Hier werden Ergebniswirkungen mit einbezogen, die sich während der Durchführung der Maßnahmen einstellen, wie z. B. die Entwicklung einer negativen Preis-/Kostenschere.

Maßnahmen umfassen analog der operativen und strategischen Aspekte der Ausgangs- und Zielzustände das gesamte Bündel von Aktivitäten, das zu einer Verbesserung der Gesamtkapitalrentabilität beitragen kann.

13.2.2.5 Maßnahmenverfolgung

Bei der Maßnahmendarstellung ist insbesondere Aufgabe des Controllers, die Maßnahmenwirkungen zu quantifizieren und sie zeitlich zu strukturieren sowie die Maßnahmenplanung nachzuverfolgen. Die Quantifizierung von Maßnahmen muß unbedingt in eine Quantifizierung von Aufwendungen und Erträgen münden, da nur die Veränderung von Aufwendungen und Erträgen zu Ergebnisveränderungen führt.

Die Nachverfolgung der Maßnahmenwirkung sollte mit sog. technisch-wirtschaftlichen Kennzahlen unterstützt werden. Technisch-wirtschaftliche Kennzahlen sind insbesondere mengenorientierte Größen, wie z. B. Fertigungsstunden, Absatzstückzahlen, Rohertrag pro Kopf etc., die zeitnah vorliegen sollen.

Operatives und strategisches Controlling sind miteinander verzahnt. Während das operative Controlling stärker auf eine interne Analyse des Ausgangszustandes abzielt und die Maßnahmen eher auf optimierende Leistungssteigerung sowie Produktivitätsverbesserung und Kostensenkung abzielen, stellt das strategische Controlling auf die Markt- und Wettbewerbsanalyse ab. Das strategische Controlling plant zur Überbrückung der Ergebnislücke strukturelle Maßnahmen wie die Redimensionierung von Kapazitäten, Programmbereinigung sowie die Erschließung neuer Märkte und die Aufnahme neuer Produkte, <u>Bild 13-5</u>.

13.2.3 Investitions-Controlling

Nach der bei Krupp geltenden Investitions-Richtlinie steht die Erarbeitung und Beantragung von sog. Investitions-Konzepten im Vordergrund der operativen Investitions-Planung.

230

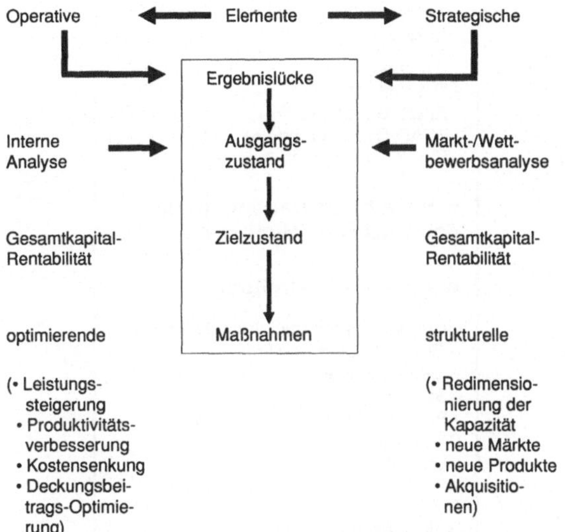

Bild 13-5: Maßnahmen zur Überbrückung der Ergebnislücke.

Ein Investitions-Konzept muß umfassend

- die Ziele benennen, die mit dem Kapitaleinsatz erreicht werden sollen,

- die Prämissen, z. B. Preise, Mengenauslastung aufzeigen,

- die Maßnahmen aufzeigen, mit denen die Ziele erreicht werden sollen,

- die Bereiche darstellen, in denen Maßnahmen ansetzen und Auswertungen zu erwarten sind (z. B. Durchlaufzeit, Produktqualität, Perso-
   nalvolumen und Qualifikation),

- den Zeitpunkt der Zielerreichung aufzeigen und Meilensteine definieren.

Meilensteine sind Kontrollpunkte (zeitlich und inhaltlich). Sie sollen sich an
den Realisierungszeitpunkten der wesentlichen Bestandteile des Investitions-
Konzeptes orientieren.

Der Kapitaleinsatz eines Investitions-Konzeptes umfaßt die Investitions-
summe, d. h. die aktivierungspflichtigen sowie nicht aktivierungspflichtigen
(z. B. CAD-Schulungs-)Ausgaben, Ausgaben zur Einsatzvorbereitung und
Installation der Systeme, Bild 13-6, einschließlich der durch das Investitions-Konzept bewirkten Veränderungen im Umlaufvermögen. Auf diesen
umfassend definierten Kapitaleinsatz werden sämtliche Rückflüsse bezogen
(zahlungsstromorientierte Wirtschaftlichkeitsanalyse).

<table>
<tr><td>

a. Arbeiten im Vorfeld

- Ist-Aufnahme Anforderungsprofil
- Einsatzplanung
- Auswahl CAD/CAM-System
- Nutzwertanalyse
- Prospektive Wirtschaftlichkeitsrechnung

b. Investitionen

Hardware

- Arbeitsplatzrechner/Zentralrechner
- Arbeitsspeicher
- Plattenspeicher
- Magnetbandgerät
- Drucker
- Konsole
- Übertragungseinrichtungen
- Netzwerkhardware
- Datenbankmaschine
- CAD/CAM-Arbeitsplätze
  - graphischer Bildschirm
  - alphanumerischer Bildschirm
  - Tablett
  - Maus, Magnetstift, Lupe, Rollkugel
  - Digitalisierer
  - Zeichenmaschine
- Dokumentation

</td><td>

Software

- Systemsoftware
- Netzwerksoftware
- Anwendungssoftware
  (CAD-System-Module)
- Kundenspezifische Software

c. Installation und Integration des CAD/CAM-Systems

d. Einsatzvorbereitung

- Umbauarbeiten (incl. Klimatisierung,
  Zu- und Abführung von
  Betriebsmitteln)
- Schulung
- Programmieren firmenspezifischer
  Software
- Dateneingabe

e. Minderleistungen
bis zum Erreichen der
vorbestimmten
Produktivitätssteigerungen

</td></tr>
</table>

Bild 13-6: Kapitaleinsatz eines CAD/CAM-Investitionskonzeptes [13-7].

Die Investitions-Rentabilität wird mittels der Baldwin-Methode berechnet, bei der die Ziel-Gesamtkapital-Rentabilität des Unternehmens als Wiederanlage-Zinssatz unterstellt wird. Damit werden die Nachteile der Internen Zinsfuß-Methode vermieden.

Mit diesem Ansatz ist eine direkte Verbindung zwischen Ziel-Gesamtkapitalrentabilität des Unternehmens und Wiederanlageprämisse der Vorhabenrückflüsse gefunden. Die dahinterstehende Idee ist folgende:

Sofern Investitionsentscheidungen sich an der Ziel-Gesamtkapitalrentabilität als Cut-off-Zinssatz orientieren, wird es im Durchschnitt keine Investitionen geben, die sich unterhalb dieser Zielrentabilität verzinsen. Damit kann realistischerweise auch die Ziel-Gesamtkapitalrentabilität als Wiederanlagezinssatz unterstellt werden.

13.3 Investitions-Controlling bei CAD-Vorhaben

13.3.1 Problemstellungen

Bei der quantitativen Nutzenerfassung treten im einzelnen folgende Schwierigkeiten auf [13-9]:

- Produktivitätssteigerungen werden oft nicht am Ort ihres Entstehens, sondern erst in nachfolgenden Bereichen sichtbar. Diese Bereiche sind aber aufgrund der Funktionaltrennung kostenstellenmäßig voneinander getrennt. So kann eine direkte Verrechnung der Nutzen in den nachfolgenden Bereichen mit den Kosten im betrachteten Bereich in der Regel nicht erfolgen.

- Beim CAD/CAM-Einsatz entsteht eine Reihe neuer Tätigkeiten, für die es im herkömmlichen Ablauf keine Entsprechung gibt. Das sind insbesondere Aufgaben der Planung und Simulation von Abläufen. Bei solchen Tätigkeiten ist eine Vergleichbarkeit mit herkömmlichen Vorgehensweisen und damit eine direkte Nutzenermittlung nicht möglich.

13.3.2 Beispiele für Controlling-Kennzahlen

Nachfolgend wird eine Reihe von quantifizierbaren Nutzen aus einzelnen Funktionsbereichen mit den entsprechenden Controlling-Kennzahlen angegeben [13-6, 13-9]:

- Vertrieb, Angebots- und Auftragsbearbeitung/Produktentwicklung:

  • Verkürzung der Durchlaufzeit bei Neuerstellung und Änderung,
  • widerspruchsfreie Änderung kompletter Buchungssätze,
  • verstärkte Verwendung vorhandener Teile aus dem Produktarchiv,
  • Verminderung und Wegfall des Prüfaufwandes, des Aufwandes für Normenkontrolle und Extern-Vergaben sowie
  • Durchsatz an Anfragen.

- Fertigung:

  • Senkung des Ausschusses,
  • Verringerung des Aufwandes für Probeläufe,
  • Reduzierung des Aufwandes für Qualitätskontrollen,
  • Controlling-Größe: Selbstkostenveränderung von Bauteilen/-gruppen/Produkten seit Einführung von CAD.

Zur Möglichkeit weiterer Systematisierung von Nutzengrößen vgl. [13-10].

Auf der Kostenseite ist ein Kostenrechnungssystem für CAD/CAM erforderlich, wonach die durch den CAD-Einsatz verursachten Kosten nach Kostenartengruppen gegliedert und dann auf CAD/CAM-Kostenstellen verbucht werden. Für die Kostenverteilung ist eine geeignete Verrechnungsmethode anzuwenden. Die Verrechnung kann auf Kosten- oder auf Preisbasis erfolgen. Zur Schaffung von Kostentransparenz ist die leistungsorientierte Kosten- bzw. Preisabrechnung anhand von Leistungskenngrößen (z. B. CPU-Zeiten, Log-in-Time, Einschaltzeit u. ä.) vorzuziehen [13-11, 13-12]. Da in automatisierten Betrieben die fixen Gemeinkosten einen immer höheren Anteil an den Gesamtkosten erhalten, müssen Systeme gefunden werden, die diesen Bereich der Abrechnung transparenter machen. Eine verursachungsgerechte Bezugsgröße zur Verrechnung auf Kostenträger könnten die entsprechenden Zeiten (Verweilzeit, Nutzungszeit, Maschinenlaufzeit) nach dem jeweiligen Produktkostenaufbau (Kosten der Fabrik, der Lagerhaltung, des Arbeitsplatzes, der Maschinen u. ä.) sein [13-13].

Die Erfassung der erforderlichen Daten kann durch Betriebssystemfunktionen erfolgen. Auch hier gilt wie bei jeder anderen Gestaltung des Kostenrechnungssystems, daß der Umfang des Systems wirtschaftlich bleiben muß, d. h. daß ein vernünftiges Verhältnis von Genauigkeit und Aufwand gefunden werden muß.

Die Anwendung oben genannter Kennzahlen ermöglicht es, die Nutzenaspekte der Technologien nicht nur qualitativ, sondern auch quantitativ transparent werden zu lassen. Diese Quantifizierung ist Teil der Vorhabenanalyse.

Die Vorhabenanalyse reicht zur Investitionsentscheidung aber nicht aus, sondern muß um die Geschäftsfeldanalyse ergänzt werden. Erst wenn die Geschäftsfeldanalyse zeigt, daß die Summe aller Maßnahmen die Ergebnislücke überbrücken kann und die kritischen Erfolgsfaktoren sich in Richtung auf das Soll-Profil entwickeln werden, kann das CAD-Vorhaben im Rahmen der finanziellen Ressourcen genehmigt werden [13-14]. Andererseits kann sich aus der Geschäftsfeldanalyse ergeben, daß aus strategischer Sicht und bei ausreichender Rentabilität des Geschäftsfeldes der Ausbau der Aktivität und die Einführung moderner Informationstechnologien sinnvoll sind. Sollte in diesem Fall eine Wirtschaftlichkeitsrechnung des CAD-Vorhabens nur bedingt möglich sein, kann dies zurückgestellt werden, weil die Geschäftsfeldanalyse die Investitionsentscheidung absichert [13-15]. Durch die ganzheitliche Betrachtung des Geschäftsfeldes und die Wahl der Steuerungsgröße Gesamtkapitalrenta bilität ist das Integrierte Controlling-Konzept damit besonders für solche Investitionsentscheidungen = Maßnahmen geeignet, die funktionsübergreifende Wirkungen haben.

13.4 Zusammenfassung

CAD/CAM-Systeme sind geeignete Maßnahmen, um strategische Erfolgsfaktoren wie Durchlaufzeit, Qualität der Produkte sowie Produktivität zu verbessern. Diese Maßnahmen sind als integraler Bestandteil zur Überbrükkung der Ergebnislücke zu planen. Von besonderer Bedeutung ist dabei eine Prüfung, Bewertung und Priorisierung einzelner Ausbaustufen des Investitionskonzeptes im Hinblick auf ihre Auswirkungen auf das Gesamtziel "Erringung von zukünftigen Markt- und Wettbewerbsvorteilen" [13-16]. Insofern ist Investitions-Controlling Unternehmens-Controlling.

Die betriebswirtschaftliche Beurteilung der CAD-Vorhaben erfolgt mittels technisch-wirtschaftlicher Kenngrößen, die eine mittelbare Quantifizierung der Vorhabenwirkung erlauben. Die Geschäftsfeldanalyse ermöglicht die Bewertung der Investition unter strategischen und Rentabilitätsaspekten des Geschäftsfeldes, in dem investiert werden soll.

14 Unternehmensstrategie und CIM

Dr. rer. pol. Martin Walter/Dipl.-Phys. Michael Koppitz

14.1 Einleitung

Die Frage nach dem Inhalt und dem Entstehungsprozeß von Unternehmensstrategien ist in der Geschichte der Großunternehmung unterschiedlich beantwortet worden [14-1]. Eine Grundtendenz ist dabei jedoch unverkennbar: das Unternehmen muß sich in einer zunehmend komplexeren und turbulenteren Umwelt behaupten; man denke dabei nur an die Verkürzung der Produktlebenszyklen, an technologische Trendbrüche, die Tendenz zur Globalisierung oder die im Mittelpunkt der nachfolgenden Ausführungen stehende Einführung der rechnergestützten Produktion.

Die Anpassungsfähigkeit an veränderte Umweltsituationen mit ihren Chancen und Risiken unter Berücksichtigung der eigenen Stärken und Schwächen wird so zur entscheidenden Erfolgsvoraussetzung.

Zur Sicherung dieser Innovationsfähigkeit bedarf es einer geeigneten Ausgestaltung der Managementfunktionen zur Steuerung des aus Güter-, Geld- und Informationsströmen bestehenden Realgüterprozesses. Zweckmäßig erweist sich hierbei in einem ersten Schritt die Unterteilung in das operative Management, in die strategische Planung und Kontrolle und in das strategische Management [14-2], <u>Bild 14-1</u>.

Auf der operativen Ebene (zentrale Frage: "Are we doing the things right?") geht es um die möglichst effiziente Umsetzung der (strategischen) Zielsetzung, etwa in die konkrete Planung der Maschinenbelegung im Rahmen der operativen Produktionsplanung oder die geeignete Bildung von Bereichen, Abteilungen und Stellen zur Schaffung einer für die Strategieumsetzung geeigneten Organisation. Operative Aspekte sollen nachfolgend keine Berücksichtigung mehr finden. Sie sind in den vorherigen Beiträgen ausführlich diskutiert worden.

Auf der Ebene der strategischen Planung und Kontrolle werden die Prozesse der Auffindung und Überprüfung der strategischen Zielvorgaben zum Problem. Hier lautet die zentrale Frage: "Are we doing the right things?"

Welche Auswirkungen die rechnerintegrierte Produktion hierauf hat, wird in Kapitel 14.2 diskutiert.

Auf der Ebene des strategischen Managements wird die effiziente Steuerung dieser Strategieformulierungsprozesse thematisiert. Mit anderen Worten:

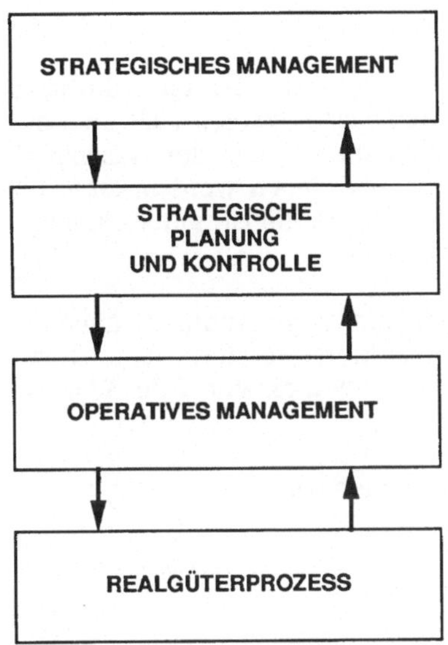

Bild 14-1: Der Managementprozeß.

Welche Rahmenbedingungen im Unternehmen erleichtern die von einer Vielzahl von Personen getragene Formulierung und Überprüfung strategischer Pläne? In Kapitel 14.3 wird gezeigt, daß CIM den Erfordernissen eines strategischen Managements sehr entgegenkommt.

14.2 CIM im Rahmen strategischer Planung und Kontrolle

14.2.1 Strategische Planung und CIM

Die strategische Planung ist ein Prozeß der Informationssammlung und -verarbeitung, der herkömmlicherweise in die Bestimmung der Konzernstrategie, der Wettbewerbsstrategie und der strategischen Maßnahmen bzw. Funktionalstrategien unterteilt wird. Dabei dient die Konzernstrategie zur Festlegung einer Handlungsorientierung für den aus mehreren Geschäftseinheiten bestehenden Gesamtkonzern. In der Wettbewerbsstrategie wird festgelegt, auf welche Art und Weise eine Geschäftseinheit Wettbewerbsvorteile erringen will, während die Formulierung von Funktionalstrategien zur Konkretisierung der Wettbewerbsstrategie für die einzelnen Funktionalbereich, also etwa Produktion, Entwicklung oder Marketing dient. Dabei ist der Einfluß der Rechnerintegration auf die drei Strategieebenen sehr unterschiedlich.

14.2.1.1 Wettbewerbsstrategie

Welche Chancen und Risiken ergeben sich aus der aktuellen und künftigen Umweltentwicklung, welche Stärken und Schwächen zeigen sich im Verhältnis zur Konkurrenz? Diese Fragen gilt es im Rahmen der Geschäftsfeldplanung zu beantworten, bevor fundiert entschieden werden kann, ob die Geschäftseinheit Wettbewerbsvorteile als möglichst guter, kostengünstiger oder spezialisierter Anbieter suchen soll.

Einen Ansatz zur Umweltanalyse stellt die sogenannte Branchenstrukturanalyse dar, Bild 14-2. Danach resultiert die durchschnittliche Rentabilität einer Branche aus dem Zusammenwirken von fünf Wettbewerbskräften:

- der Rivalität unter den bestehenden Unternehmen,
- der Verhandlungsstärke der Lieferanten,
- der Verhandlungsmacht der Abnehmer,
- der Bedrohung durch neue Konkurrenten und
- der Bedrohung durch Ersatzprodukte.

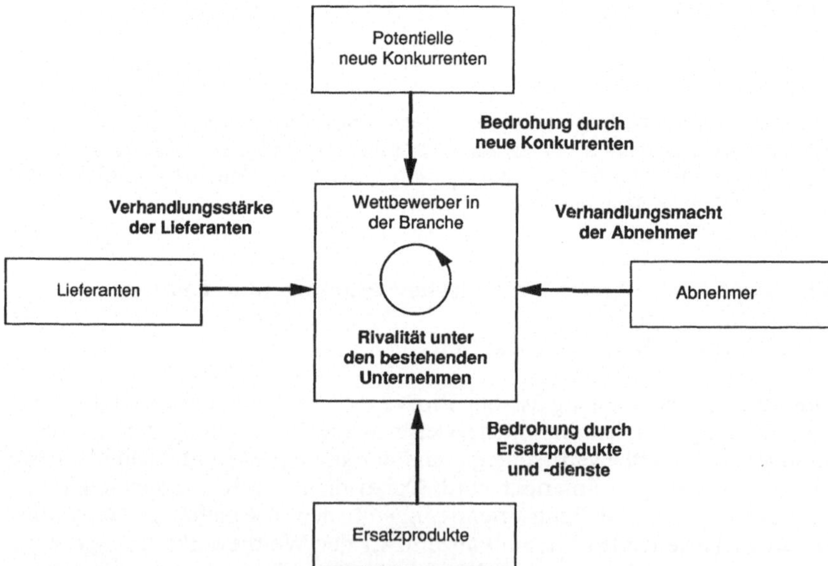

Bild 14-2: Die Triebkräfte des Branchenwettbewerbs.

Die Stärke der einzelnen Wettbewerbskräfte wird jeweils durch eine Reihe von Einflußfaktoren bestimmt. So erhöht ein nachlassendes Marktwachstum die Rivalität unter den Unternehmen. Hieraus resultierende Preiskämpfe führen zum Beispiel zur Zeit in Teilen der Computerindustrie zu einer unbefriedigenden Rentabilität.

Investitionen in moderne rechnergestützte Fertigungstechnologien führen zu einem erhöhten Anteil von Fixkosten in der Kostenstruktur. Dieser bewirkt unter Umständen, daß sich die Investitionen erst bei hohen Umsätzen "rechnen". In stagnierenden oder nur langsam wachsenden Märkten können aber nicht alle Unternehmen Umsatzzuwächse erzielen. Eine erhöhte Rivalität unter den Wettbewerbern kann die Folge sein. Auch hat CIM erhebliche Auswirkungen auf die Verhandlungsmacht der Lieferanten bzw. Abnehmer. So erhöhen sich durch Just-in-time-Lieferungen oder durch das Vorverlagern von Entwicklungsaktivitäten mit anschließendem CAD-Datenaustausch die wechselseitigen Abhängigkeiten zwischen der Automobil- und ihrer Zulieferindustrie. Nur leistungsfähige Lieferanten mit rechnergestützter Produktion werden in der Lage sein, diese Anforderungen zu erfüllen. Weiter kann die Höhe der CIM-Investitionen eine Barriere für potentielle neue Wettbewerber darstellen und so Überkapazitäten mit einhergehendem Preisverfall verhindern.

Die Einführung der Rechnerintegration kann also erhebliche Auswirkungen auf die Attraktivität und Struktur einer Branche haben. Diese Veränderungen sind jedoch von Branche zu Branche sehr unterschiedlich und müssen daher im Einzelfall untersucht werden.

Natürlich erzielen nicht alle Unternehmen einer Branche gleich hohe Gewinne bzw. nicht alle sind gleich rentabel. Es gelingt offensichtlich manchen Unternehmen besser als anderen, sich in eine günstigere Position gegenüber den Wettbewerbskräften zu bringen. Bei derartigen Positionierungsversuchen kann man drei Grundmuster unterscheiden: die Differenzierungsstrategie, die Kostenführerstrategie und die Nischenstrategie.

Die Differenzierungsstrategie zielt darauf ab, die über einen Grundnutzen hinausgehenden Kundenwünsche umfassend und genau zu ermitteln und zu erfüllen, um sich so vom Wettbewerber unterscheiden (differenzieren) zu können.

Ziel der Kostenführerstrategie ist es, in die beste Kostenposition zu kommen. Bei gegebenem Marktpreis erreichen diese Unternehmen die höchsten Gewinnmargen und verbleiben bei einem Preiskampf am längsten in der Gewinnzone.

Die Nischenstrategie ist gleichsam ein Spezialfall. Sie hat zum Ziel, ein spezifisches Kundensegment in einer Branche besonders gut oder besonders kostengünstig zu bedienen.

Entscheidend ist, daß die im Einklang mit den zur Verfügung stehenden Ressourcen gewählte Grundstrategie in allen Funktionsbereichen der Geschäftseinheit konsistent umgesetzt wird. So kann es für eine Differenzierungsstrategie notwendig sein, daß ausschließlich qualitativ hochwertige Vorprodukte beschafft werden, daß dem gestiegenen Qualitätsbewußtsein des Kunden Rechnung getragen wird, daß ein intensives Marketing betrieben wird und daß ein erstklassiger Kundendienst gewährleistet ist.

Dem Produktionsbereich kommt bei der Strategierealisierung in der Regel ein großes Gewicht zu. Er ist jedoch, wie bereits verdeutlicht, nur ein Funktionsbereich neben anderen. Der Rechnereinsatz in der Produktion kann nun die Möglichkeit eröffnen, in diesem Funktionalbereich (und somit insgesamt) die gewählte Grundstrategie besser zu realisieren [14-5, 14-6].

14.2.1.2 Produktionsstrategie

Die Produktionsstrategie gliedert sich in

- die Technologiestrategie,
- die Strategie zur Fertigungstiefe,
- die Kapazitätsstrategie
- und die Standortstrategie [14-7].

Diese Konkretisierung erlaubt es nun genauer zu untersuchen, welchen Einfluß die Rechnerintegration bei der Umsetzung der Wettbewerbsstrategie im Produktionsbereich hat, Bild 14-3.

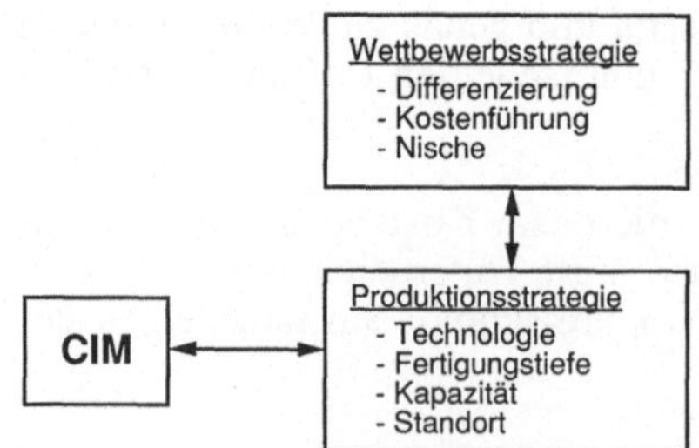

Bild 14-3: Der Einfluß von CIM auf die Wettbewerbs- und Produktionsstrategie.

Ziel einer Differenzierungsstrategie kann es sein, qualitativ besonders hochwertige Produkte zu erzeugen. So führt die im Rahmen der Wahl der Technologiestrategie getroffene Entscheidung für den Einsatz von CAQ-Systemen [14-8] zur sicheren Identifikation fehlerhafter Teile. In manchen Branchen ist "Null-Fehler-Produktion" bereits die Voraussetzung für die Erteilung weiterer Aufträge durch die Abnehmer.

On-line-Qualitätskontrollen ermöglichen es darüberhinaus, bei Abweichungen in den laufenden Produktionsprozeß einzugreifen und so Qualität zu produzieren und nicht herauszuprüfen. Auch der CAD/CAM-Einsatz kann zu erheblichen Qualitätsverbesserungen führen. So ist Krupp Widia in der Lage, die Oberflächen von Wendeschneidplatten, die früher Regelgeometrien waren, als Freiformflächen zu realisieren. Dadurch kann der Spanbruch und die Spanformung, die eine Wendeschneidplatte hervorruft, wesentlich günstiger gestaltet werden [14-9].

Der Einsatz rechnerintegrierter Verfahren kann auch die Wahl der Fertigungstiefe beeinflussen. So erleichtert der enge Datenaustausch mit Zulieferern die Fremdvergabe zur Produktion von Komponenten oder Baugruppen. Im Hause wird lediglich das produziert und montiert, wofür das eigentliche Know-how des Unternehmens erforderlich und vorhanden ist. Niedrige Fehlerquoten führen dadurch zu verbesserter Qualität.

Eine weitere Möglichkeit zur Differenzierung ist die Garantie kurzer Lieferzeiten. Krupp Widia hat eine Beschleunigung der Auftragsabwicklung durch den Einsatz von CAD/CAM erreicht. Früher benötigte man dort nach der Auftragsvergabe eine Woche für die Zeichnung und drei Wochen für die Erstellung des NC-Steuerprogramms zum Fräsen der Elektroden, die zur Herstellung der Preßstempel benötigt werden [14-9]. Heute dauern beide Vorgänge zusammen nur noch eine Woche.

Der Einsatz von PPS-Systemen ermöglicht die zeitoptimale Steuerung der Aufträge in der Produktion. In japanischen Fabriken hat der kombinierte Einsatz neuer Organisationsformen und rechnergestützter Verfahren zu einer Verkürzung der Durchlaufzeiten von bis zu 95 Prozent geführt [14-10].

Die Breite des Produktprogramms ist ebenfalls eine Differenzierungsmöglichkeit. Der CAD-Einsatz zur Variantenkonstruktion mit Datenschnittstelle zur Arbeitsvorbereitung und NC-Programmierung bis zur Vorkalkulation schafft die Voraussetzungen für ein weites Produktspektrum. Hieraus resultiert unter Umständen eine Erhöhung der Absatzmenge, was wiederum Konsequenzen für die Kapazitätsstrategie haben wird. Es wird ebenfalls deutlich, daß Nischenstrategien, deren Wettbewerbsvorteile allein auf dem Einsatz spezialisierter Produktionsanlagen gründen, gefährdet sein können.

Durch die Verkürzung der Durchlaufzeiten in allen Funktionsbereichen unterstützen die rechnergestützten Verfahren auch die temporäre Differenzierung durch ein "First-to-market". Ein wichtiges Instrument der Innovationsbeschleunigung ist der gezielte CAD-Einsatz [14-11]. Eine wichtige Ergänzung hierzu wird künftig die "Stereo-Lithographie" darstellen, mit deren Hilfe aus den CAD-Daten in kürzester Zeit dreidimensionale Modelle und Prototypen entstehen. Eine frühe Markteinführung wird zunehmend wichtiger, da sich in einigen Branchen die Pay-off-Periode, also die Zeitspanne vom Markteintritt bis zur Amortisation der Entwicklungsaufwendungen, der durchschnittlichen Produktlebenszeit nähert [14-12], <u>Bild 14-4</u>.

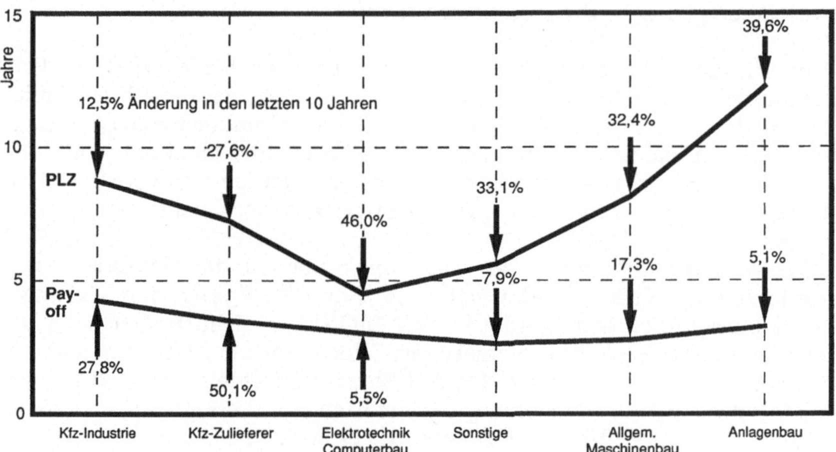

Bild 14-4: Produktlebenszeit und Pay-off-Periode im Vergleich.

In welchem Maße CIM zu Kosteneinsparungen führt und damit zur Umsetzung einer Kostenführerstrategie beiträgt, muß im Einzelfall belegt werden. Den aus den hohen Investitionen resultierenden Kapitalkosten und Abschreibungen stehen dabei in der Regel eine Reihe von Kosteneinsparungspotentialen gegenüber. So werden in der Regel weniger Arbeitskräfte für Produktion, Transport- und Lagertätigkeiten benötigt. Dieser Aspekt fällt umso stärker ins Gewicht, wenn durch den hohen Automatisierungsgrad eine zusätzliche mannarme dritte Schicht möglich wird. Auch fallen durch den CAM-, CAQ- und den gekoppelten CAD/CAM-Einsatz Einsparungen für Korrekturen, Nachbearbeitung und Ausschuß an, und schließlich sinken die Kapital- und Raumkosten aufgrund niedrigerer Bestände.

CIM-Investitionen sind kein Selbstzweck, sie dienen vielmehr der Umsetzung der Wettbewerbsstrategie und müssen sich wirtschaftlich begründen lassen. So verwundert es nicht, wenn in unterschiedlichen Ländern mit unterschiedlicher strategischer Ausrichtung die Investitionsschwerpunkte nicht identisch sind, Bild 14-5.

Bundesrepublik Deutschland	**USA**	**Japan**
Der flexibilitätsorientierte Ansatz in der Bundesrepublik und Europa:	**Die hardwaregetriebene Entwicklung in den USA:**	**Die organisationsbetonte Entwicklung in Japan:**
Rasche Nachfrageänderungen und kleine Stückzahlen erfordern zunächst und vor allem die computerunterstützte Produktionsplanung und flexible Bearbeitungsanlagen, die unterschiedliche Teile auch ohne große Umrüstung herstellen können.	Aufbauend auf großen **Stückzahlen** automatisieren US-Unternehmen zunächst rigoros die Fertigung bis hin zur "menschenleeren" Produktion.	Die Unternehmen **konzentrieren sich auf bestimmte Varianten eines Produktes und minimieren dessen Komplexität. Das Prinzip: Überschaubare Arbeitsabläufe,** die das Qualifikationspotential der Beschäftigten nutzen, plus Automatisierung.
Flexibilität vor Massenproduktion	Massenproduktion vor Flexibilität	Organisatorische Maßnahmen kosten weniger als hard- und softwareträchtige CIM-Lösungen.
Starke Ausbreitungsdynamik von CIM-Technologien im Maschinenbau		

Bild 14-5: Die strategischen Ausrichtungen von CIM im Ländervergleich (nach [14-12]).

In der Bundesrepublik Deutschland dominieren traditionell kundenspezifische Lösungen das Angebot: Differenzierung hat also das Primat vor Kostenführerstrategien. Das bedeutet nun selbstverständlich nicht, daß in deutschen Unternehmen Kostenaspekte vernachlässigbar sind. Es geht in der Praxis nicht um ein "entweder Differenzierung oder Kostensenkung", sondern um ein "sowohl als auch".

So ist die Differenzierung durch ein breites Produktprogramm untrennbar mit steigenden Koordinierungskosten verbunden, Bild 14-6. Ein Kostenführer muß also bestrebt sein, die Variantenvielfalt so gering wie möglich zu halten, ein "Differenzierer" hingegen minimiert die Kosten der Variantenvielfalt.

Die umfassende Ermittlung aller Kosten der Differenzierung im Rahmen der rechnerintegrierten Produktion erweist sich als ebenso komplexe wie notwendige Aufgabe [14-15]. Nur so können einerseits Kostensenkungspotentiale bei gleicher Differenzierung und andererseits Differenzierungsquellen, die vom Abnehmer nur unzureichend honoriert werden, identifiziert werden.

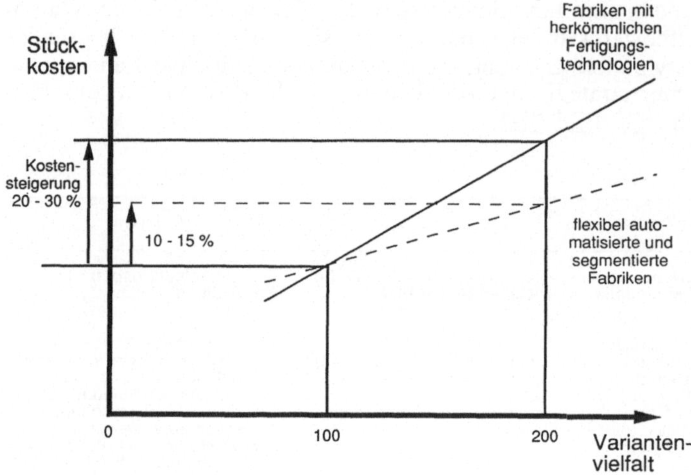

Bild 14-6: Der Einfluß von CIM auf die Kosten der Variantenvielfalt (nach [14-13]).

14.2.1.3 Konzernstrategie

Im Mittelpunkt konzernstrategischer Überlegungen stehen zwei Fragen:

-   In welchen Geschäftsfeldern soll der Konzern tätig sein?

-   Welche Synergien bestehen zwischen den Geschäftsfeldern, und w
    können diese genutzt werden?

Die Wahl neuer Geschäftsfelder wird für den CIM-Anwender in diesem
Zusammenhang dann interessant, wenn sich durch sein CIM-Know-how die
Möglichkeit zur Diversifikation in neue Märkte ergibt. So entschloß sich
das amerikanische Unternehmen Deere im Jahre 1986 seine zunächst für
interne Anwendungen entwickelte Software und seine neu erworbene
Beratungsfähigkeit extern zu vermarkten [14-16].

Synergieeffekte entstehen durch die Nutzung von Ressourcen oder Know-
how in mehreren Geschäftseinheiten. So basiert der Grundgedanke eines
Technologiekonzerns auf der mehrfachen Verwendung von FuE-Ergeb-
nissen bzw. Technologie-Know-how. Auch im CIM-Umfeld gibt es Know-
how, das in mehreren Geschäftsbereichen zur Anwendung kommen kann
und daher zentral erfaßt und vorgehalten werden sollte.

Normen und Standards sind zentrale Problemfelder der CIM-Einführung
zur Gewährleistung des Informationsflusses zwischen den innerbetriebli-

244

chen CA-Systemen und mit Partnerfirmen oder Zulieferern. Zwar existieren überbetriebliche Standards (z. B. MAP oder IGES); zur Sicherung des
unternehmensinternen Datenflusses sind die zentrale Definition und die
Verpflichtung auf ergänzende Firmenstandards jedoch unerläßlich. Eng
damit verbunden ist die zentrale Vorhaltung von Beratungskapazität für die
Geschäftseinheiten beim Hard- und Softwarekauf.

Bei der CIM-Einführung entsteht in der Regel eine Vielzahl von Problemen
in den Produktionsbereichen, wie etwa eine vorübergehend sinkende
Produktivität, notwendige Umorganisationen, ein unzureichendes Qualifikationsniveau der Mitarbeiter und personale Widerstände. Die Etablierung
von Konzernarbeitskreisen zum Erfahrungsaustausch trägt dazu bei, unnö-
tige Fehlerwiederholungen zu vermeiden und erfolgreiche Lösungsansätze
transparent zu machen.

Expertensysteme und Sensorik für die On-line-Qualitätskontrolle sind
künftige Schlüsselkomponenten einer automatisierten Fabrik [14-17]. Hier
erweist sich der zentrale Kompetenzaufbau im Sinne einer Ressourcen-
bündelung zur Überschreitung der kritischen Masse an FuE-Mitarbeitern
als unverzichtbar. So sind etwa Teams zur Expertensystem- und zur Sen-
sorikentwicklung im zentralen Krupp Forschungsinstitut etabliert worden
[14-18].

14.2.2 Strategische Kontrolle und CIM

Die Umsetzung einer CIM-Strategie erfolgt wegen der Einmaligkeit des
Vorgangs, der zeitlichen Begrenzung und der Vielzahl der beteiligten
Personen aus unterschiedlichen Bereichen als Projekt, das folgende Eigen-
schaften aufweist [14-19]:

-       Das Ziel ist nicht genau festgelegt, es existiert also kein exakt be-
        schriebener Endzustand des Produktionssystems. Die letzten Phasen
        werden zunächst nur grob geplant und erst im Laufe des Projekts de-
        tailliert.

-       CIM-Projekte laufen häufig über 5 bis 10 Jahre.

-       Sie sind äußerst komplex.

Ein Steuerungs- und Kontrollsystem auf der Basis des klassischen Soll-Ist-
Vergleichs ist folglich nicht einsetzbar, da ja das Soll nicht gegeben ist.
Zweckmäßig ist vielmehr eine strategische Kontrolle [14-20] mit den beiden
Schwerpunkten "Durchführungskontrolle" und "Prämissenkontrolle". Ziel

der Durchführungskontrolle ist die periodische Ermittlung von Zwischenergebnissen bei der Implementation, wie etwa des Produktivitätsniveaus, der Produktqualität, der Kosten oder des Qualifizierungsniveaus der Mitarbeiter. Zusätzlich müssen die Prämissen fortlaufend überprüft werden, unter denen das Projektziel grob geplant wurde. Kritische Prämissen können sein:

-	das Produktionsprogramm und der Umsatz des Unternehmens,

-	die CIM-Anbieterstruktur,

-	CIM-Einführungen der Konkurrenz,

-	Kosten und Leistungsfähigkeit der angebotenen CIM-Hard- und Software,

-	das Finanzierungspotential des Unternehmens.

Sämtliche Informationen müssen zu einer Gesamtbewertung verdichtet werden, um das Ziel und die Zwischenziele der CIM-Einführung überprüfen bzw. definieren zu können. Dabei ist eine Quantifizierung durch eine Investitionsrechnung zum Nachweis der CIM-Wirtschaftlichkeit unverzichtbar [14-21]. Die Entwicklung derartiger Methoden ist jedoch ein in Theorie und Praxis bisher nicht völlig zufriedenstellend gelöstes Problem. Dies liegt zum Beispiel an der nur schwer zu realisierenden Kopplung der Investitionsrechnung an die strategische Planung. Nur so kann der CIM-Nutzen strategisch begründet und grob quantifiziert werden. Quantifizierungsprobleme entstehen weiter durch die bereichsübergreifenden Wirkungen einzelner CIM-Komponenten und durch den aus der Integration einzelner Komponenten resultierenden Zusatznutzen.

Für den Spezialfall alleiniger Kostenwirkungen der CIM-Einführung kann ein maximales Investitionsbudget berechnet werden [14-22], in dem zunächst die Gesamtkosten der einzelnen Produktionsabteilungen ermittelt werden, <u>Bild 14-7</u>. Dann werden die Kostenwirkungen jeder CIM-Komponente auf alle Bereiche berechnet, <u>Bild 14-8</u> (Beispiel CAD), und abschließend die Kostenstrukturen aller CIM-Komponenten addiert, <u>Bild 14-9</u>. Diese Gesamtwirkung aller CIM-Investitionen ergibt nach Abzug kalkulatorischer Zinsen und Gewinne das maximale CIM-Investitionsbudget.

14.3 Strategisches Management und CIM

Die Einführung der rechnerintegrierten Produktion muß in der strategischen Planung und Kontrolle Berücksichtigung finden. Doch wer plant und

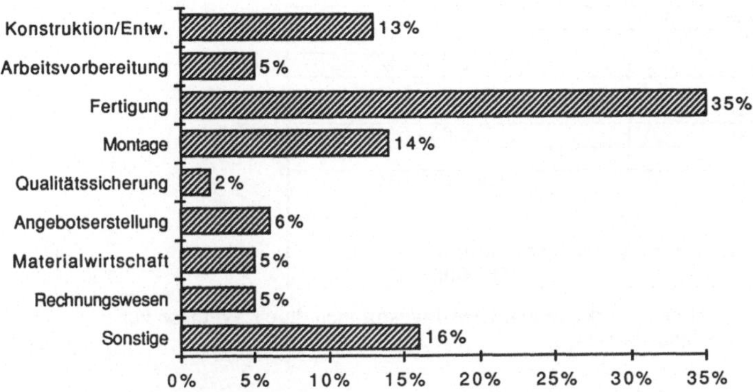

Bild 14-7: Kostenstruktur im Maschinenbau nach betrieblichen Funktionen (nach [14-23]).

kontrolliert im Unternehmen? Theoretische Überlegungen [14-25] und empirische Untersuchungen [14-26] deuten darauf hin, daß der strategische Planungs- und Kontrollprozeß kein singulärer Akt eines allwissenden Top-Managements ist, sondern mit einer dezentralen Informationssammlung beginnend über diverse Stufen der Informationsselektion und -bewertung erst in der abschließenden Phase der "Entscheidung" als alleinige Aufgabe der Unternehmensspitze zentralisiert wird.

Funktionsbereich Ziel-Beitrag	Konstruktion Entwicklung	Arbeitsvor- bereitung	Fertigung	Montage	Qualitäts- wesen	Angebots- wesen	Material- wirtschaft	Rechnungs- wesen	Kostenwirkung der Zielgröße [TDM]
Gesamtkosten-Anteil	13,00%	5,00%	35,00%	14,00%	2,00%	6,00%	5,00%	5,00%	40.000
Kurzere Durchlaufzeit	-2,80%	-0,80%	-0,10%		-0,10%	-2,00%	-0,50%		-234
Geringere Materialkosten			-1,50%				-0,10%		-212
Hohere Termintreue	-0,20%	-2,00%	-0,50%	-0,70%			-0,15%		-163
Reduzierter Anderungsaufwand	-2,50%	-1,30%	-0,30%	-0 19%	-0,25%		-0,03%		-211
Hohere Qu , weniger Ausschuß		-0,03%	-0,90%		-1,60%				-139
Hoherer Standardisierungsgrad	-0,80%	-1,20%	-0,30%	-0,20%	-0,40%	-2,30%	-0,18%		-181
Einmal-Datenerfassung	3,00%	-0,90%			-0,08%	-0,13%		-0,80%	118
Optimierter Maschineneinsatz			-0,70%						-98
Kostenwirkung im Funktionsbereich	-172 -3,30%	-125 -6,20%	-602 -4,30%	-61 -1,10%	-19 -2,40%	-106 -4,40%	-19 -1,00%	-16 -0,80%	-1.120 TDM -2,80 %
Gesamtkosten wirkung	-1.120 TDM -2,80 %								

Bild 14-8: Schätzwerte der Kostenwirkungen nach Funktionsbereich und Einflußgröße bei einer CIM-Investition am Beispiel CAD. Zeilen- und Spaltensummen der Gesamtkostenwirkung sind Beurteilungsgrößen für die wirtschaftliche Bedeutung der betrachteten Investitionsmaßnahme (nach [14-23]).

Funktionsbereich	Kostenwirkung
CAD	-1.120.000 DM
CAP	-276.000 DM
PPS	-1.448.000 DM
CAM	-1.725.000 DM
Gesamtkosten nach BAB	40.000.000 DM
Gesamte Kostenwirkung der Fabrikautomatisierung	
-11,42%	-4.569.000 DM

Bild 14-9: Gesamtkosten-Wirkung von CIM-Investitionen durch Synthese von Einzelmaßnahmen (nach [14-24]).

Diese Dezentralität erfordert ein Management zur Koordination des arbeitsteiligen Planungs- und Kontrollprozesses. Durch Organisation, Personalführung und Leitung müssen also hierfür geeignete Rahmenbedingungen geschaffen werden. Gut geeignet sind [14-27]

- flache parallele Organisationsstrukturen mit wenigen Hierarchieebenen [14-28] zur Verkürzung von Entwicklungszyklen im Sinne des "Simultaneous Engineering" sowie um strategische Informationen schneller und weniger gefiltert ins Entscheidungszentrum gelangen zu lassen und so die Reaktionsfähigkeit des Unternehmens zu erhöhen,

- eine Personalführung, die eine möglichst breite Wissensbasis über inner- und außerbetriebliche Zusammenhänge vermittelt, so daß die

  Mitarbeiter die strategische Relevanz von Informationen erkennen können,

- eine Personalführung, die darüberhinaus prozessuale Fähigkeiten wie Kreativität, Kommunikations-, Partizipations- und Verantwortungsfähigkeit fördert,

- ein Führungsstil, der die Mitarbeiter zum strategischen Mitdenken ermuntert.

CIM eröffnet eine Vielzahl neuer, innovativer Gestaltungsmöglichkeiten in den Unternehmen. So erwähnt Martin Posth, Mitglied des Vorstands der Volkswagen AG, folgende Tendenzen in seinem Hause [14-29]: den Beginn der Abflachung der Hierarchie, die Vermittlung eines ganzheitlichen Verständnisses des Produktionsprozesses, erhöhte Kooperations-, Kommunikations-, Team- und Lernfähigkeit als neue Aufgaben der betrieblichen Bildungsarbeit und die Unterstützung des permanenten Lernens der Mitarbeiter durch den Vorgesetzten.

Die Parallelen sind verblüffend. CIM unterstützt offensichtlich nicht nur eine bessere und kostengünstigere Strategieumsetzung im Produktionsbereich, sondern eröffnet gleichzeitig Spielräume für ein innovatives strategisches Management. Ähnliche Potentiale liegen in den neuen Informations- und Kommunikationstechnologien im Büro. Wenn es gelingt, die durch die Technik gegebenen Chancen zu nutzen, muß die Humanisierung der Arbeitsbedingungen in der "lernenden Organisation" keine Vision bleiben.

15 Literatur

[1-1] Schäfer, H.: CAD/CAM Planung langfristiger Gesamtkonzeptionen. Düsseldorf: VDI-Verl. 1990.

[1-2] Wildemann, H. u. a.: Strategische Investitionsplanung für neue Technologien in der Produktion. In: Zeitschrift f. Betriebswirtschaft (1986), Ergänzungsh. 1.

[1-3] Doumeingts, G.: Methodology to design computer integrated manufacturing and control of manufacturing unit. In: Rembold, U.; Dillmann, R (Hrsg.): Methods and tools for computer integrated manufacturing. Berlin: Springer 1984.

[1-4] Neipp, G.: Rechnerintegrierte Produktion - Unternehmensstrategien bei Investitionen in neue Informationstechniken. In: Betriebswirtschaftliche Forschung und Praxis (1987), S. 225/238.

[2-1] Spur, G.: Unternehmensführung in der zukünftigen Industriegesellschaft. In: Produktionstechnisches Kolloquium PTK, Berlin 1989, S. 5/16.

[2-2] Simon, H.: Die Zeit als strategischer Erfolgsfaktor. In: Zeitschrift f. Betriebswirtschaft (1989), S. 70/93.

[2-3] Brockhoff, K.; Picot, A.; Urban, L. (Hrsg.): Zeitmanagement in Forschung und Entwicklung. Düsseldorf: Verl. Handelsblatt 1988 (zfbf-Sonderheft 23), bes. S. 46.

[2-4] Pfeiffer, W.; Weiß, E.: Zeit als strategische Ressource nutzen. In: Techn. Rundschau 82 (1990), Nr. 6, S. 12/33.

[2-5] Eversheim, W.; Sossenheimer, K. H.; Saretz, B.: Entwicklungsstrategie für Produkte und Produktionseinrichtungen - Simultaneous Engineering. In: Industrie-Anz. 111 (1989), Nr. 64, S. 26/30.

[2-6] Schönwald, B.: Wettbewerbsvorteile durch integrierte F + E. In: Blick durch d. Wirtschaft 1989, Nr. 176 v. 12.9.

[2-7] Rinza, P.: Beitrag in diesem Buch.

[2-8] Becker, B.: Beitrag in diesem Buch.

[2-9] Eversheim, W.; Skudelny, C.: Es läßt sich nicht alles rechnen - Chancen und Risiken bei der Einführung von CIM. In: Techn. Rundschau 81 (1989), Nr. 37, S. 20/37.

[2-10] Eversheim, W.; Caesar, C.: Kostenmodell zur Bewertung von Produktvarianten - Das PC-Programmsystem KOMO. In: VDI-Z 132 (1990), Nr. 6, S. 75/79.

[2-11] Pfeiffer, J., Schatz, D.: Beitrag in diesem Buch.

[2-12] Scheer, A.-W.: CIM - Der computergesteuerte Industriebetrieb. 4., neubearb. u. erw. Aufl. Berlin: Springer 1990.

[2-13] Schulte, D.: Beiträge in diesem Buch.

[2-14] Speith, G.: Beitrag in diesem Buch.

[2-15] Förster, H.-J.: Beitrag in diesem Buch.

[2-16] Mertens, P.; Allgeyer, K.; Däs, H.: Betriebliche Expertensysteme in deutschsprachigen Ländern. Arbeitspapier d. Friedrich-Alexander-Universität Nürnberg-Erlangen. 1986.

[2-17] Neipp, G.: Künstliche Intelligenz in der Produktion. In: Wildemann, H. (Hrsg.): Expertensysteme in der Produktion. München: gfmt-Verl. 1987, S. 58/111.

[2-18] Grabowski, H.; Rude St.: Anforderungen an CAD-Systeme aus der Sicht der Konstruktionsmethodik. In: Rechnerunterstützung in der Konstruktion. Düsseldorf: VDI-Verl. 1989 (VDI-Bericht 752), S. 1/26.

[2-19] Siepmann, T.: Beitrag in diesem Buch.

[2-20] Kulik, M.; Küke, R.: Expertensystem zur Konfigurierung einer kunststoffverarbeitenden Maschine. In: Techn. Mitt. Krupp 46 (1988), S. 103/111.

[2-21] Reiter, N.; Kolaska, H.: Trends in der Schneidstoffentwicklung. In: Die Maschine 43 (1989), Nr. 4, S. 18/23.

[2-22] Grillo, M.: Mehr Zeit für kreatives Wirken durch CAD-Einsatz. In: VDI-Nachr. 42 (1988), Nr. 12, S. 23.

[2-23] Fröhlich, F. W.: Flexible Automatisierung - eine Herausforderung für die Werkzeugtechnik. In: Neipp, G.; Pfeiffer, W. (Hrsg.): Strategien der industriellen Fertigungswirtschaft. Berlin: E. Schmidt 1986, S. 65/94.

[2-24] Wildemann, H.: Management neuer Technologien in Produktion und Logistik. In: Produktionstechnisches Kolloquium PTK, Berlin 1989, S. 143/151.

[2-25] Stalk, G.; Hout, T. M.: Zeitwettbewerb: Schnelligkeit entscheidet auf den Märkten der Zukunft. Frankfurt/M.: Campus-Verl. 1990.

[2-26] Neipp, G.: Informationsmanagement - Ein Instrument zur Stärkung der Wettbewerbsfähigkeit. In Techn. Mitt. Krupp 48 (1990), S. 5/20.

[2-27] Niefer, W.: Unternehmenssicherung durch technologische Kompetenz. In: Produktionstechnisches Kolloquium PTK, Berlin 1989, S. 17/24.

[2-28] Neipp, G.: Rechnerunterstützter Fabrikbetrieb (CIM) - Auswirkung auf Arbeitsplätze und Ausbildungssystem. In: Alma Mater Aquensis, Sonderb. 2: Evolution u. Prognose. Aachen 1987. S. 89/125.

[2-29] Kernforschungszentrum Karlsruhe: Der Einsatz flexibler Fertigungssysteme. Karlsruhe 1982 (Projektträgerschaft Fertigungstechnik, Forschungsbericht KfK-PFT 41).

[2-30] Kern, H.; Schumann, M.: Das Ende der Arbeitsteilung? 2. Aufl. München: Beck 1985.

[2-31] Warnecke, H.-J.: Unternehmensführung zwischen Komplexität und Spezialisierung. In: Produktionstechnisches Kolloquium PTK, Berlin 1989, S. 30/37.

[3-1] Drucker, P. F.: So funktioniert die Fabrik von morgen. In: Harvard-Manager 13 (1991), Nr. 1, S. 9/17.

[3-2] Wildemann, H.: Die modulare Fabrik - Kundennahe Produktion durch Fertigungssegmentierung. München 1988.

[3-3] Vajna, S.: Computer-Integrated Manufacturing - CIM-Modelle im Vergleich. In: Techn. Rundschau 82 (1990), Nr. 23, S. 24/33.

[3-4] Ausschuß f. Wirtschaftl. Fertigung (AWF) (Hrsg.): Integrierter EDV-Einsatz in der Produktion. CIM - Computer Integrated Manufacturing. Eschborn: AWF 1985.

[3-5] Scholz, B.: CIM-Schnittstellen: Konzepte, Standards und Probleme der Verknüpfung von Systemkomponenten in der rechnerintegrierten Produktion. München: Oldenbourg 1988.

[3-6] Schulte, D: Beiträge in diesem Band.

[3-7] Siepmann, Th.: Beitrag in diesem Band.

[3-8] Scheer, A.-W.: CIM - Der computergesteuerte Industriebetrieb. 4., neubearb. u. erw. Aufl. Berlin: Springer 1990.

[3-9] CADCAM Labor: Kernforschungszentrum Karlsruhe, CIM - Integrierte rechnerunterstützte Fertigung. Karlsruhe 1987.

[3-10] Seliger, G.: CIM - was ist das? - Grundkonzept. In: DIN-Mitt. 67 (1988), S. 325/330.

[3-11] Norm ISO 7498: Information processing systems; open systems interconnection; basic reference modul. 10.84.

[4-1] Verband Dt. Maschinen- und Anlagenbau (VDMA) (Hrsg.): Mit CIM die Zukunft gestalten. Frankfurt/M.: Maschinenbau-Verl. 1988.

[4-2] Eigner, M.; Meier, H.: Einstieg in CAD. Lehrbuch für CAD-Anwender. München: Hanser 1985.

[4-3] Firmenprospekt der Fa. Digital Equipment Corporation.

[4-4] Spur, G.; Krause, F.-L.: CAD-Technik. München: Hanser 1984.

[4-5] Krause, F.-L.: Ein Beitrag zur Behandlung rechnerinterner Darstellungen in CAD-Prozessoren. In: ZwF 69 (1974), S. 228/233.

[4-6] Pahl, G: Konstruieren mit 3D-Systemen - Grundlagen, Arbeitstechnik, Anwendungen. Berlin: Springer 1990.

[4-7] Requicha, A.A.G.; Voelcker, H. B.: Solid modeling: A historical summary and contemporary assessment. In: IEEE Computer graphics and applications. Vol. 2, Nr. 1, S. 9/24.

[5-1] Pahl, G: Konstruieren mit 3D-Systemen - Grundlagen, Arbeitstechnik, Anwendungen. Berlin: Springer 1990.

[5-2] Grabowski, H.; Rude St.: Anforderungen an CAD-Systeme aus der Sicht der Konstruktionsmethodik. In: Rechnerunterstützung in der Konstruktion. Düsseldorf: VDI-Verl. 1989 (VDI-Bericht 752), S. 1/26.

[5-3] Koppitz, M.: Beitrag in diesem Buch.

[5-4] Stenke, W.: Archivierung von Konstruktionsdaten - Eingliederung in ein unternehmensweites konzeptionelles Datenmodell. In: Rechnerunterstützung in der Konstruktion. Düsseldorf: VDI-Verl. 1989 (VDI-Bericht 752), S. 135/154.

[5-5] Eigner, M.; Meier, H.: Einstieg in CAD. Lehrbuch für CAD-Anwender. München: Hanser 1985.

[5-6] Zienkiewicz, O. C.: Methode der finiten Elemente. München: Hanser 1975.

[5-7] Gehrke, U.: Anforderungen an fertigungsorientierte Schnittstellen für die NC-Programmierung bei Einzelteilfertigung. In: Rechnerunterstützung in der Konstruktion. Düsseldorf: VDI-Verl. 1989 (VDI-Bericht 752), S. 191/205.

[5-8] Speith, G.: Beitrag in diesem Buch.

[5-9] Heidrich, R.: CAD-Schnittstellen-Normung - Stand, Anspruch und Wirklichkeit. In: Rechnerunterstützung in der Konstruktion. Düsseldorf: VDI-Verl. 1989 (VDI-Bericht 752), S. 155/175.

[5-10] Spur, G.: Produktionstechnik im Wandel. München: Hanser 1979.

[5-11] Schmidt, M.: Unterlagen aus dem Institut für Rechneranwendung in Planung und Konstruktion der TH Karlsruhe.

[5-12] Anderl, R.: Integriertes Produktmodell. In: ZwF/CIM 84 (1989), S. 640/644.

[6-1] Neipp, G.: Beitrag in diesem Buch.

[6-2] Ammon, R.: DNC-Betrieb und Werkstattprogrammierung. In: ZwF/CIM 83 (1988), S. 74/77.

[6-3] Norm DIN 66241: Informationsverarbeitung: Entscheidungstabelle. 01.79.

[6-4] Eversheim, W.; Diels, A.; Rozenfeld, H.: Datenmodell für eine integrierte Arbeitsplanerstellung. In: VDI-Z 130 (1988), Nr.3, S. 40/44.

[6-5] Eversheim, W.; Cobanoglu, M.; Diels, A.: Aufbau von Methodenbanken für die Arbeitsplanung. In: VDI-Z 130 (1988), Nr.10, S. 50/55.

[6-6] NC-Handbuch 1986. Michelstadt: NC-Handbuch-Verl. 1986.

[6-7] Methodenlehre der Planung und Steuerung. T. 1: Grundlagen. München: Hanser 1974.

[6-8] Speith, G.: Vorgehensweise zur Beurteilung und Auswahl von Produktionsplanungs- und -steuerungssystemen für Betriebe des Maschinenbaus. Aachen, RWTH, Diss. 1982.

[6-9] VDI-Richtlinie 3424: Numerisch gesteuerte Arbeitsmaschinen. 11.72.

[6-10] Elektronische Datenverarbeitung bei der Produktionsplanung und -steuerung. 9: Wirtschaftlichkeit einer automatischen Arbeitsplanerstellung und ihre Einführung in der Praxis. Düsseldorf: VDI-Verl. 1978 (VDI-Taschenbücher).

[6-11] Hellwig, H.-E.; Hellwig U.: CIM-Konzepte und CIM-Bausteine. In: VDI-Z, 128 (1986), S. 691/703.

[6-12] Schulte, D.; Beiträge in diesem Buch.

[7-1] Koppitz, M.: Beitrag in diesem Buch.

[7-2] Spur, G.: CIM mit heutigen Mitteln. In: VDI-Nachr. 39 (1985), Nr. 52, S. 14.

[7-3] Ausschuß f. Wirtschaftl. Fertigung (AWF) (Hrsg.): Integrierter EDV-Einsatz in der Produktion. CIM - Computer Integrated Manufacturing. Eschborn: AWF 1985.

[7-4] Hackstein, R.: Produktionsplanung und -steuerung (PPS) - Ein Handbuch für d. Betriebspraxis. 2. Aufl. Düsseldorf: VDI-Verl. 1989.

[7-5] Wiendahl, H.-P.: Betriebsorganisation für Ingenieure. 3., überarb. u. erw. Aufl. München: Hanser 1989.

[7-6] Ausschuß f. Wirtschaftl. Fertigung (AWF) (Hrsg.): Flexible Fertigungsorganisation am Beispiel von Fertigungsinseln. Eschborn: AWF 1984.

[7-7] Wildemann, H.: Kundennahe Produktion durch Fertigungssegmentierung. In: Wildemann, H. (Hrsg.): Die modulare Fabrik. München: gfmt-Verl. 1988. S. 7/47.

[7-8] Brankamp, K.: Betriebsdatenerfassung als Rationalisierungsinstrument. In: Industrieanz. 103 (1981), Nr. 20, S. 59/60.

[7-9] Speith, G.: Beitrag in diesem Buch.

[7-10] Förster, H.-U.; Hirt, K.: PPS für die flexible Automatisierung. Köln: Verl. TÜV Rheinland 1988.

[7-11] Produktionsmanagement als Schlüssel für den Unternehmenserfolg. In: Aachener Werkzeugmaschinen-Kolloquium (Hrsg.): Wettbewerbsfaktor Produktionstechnik. Düsseldorf 1990.

[7-12] Roos, E.; Förster, H.-U.; v. Loeffelholz, F.: Marktspiegel, PPS-Systeme auf dem Prüfstand. 3., aktualisierte Aufl. Köln: Verl. TÜV Rheinland 1988 (4. Aufl. erscheint demnächst).

[7-13] Zimmermann, G.: PPS-Methoden auf dem Prüfstand. Landsberg/Lech: Verl. Moderne Industrie 1987.

[7-14] v. Loeffelholz, F.: Die PPS-Katze im Sack oder praktischer Test von PPS-Systemen vor dem Kauf. In: Ausschuß f. Wirtschaftl. Fertigung (AWF) (Hrsg.): Tagungsband "PPS '87". Eschborn 1987.

[7-15] Schultz-Wild, R.; Nuber, C.; Rehberg, F.; Schmierl, K.: An der Schwelle zu CIM. Strategien, Verbreitung, Auswirkungen. Eschborn: RKW-Verl.; Köln: Verl. TÜV Rheinland 1989.

[7-16] Neipp, G.: Entwicklung maschinenbaulicher Produkte im Informationsverbund. In: Produktionstechnisches Kolloquium PTK, Berlin 1989. S. 103/111.

[7-17] Scheer, A.-W.: CIM - Der computergesteuerte Industriebetrieb. 4., neubearb. u. erw. Aufl. Berlin: Springer 1989.

[7-18] Neipp, G.: Entwicklungstendenzen in der rechnerintegrierten Produktion. In: Integrierte Informationsverarbeitung in Produktionsunternehmen. Düsseldorf: VDI-Verl. 1988 (VDI-Bericht 705), S. 17/61.

[7-19] Verband Dt. Maschinen- und Anlagenbau (VDMA) (Hrsg.): Mit CIM die Zukunft gestalten. Frankfurt/M.: Maschinenbau-Verl. 1988.

[8-1] Dürholt, H.; Stracke, H.: CAD/PPS-Kopplung am Beispiel HP-ME10 und IBM-KOPIAS. In: Tagungsband HP-USER-Gruppe, November 1990.

[8-2] Hallmann, H.; Stracke, H.: Leistungsmerkmale eines integrierbaren Konstruktionssystems. Erscheint in: CAD-CAM Report.

[8-3] Dürholt, H.: Werkzeuge für die CAD-PPS Kopplung. In: Tagungsband ASCAD-Seminar, Februar 1991.

[8-4] Obermann, K.: So können Sie CAD und PPS effektiv koppeln. In: CAD CAM 9 (1990), Nr. 6, S. 22/28.

[8-5] Vill, D.: Projektbericht CAD-PPS Kopplung. In: Tagungsband ASCAD-Seminar, Februar 1991.

[8-6] Santifaller, M.: TCP-IP und NFS in Theorie und Praxis. Bonn: Addison-Wesley, 1990.

[8-7] Koppitz, M.: Beitrag in diesem Band.

[8-8] Förster, H.-U.: Beitrag in diesem Band.

[9-1] Deutsche Ges. f. Qualität (DGQ) (Hrsg.): TQM - eine unternehmensweite Verpflichtung. Frankfurt/M.: DGQ 1990 (DGQ-Schrift 14-13).

[9-2] Normen DIN ISO 9000-9004 (betr.: Qualitätssicherung). 05.90.

[9-3] Geiger, W.: Grundlegende Betrachtungen zum Qualitätsbegriff. In: Qualitätssicherung im Spritzgießbetrieb. Düsseldorf: VDI-Verl. 1987.

[9-4] Norm DIN 55350, T. 11: Begriffe der Qualitätssicherung und Statistik; Grundbegriffe der Qualitätssicherung. 05.87.

[9-5] Köppe, D.; Heid, W.: Möglichkeiten und Grenzen von SPC. In: Qualität u. Zuverlässigkeit 34 (1989), S. 682/687.

[9-6] Masing, W.: Qualitätspolitik des Unternehmens. In: Masing, W. (Hrsg.): Handbuch der Qualitätssicherung. München: Hanser 1980, S. 1/12.

[9-7] Crostack, H.-A.; Storp, H.-J.; Harms, H.W.; Althoff, P.: Analyse des Anforderungsprofils an CAQ-Systeme. In: Techn. Messen 57 (1990), Nr. 2, S. 49/59.

[9-8] Pfeifer, T.; Bonse, L.: Integrierte rechnergestützte Qualitätssicherung - Entwicklungstendenzen. In: Industrie-Anz. 110 (1988), Nr. 81, S. 14/17.

[9-9] Pagenkopp, R.: Ein ganzheitliches CAQ-System - der Weg dort-
hin. In: Qualität u. Zuverlässigkeit 35 (1990), S. 268/274.
[9-10] Dietrich, E.; Schlosser, D.; Schulze, A.: Rechnergestützte Verfahren zur statistischen Prozeßlenkung. In: Qualität u. Zuverlässigkeit 34 (1989), S. 677/681.
[9-11] Eversheim, W.; Haermeyer, T.: EDV in der Qualitätssicherung -
Geeignete Systeme ermitteln. In: Industrie-Anz. 111 (1989), Nr.
79, S. 40/44.
[9-12] Verband Dt. Maschinen- und Anlagenbau (VDMA) (Hrsg.): Mit
CIM die Zukunft gestalten. Frankfurt/M.: Maschinenbau-Verl.
1988.
[9-13] Baeuerle, H.-J.: Integration der CIM-Bausteine BDE und DNC.
In: ZwF/CIM 84 (1989), S. 692/695.
[9-14] Schulz, H.; Bölzing, D.: Rechnergestützte Fabrikautomatisierung.
Hrsg.: Verband Dt. Maschinen- und Anlagenbau (VDMA); For-
schungskuratorium Maschinenbau (FKM). Frankfurt/M.: Maschinenbau-Verl. 1989.

[10-1] Neipp, G.; Pfeiffer W. (Hrsg.): Strategien der industriellen Fertigungswirtschaft. Berlin: E. Schmidt 1986.
[10-2] Womack, J. P.; Jones, D. T.; Roos, D.: The machine that changed
the world. New York: Rawson 1990.
[10-3] Warnecke, H.-J.: CIM - Die Unternehmen vernetzen sich. In:
CIM - Computerintegrierte Produktion. Hamburg: Spiegel-Verl.
1990 (Märkte im Wandel, Bd. 14), S. 9/22.
[10-4] Schönwald, B.: Von der Idee zum Produkt - Simultaneous
Engineering als Bestandteil von Forschung und Entwicklung. In:
Simultaneous Engineering. Düsseldorf: VDI-Verl. 1989 (VDI-
Bericht 758).
[10-5] Schönwald, B.: Machinery and Equipment. In: Workshop
Technology '99, EIRMA, Paris 1989, S. 40/74.
[10-6] Frank, H.-J.; Münch, R.: Maschinenbau - Nutznießer des Investi-
tionsbooms. Deutsche Bank Bulletin, Frankfurt 1990.
[10-7] Wildemann, H.: Die Fabrik als Labor. In: Zeitschrift f. Betriebswirtschaft 60 (1990), S. 611/630, bes. S. 618.

[11-1] Neipp, G.: Informationsmanagement - Ein Instrument zur Stärkung der Wettbewerbsfähigkeit. In: Techn. Mitt. Krupp 48
(1990), S. 5/20.
[11-2] Muthsam, H.: Wissensbasierte Systeme in der industriellen Fertigung. In: Werkstattstechnik 79 (1989), S. 470.
[11-3] Reminger, B.: Wirtschaftlichkeit des Einsatzes von Expertensystemen. In: ZwF/CIM 84 (1989), S. 613/616.
[11-4] Kurbel, K.; Pietsch, W.: Expertensystem-Projekte: Entwicklungs-

methodik, Organisation und Management. In: Informatik-Spektrum 12 (1989), S. 133/145.

[11-5] Waterman, D. A.: A guide to expert systems. Reading, Mass.: Addison-Wesley 1986.

[11-6] Hayes-Roth, F.;Waterman, D. A.; Lenat, D. B.: Building expert systems. Reading, Mass.: Addison-Wesley 1983.

[11-7] Rademacher, F.J. : Expertensysteme und Wissensbasierung. In: Expertensysteme in Entwicklung und Konstruktion. Düsseldorf: VDI Verl. 1989 (VDI-Berichte 775), S. 25/45.

[11-8] Bullinger, H.-J.: Integrationspotentiale von Expertensystemen in der Produktion: Das magische Dreieck Mensch - Organisation - Technik. In: Techn. Rundschau 82 (1990), Nr. 31, S. 14/28.

[11-9] Reiter, N.: Werkzeugtechnik heute und in Zukunft - Gefragt sind optimale Bearbeitungstechnologien. In: Techn. Rundschau 82 (1990), Nr. 40, S. 46/49.

[11-10] Forrer, A.: Implementierungsstrategien für Expertensysteme - Vorgehensweise, Gestaltungsmöglichkeiten. In: Zeitschrift Führung + Organisation 58 (1989), S. 42/48.

[11-11] Bullinger, H.-J.; Fähnrich, K.P.; Kurz, E.: Expertensysteme in der Produktion. In: VDI-Z 131 (1989), Nr. 10, S. 12/17.

[11-12] Pfeiffer, J.; Siepmann, T.; Teichmann, W.: Expertensystem zur spanenden Bearbeitung. In: Techn. Mitt. Krupp 46 (1988), S. 113/124.

[11-13] Tavolato, P.; Vicena, K.: A prototyping methodology and its tool. In: Budde, R.; Kuhlenkamp, K.; Mathiassen, L.; Züllighofen, H. (Hrsg.): Approaches to prototyping. Berlin: Springer 1984, S. 434/446.

[11-14] Stoyan, H.: Wissensrepräsentation oder Programmierung? In: Informationstechnik 31 (1989), S. 120/133.

[11-15] Welz, U.: Megafilex - Ein Diagnosesystem im Echteinsatz. In: Expertensystem-Praxis 1/88.

[11-16] VDI-Nachr. 42 (1988), Nr. 40.

[12-1] Neipp, G.: Rechnerunterstützter Fabrikbetrieb (CIM) - Auswirkung auf Arbeitsplätze und Ausbildungssystem. In: Alma Mater Aquensis. Sonderbd. 2: Evolution u. Prognose. Aachen 1987, S. 89/125.

[12-2] Hackstein, R.: Anforderungen und Potentiale. In: Gablers Magazin 4 (1990), Nr. 2, S. 22/27.

[12-3] Wildemann, H.: Einführungsstrategien für die computerintegrierte Produktion. München, Techn. Univ., Forschungsbericht 1990.

[12-4] Langenbeck, J.: Schulung für das Büro von morgen. Veränderte Qualifikationen erfordern neues Ausbildungskonzept. In: Office Management 37 (1989), Nr. 11, S. 54/62.

[12-5]   Sarges, W.: Wie man Führungspotential identifiziert. In: Gablers Magazin 4 (1990), Nr. 2, S. 29/31.

[12-6]   Weber, W.: Personal wird zum Überlebensfaktor. In: Gablers Magazin 4 (1990), Nr. 2, S. 10/15.

[12-7]   Thomas, H.: Bildung-Ausbildung-Weiterbildung, eine gemeinsame Aufgabe für Wirtschaft und Politik. In: Produktionstechnisches Kolloquium PTK, Berlin 1989, S. 207/210.

[12-8]   Wiesner, H.: Bedeutung betrieblicher Personalentwicklungsplanung. In: Rationalisierung 29 (1978), S. 256/259.

[12-9]   Korndörfer, V.: Anforderungen an die Mitarbeiter - Wege zur Qualifizierung. In: Produtec '87, S. 97/138.

[12-10] Posth, M.: Neue Technologien erfordern Integration im Unternehmen. In: REFA-Nachr. 42 (1989), Nr. 3, S. 21/30.

[12-11] Warnecke, H.-J.: Mitarbeiterqualifizierung heute so wichtig wie nie. In: Handelsblatt (1990), Nr. 146 v. 01.08., S. 21.

[12-12] Rinza, P.; Schmitz, H.: Nutzwert-Kosten-Analyse. 2. Aufl. Düsseldorf: VDI-Verl. 1991.

[12-13] Heeg, F. J.; Kleine, G.: Manager als Partner und Moderator. In: Gablers Magazin 4 (1990), Nr. 1, S. 48/52.

[12-14] Lichtenberg, I.: Organisations- und Qualifikationsentwicklung bei der Einführung neuer Technologien. Köln: Verl. TÜV Rheinland 1990.

[12-15] Spur, G.: Unternehmensführung in der zukünftigen Industriegesellschaft. In: Produktionstechnisches Kolloquium PTK, Berlin 1989, S. 5/16.

[12-16] Zäpfel, G.: Strategisches Produktions-Management. Berlin: de Gruyter 1989.

[12-17] Streit, R.: Auswirkungen der Einführung Neuer Technologien in Entwicklung und Fertigung. In: Organisation u. Personalführung beim Einsatz neuer Technologien. 2. Internat. Kongreß „Euromanagement" 1989, Aachen, S. 227/240.

[13-1]   Eversheim, W.; Skudelny, C.: Es läßt sich nicht alles rechnen - Chancen und Risiken bei der Einführung von CIM. In: Techn. Rundschau 81 (1989), Nr. 37, S. 20/31.

[13-2]   Serfling, K.; Schönebeck. H.: Überlegungen zur Entwicklung eines strategischen Controlling am Beispiel von CIM-Investitionen. In: Der Betrieb 42 (1990), S. 2081/2087.

[13-3]   Bühler, W.; Böse, B.; Geiger, M.: Nutzwertanalyse als Entscheidungshilfe für die Komplettbearbeitung. In: VDI-Z 131 (1989), Nr. 5, S. 12/18.

[13-4]   Horwarth, P.; Mayer, R.: CIM-Wirtschaftlichkeit aus Controller-Sicht. In: CIM-Management 1988, Nr. 4, S. 48/53.

[13-5]   Kemmner, A.: Investitions- und Wirtschaftlichkeitsaspekte bei CIM. In: CIM-Management 1988, Nr. 4, S. 22/29.

[13-6] Krupp CAD-Arbeitsgruppe: Wirtschaftlichkeit des CAD-Einsatzes. Unveröffentlichtes Manuskript. Essen 1987.

[13-7] Vajna, S.: Bestimmung der Wirtschaftlichkeit von CAD/CAM-Systemen. T. 1. In: CAD-CAM Report 3 (1990), Nr. 1, S. 52/55.

[13-8] Vajna, S.: Bestimmung der Wirtschaftlichkeit von CAD/CAM-Systemen. T. 2. In: CAD-CAM Report 3 (1990), Nr. 3, S. 148/153.

[13-9] Vajna, S.: Nutzenerwägungen bei CIM-Einführungen. In: CIM - Computerintegrierte Produktion. Hamburg: Spiegel-Verl. 1990 (Märkte im Wandel, Bd. 14), S. 103/125.

[13-10] Schreuder, S.; Upmann, R.: Wirtschaftlichkeit von CIM Grundlage für Investitionsentscheidungen. In: CIM-Management 1988, Nr. 4, S. 11/16.

[13-11] Vajna, S.: Bestimmung der Wirtschaftlichkeit von CAD/CAM-Systemen, T. 3. In: CAD-CAM Report 3 (1990), Nr. 6, S. 130/135.

[13-12] Grabowski, H.; Watterott, R.: CAD/CAM-Investitionscontrolling. In: CIM-Management 1990, Nr. 2, S. 37/43.

[13-13] Mirani, A.: Kosten und Innovationsmanagement für moderne Industrieanlagen. In: Kostenrechnungspraxis 1987, S. 225/230.

[13-14] Schreuder, S.; Fuest, N.: CAD/CAM für mittelständische Unternehmen. Leitfaden zur Planung und wirtschaftlichen Beurteilung einer CAD/CAM-Einführung, Köln: Verl. TÜV Rheinland 1988.

[13-15] Altmann, H.; Fischer, J.; Frevert, A.; Hessenbruch, D.; Seyfert, W.: Integrierte Investitionsrechnung. Ein modulares Konzept zur Berücksichtigung von Interdependenzen von Investitionen bei der Schering AG. In: zfbf 41 (1989), Nr. 10, S. 896/910.

[13-16] Neipp, G.: CIM: Auch eine Philosophie muß sich rechnen lassen. In: VDI-Nachr. 40 (1986), Nr. 11, S. 30.

[14-1] Hax, A. C.; Majluf, N. S.: Strategisches Management, Frankfurt/M.: Campus-Verl. 1988, S. 17/130.

[14-2] Walter, M.: Strategische Kontrolle von Forschungs- und Entwicklungsprojekten. Berlin: E. Schmidt 1989, S. 25.

[14-3] Porter, M. E.: Wettbewerbsstrategie. 2.Aufl. Frankfurt/M.: Campus-Verl. 1984, S. 26.

[14-4] ebda, S. 62.

[14-5] Neipp, G.: Einführungsstrategien in die rechnerintegrierte Produktion. In: Neipp, G.; Pfeiffer, W. (Hrsg.): Strategien der industriellen Fertigungswirtschaft. Berlin: E. Schmidt 1986, S. 150/154.

[14-6] Neipp, G.: Informationsmanagement - Ein Instrument zur Stärkung der Wettbewerbsfähigkeit. In: Techn. Mitt. Krupp 48 (1990), S. 5/20.

[14-7] Zäpfel, G.: Strategisches Produktions-Management. Berlin 1989, S. 115.

[14-8] Pfeiffer, J., Schatz, D.: Beitrag in diesem Buch.

[14-9] Böndel, B.: Schneidplatten maßgeschneidert. In: VDI-Nachr. 44 (1990), Nr. 10, S. 31.

[14-10] Kaplan, R. S.: CIM-Investitionen sind keine Glaubensfrage. In: Harvard-Manager 8 (1986), Nr. 3, S. 84.

[14-11] Pfeiffer, W.; Weiß, E.: Zeitorientiertes Technologiemanagement. Nürnberg 1989 (Forschungs- u. Arbeitsbericht Nr. 11 d. Forschungsgruppe für Innovation u. technologische Voraussage), S. 26.

[14-12] Kippels, D.: Anwender rüsten zum Sturm auf CIM. In: VDI-Nachr. 44 (1990), Nr. 17, S. 10.

[14-13] Wildemann, H.: Die Fabrik als Labor. In: Zeitschrift f. Betriebswirtschaft 60 (1990), S. 611-630.

[14-14] Bullinger, H.-J.: Die Produktlebenszeiten werden immer kürzer, die Amortisationszeiten teilweise länger. In: Handelsblatt (1990) Nr. 145, S. 12.

[14-15] Vgl. Wildemann, H.: Die Fabrik als Labor. In: Zeitschrift f. Betriebswirtschaft 60 (1990), S. 617 ff. u. allgemein: Porter M. E.: Wettbewerbsvorteile. Frankfurt/M.: Campus-Verl. 1986, S. 174 ff.

[14-16] Hayes, R. H.; Jaikumar, R.: Neue Fertigungstechnologien revolutionieren die Unternehmen. In: Harvard-Manager 11 (1989), Nr. 2, S. 80.

[14-17] Warschat, J.; Wasserloos, G.: Wissen aus der Konserve - Nutzungsstand und Tendenzen bei Expertensystemen für die Fertigung. In: Maschinenmarkt 96 (1990), Nr. 10, S. 124/131.

[14-18] Neipp, Gerhard: Künstliche Intelligenz. Eine neue Dimension für die industrielle Zukunft. In: Techn. Mitteilungen Krupp 46 (1988), S. 73/84.

[14-19] Eversheim, W.; Skudelny, C.: Es läßt sich nicht alles rechnen - Chancen und Risiken bei der Einführung von CIM. In: Techn. Rundschau 81 (1989), Nr. 37, S. 20/31.

[14-20] Schreyögg, G.; Steinmann, H.: Strategic Control: A new Perspective. In: Academy of Management Review 12 (1987), Nr. 1, S. 91/103.

[14-21] Wildemann, H.: Strategische Investitionsplanung - Methoden zur Bewertung neuer Produktionstechnologien. Wiesbaden: Gabler 1987.

[14-22] Schulz, H.; Bölzing, D.: Erfassung des indirekten Nutzens von CIM-Investitionen. In: Die Betriebswirtschaft 49 (1989), Nr. 5, S. 611/621.

[14-23] s. [14-22], S. 615.

[14-24] s. [14-22], S. 616.

[14-25] s. [14-20], a. a. O.

[14-26] Quinn, J. B.: Strategies for Change. Logical Incrementalism. Homewood, Ill.: Irwin 1980.

[14-27] Steinmann, H.; Walter, M.: Managementprozeß. In: WiSt - Wirtschaftswissenschaftliches Studium 19 (1990), S. 340/345, bes. S. 344 f.

[14-28] Drucker, P. F.: So funktioniert die Fabrik von morgen. In: Harvard-Manager 13 (1991), Nr. 1, S. 9/17.

[14-29] Posth, M.: Neue Technologien erfordern Integration im Unternehmen. In: REFA-Nachr. (1989) Nr. 3, S. 21/30.

16 Sachwortverzeichnis